高等职业教育建筑工程技术专业系列教材

建筑工程安全管理

（第2版）

主　编　曾　虹　殷　勇
副主编　武新杰　吕依然　季翠华
主　审　张银会

U0190472

重庆大学出版社

内容提要

本书按照高等职业教育建筑类专业对本课程的有关要求,以国家现行建筑工程标准、规范、规程为依据,结合大量工程实例,系统地阐述了建筑工程安全管理的主要内容,包括安全生产管理基础知识、建筑施工安全技术措施、施工机械与用电管理、安全文明施工等。书后附有《建筑施工安全检查标准》(JGJ 59—2011)的相关表格,以方便读者学习和使用。

本书具有较强的针对性、实用性和通用性,可作为高等职业教育建筑工程技术、工程监理、工程管理等相关专业的教学用书,也可供从事工程建设的技术人员和管理人员参考、学习。

图书在版编目(CIP)数据

建筑工程安全管理 / 曾虹,殷勇主编. -- 2 版. --

重庆:重庆大学出版社,2021.1(2024.1 重印)

高等职业教育建筑工程技术专业系列教材

ISBN 978-7-5689-0253-3

Ⅰ.①建… Ⅱ.①曾… ②殷… Ⅲ.①建筑工程—安

全管理—高等职业教育—教材 Ⅳ.①TU714

中国版本图书馆 CIP 数据核字(2020)第 130884 号

高等职业教育建筑工程技术专业系列教材

建筑工程安全管理

(第 2 版)

主 编 曾 虹 殷 勇
主 审 张银会
策划编辑:刘颖果

责任编辑:刘颖果 版式设计:刘颖果
责任校对:关德强 责任印制:赵 晟

*

重庆大学出版社出版发行
出版人:陈晓阳
社址:重庆市沙坪坝区大学城西路 21 号
邮编:401331
电话:(023) 88617190 88617185(中小学)
传真:(023) 88617186 88617166
网址:http://www.cqup.com.cn
邮箱:fxk@cqup.com.cn(营销中心)
全国新华书店经销
重庆巍承印务有限公司印刷

*

开本:787mm×1092mm 1/16 印张:16.25 字数:408千
2017 年 1 月第 1 版 2021 年 1 月第 2 版 2024 年 1 月第 6 次印刷
印数:12 001—14 000
ISBN 978-7-5689-0253-3 定价:45.00元

前　言

　　建筑工程安全管理是建筑工程技术、建设工程监理专业的一门重要专业课程,同时也是其他建筑工程相关专业的必修课程。为了适应 21 世纪高等职业技术教育发展的需要,培养出适应生产、建设、管理、服务第一线需要的具备建筑工程安全管理技能的专业技术应用型人才,并依据当前建筑工程安全管理发展的趋势,结合重庆建筑工程职业学院实际教学工作情况编写了本书。

　　本书在编写过程中充分体现了"以学生为导向、以能力为本位"的特点。内容以项目形式组成教学单元,每个项目以引言开头,除了包括学生必须掌握的基础知识外,还将一些延伸知识通过知识窗、阅读材料等形式呈现,并进行相关案例分析,教师可通过对不同专业学生的不同要求进行选择性教学。另外,根据工作岗位对职业技能的要求,每个项目后都设置有思考题目,且配有实训练习题,从而突出了实际动手能力的训练,使教与学真正实现互动。

　　全书共分为 4 个单元:安全生产管理基础知识、建筑施工安全技术措施、施工机械与用电管理和安全文明施工。每个单元又分 3~5 个项目,共 15 个项目,分别是:单元 1 的安全生产与安全管理、安全生产相关法律法规、安全生产管理制度、安全生产管理预案;单元 2 的土方工程安全技术、脚手架工程安全技术、模板工程安全技术、高处作业安全防护、拆除工程安全技术;单元 3 的垂直运输机械、常用施工机具、施工用电安全管理;单元 4 的施工现场场容管理、治安与环境管理、消防安全管理。

　　本书由重庆建筑工程职业学院曾虹、殷勇担任主编,曾虹负责统稿。具体章节编写分工如下:殷勇编写单元 1 的 4 个项目,曾虹编写单元 2 的项目 5 至项目 7、单元 3 的项目 10 和项目 12、单元 4 的项目 13 和项目 14,武新杰编写单元 2 的项目 8 和项目 9,吕依然编写单元 3 的项目 11,季翠华编写单元 4 的项目 15。

　　本书在编写过程中得到重庆中科建设(集团)有限公司黄思权的大力支持,重庆建筑工程职业学院张银会对本书进行了精心审读,并提出了很多宝贵意见,在此表示感谢。

　　在本书编写过程中,编者参考和引用了大量国家颁布的法律、法规、条例和书籍资料,在此向原书作者和主编单位表示衷心感谢。

　　限于编者的水平和经验,加之时间仓促,书中难免存在不足和疏漏之处,敬请读者批评指正。

编　者

2020 年 9 月

目　录

单元 1　安全生产管理基础知识

1

单元4 安全文明施工

1

单元 1
安全生产管理基础知识

项目 1 安全生产与安全管理

【内容简介】

1.安全生产与安全管理；

2.安全生产管理基本方针；

3.安全管理中的不安全因素；

4.安全管理的特点；

5.安全管理的范围与原则；

6.危险源的识别与判断。

【学习目标】

1.理解安全生产相关概念；

2.区分安全生产管理中的不安全因素；

3.掌握危险源的识别与判断方法。

【能力培养】

1.安全生产意识的培养；

2.危险源的识别；

3.安全专项方案中有关危险源和重大风险章节的编制。

引言

　　安全生产是一种生产经营单位的行为,是指在组织生产经营活动的过程中,为避免造成人员伤害和财产损失,而采取相应的事故预防和控制措施,以保证从业人员的人身安全,保证生产经营活动得以顺利进行的相关活动(图1.1)。

　　安全,对于人类来说,是一个极为重要的课题。因此,国际劳工组织每年都要召开由雇员、雇主、政府三方代表参加的国际性会议,重点研究减少事故、预防灾难的对策。美国著名学者马斯洛曾经说过,人有5种需要:生理需要、安全需要、社交需要、尊重需要和自我实现需要。这就是说,人类在求得生存的基础上,接下来就是谋求安全的需要,可见安全对于人类来说是何等重要。然而,人类的生存必须靠生产劳动实践活动来获得物质和文化的需要。但是在生产劳动过程中,由于生产劳动的客观条件和人的主观状况,使得人类不得不面临各类危害人身安全与健康的因素。

图 1.1　安全生产警示标语

1.1　安全生产与安全管理

1.1.1　安全生产

安全,即没有危险,不出事故,是指人的身体健康不受伤害,财产不受损伤并保持完整无损的状态。安全可分为人身安全和财产安全两种情形。

安全生产是指在社会生产活动中,通过人、机、物料、环境的和谐运作,使生产过程中潜在的各种事故风险和伤害因素始终处于有效控制状态,切实保护劳动者的生命安全和身体健康。

1.1.2　安全生产管理

安全生产管理是管理的重要组成部分,是安全科学的一个分支。所谓安全生产管理,就是针对人们在生产过程中的安全问题,运用有效的资源,发挥人们的智慧,通过人们的努力,进行有关决策、计划、组织和控制等活动,实现生产过程中人与机器设备、物料、环境的和谐,达到安全生产的目标。

安全生产管理的目标是减少和控制危害,减少和控制事故,尽量避免生产过程中由于事故所造成的人身伤害、财产损失、环境污染以及其他损失。安全生产管理包括:安全生产法制管理、行政管理、监督检查、工艺技术管理、设备设施管理、作业环境和条件管理等方面。

安全生产管理的基本对象是企业的员工,涉及企业中的所有人员、设备设施、物料、环境、财务、信息等各个方面。安全生产管理的内容包括:安全生产管理机构和安全生产管理人员、安全生产责任制、安全生产管理规章制度、安全生产策划、安全培训教育、安全生产档案等。

1.2　安全生产管理基本方针

安全生产管理的基本方针是"安全第一,预防为主,综合治理",其具体含义如下:

1)安全第一

"安全第一"的内涵就是要把安全生产工作放在第一位,无论在干什么、什么时候都要抓安全,任何事情都要为安全让路。各级行政正职是安全生产的第一责任人,必须亲自抓安全生产工作,确保把安全生产工作列在所有工作的前面。要正确处理好安全生产与效益的关系,当两者发生矛盾时,坚持"安全第一"的原则。

2)预防为主

"预防为主"的内涵主要是要求安全工作要做好事前预防,要依靠安全技术手段,加强安全科学管理,提高员工素质。从本质安全入手,加强危险源管理,有效治理隐患,强化事故预防措施,使事故得到预先防范和控制,保证生产安全化。

3)综合治理

把"综合治理"充实到安全生产方针之中,反映了近年来我国在进一步改革开放的过程中,安全生产工作面临着多种经济所有制并存,而法制尚不健全完善、体制机制尚未理顺,以及急功近利的只顾快速不顾其他的发展观与科学发展观体现的又好又快的安全、环境、质量等要求的复杂局面,充分反映了近年来安全生产工作的规律特点。因此,要全面理解"安全第一、预防为主、综合治理"的安全生产方针,绝不能脱离当前我国面临的国情。

1.3 安全生产管理中的不安全因素

1.3.1 人的不安全因素

人的不安全因素是指对安全产生影响的人方面的因素,即能够使系统发生故障或发生性能不良事件的人员、个人的不安全因素以及违背设计和安全要求的错误行为。人的不安全因素可分为个人的不安全因素和人的不安全行为两个大类。

1)个人的不安全因素

个人的不安全因素是指人员的心理、生理、能力中所具有的不能适应工作或作业岗位要求的影响安全的因素。个人的不安全因素主要包括:

①心理上的不安全因素,是指人在心理上具有影响安全的性格、气质和情绪,如急躁、懒散、粗心等。

②生理上的不安全因素,包括视觉、听觉等感觉器官,体能、年龄、疾病等不适合工作或作业岗位要求的影响因素。

③能力上的不安全因素,包括知识技能、应变能力、资格等不能适应工作或作业岗位要求的影响因素。

2)人的不安全行为

人的不安全行为是指造成事故的人为错误,是人为地使系统发生故障或发生性能不良事件,是违背设计和操作规程的错误行为。

在施工现场,不安全行为按《企业职工伤亡事故分类标准》(GB 6441—1986)可分为以下几类:

①操作失误,忽视安全,忽视警告;

②造成安全装置失效;

③使用不安全设备;

④手工代替工具操作;

⑤物体存放不当;

⑥冒险进入危险场所;

⑦攀坐不安全位置;

⑧在起吊物下作业、停留;

⑨在机器运转时进行检查、维修、保养等工作;

⑩有分散注意力的行为;

⑪没有正确使用个人防护用品、用具；

⑫不安全装束；

⑬对易燃易爆等危险物品处理错误。

不安全行为产生的主要原因有系统、组织的原因，思想、责任心的原因，工作的原因。诸多事故分析表明，绝大多数事故不是因技术解决不了所造成，而是违规、违章所致，是由安全上降低标准、减少投入，安全组织措施不落实，不建立安全生产责任制，缺乏安全技术措施，没有安全教育、安全检查制度，不做安全技术交底，违章指挥、违章作业、违反劳动纪律等人为因素造成的，因此必须重视和防止产生人的不安全行为。

1.3.2　施工现场物的不安全状态

物的不安全状态是指能导致事故发生的物质条件，包括机械设备等物质或环境所存在的不安全因素。

1)物的不安全状态的内容

物的不安全状态的内容包括：

①物(包括机器、设备、工具等)本身存在的缺陷；

②防护保险方面的缺陷；

③物的放置方法的缺陷；

④作业环境场所的缺陷；

⑤外部的和自然界的不安全状态；

⑥作业方法导致的物的不安全状态；

⑦保护器具信号、标志和个体防护用品的缺陷。

2)物的不安全状态的类型

物的不安全状态的类型包括：

①防护等装置缺乏或有缺陷；

②设备、设施、工具、附件等有缺陷；

③个人防护用品、用具缺少或有缺陷；

④施工生产场地环境不良。

1.3.3　管理上的不安全因素

管理上的不安全因素，通常也称为管理上的缺陷，是事故潜在的不安全因素，作为间接原因有以下几个方面：

①技术上的缺陷；

②教育上的缺陷；

③生理上的缺陷；

④心理上的缺陷；

⑤管理工作上的缺陷；

⑥教育和社会、历史上的原因造成的缺陷。

1.4　安全管理的特点

①产品的固定性与作业环境的局限性使安全管理的难度增加。建筑产品的固定性决定了施工作业必须围绕建筑产品在有限的场地和空间上集中大量的人力、材料、机具、设备等进行多工种的交叉作业。这种作业环境的局限性容易发生伤亡事故。

②建筑施工作业条件恶劣导致安全管理的艰巨性。建筑工程施工大多数是在露天空旷的场地上完成的,受自然环境、气候条件(如风、霜、雨、雪、雷电、高温、酷暑等)的影响较大,这都导致作业条件的艰巨性,容易发生伤亡事故。

③建筑施工的高空作业致使安全管理的难度加大。建筑产品的体积庞大,施工操作大多在十几米、几十米甚至几百米的高空作业,因而容易发生从高处坠落、受物体打击等伤亡事故。

④施工作业的流动性导致安全管理的复杂性。由于建筑产品的固定性,当某一产品完成后,施工单位就必须转移到新的施工地点,从而造成施工人员流动性大。不同的作业环境、不同的作业队伍,具有不同的安全生产管理的特点,安全管理很难形成一套行之有效、相对固定的管理模式,导致施工安全管理的复杂性。

⑤手工操作多、体力消耗大、劳动强度大导致安全管理中个体劳动保护的艰巨性。在恶劣的作业环境下,施工工人的手工操作多,体能耗费大,劳动时间和劳动强度都比其他行业要大,其职业危害严重,导致个体劳动保护的艰巨性。

⑥建筑产品的多样性和单件性、施工工艺的多变性导致安全管理的复杂性。建筑产品具有多样性和单件性以及施工生产工艺复杂多变的特点,如不能按同一施工图、统一的施工工艺、同一生产设备进行批量重复生产;施工生产组织机构变动频繁,生产经营的"一次性"特征突出;同时,随着工程建设进度的变化,施工现场的不安全因素也在随时发生变化,这就要求施工单位必须针对工程进度和施工现场实际情况,不断地采取相应的安全技术措施和安全管理措施予以保证。

⑦多工种立体交叉作业导致安全管理的复杂性。近年来,建筑物由低向高发展,劳动密集型的施工作业只能在极其有限的空间展开,致使施工作业的空间要求与施工条件供给的矛盾日益突出,这种多工种的立体交叉作业导致机械伤害、物体打击等事故增多。

1.5　安全管理的范围与原则

1.5.1　施工现场安全管理的范围

安全管理的中心问题是保护生产活动中人的健康与安全以及财产不受损伤,保证生产顺利进行。

概括地讲,宏观的安全管理包括劳动保护、施工安全技术和职业健康安全,它们是既相互联系又相互独立的三个方面。劳动保护偏重于以法律、法规、规程、条例、制度等形式规范管理或操作行为,从而使劳动者的劳动安全与身体健康得到应有的法律保障。施工安全技术侧重于对劳动手段与劳动对象的管理,包括预防伤亡事故的工程技术和安全技术规范、规程、技术规定、标准条例等,以规范物的状态,减轻对人或物的威胁。职业健康安全着重于施工生产中粉尘、振动、噪声、毒物的管理,通过防护、医疗、保健等措施,防止劳动者的安全与健康受到有害因素的危害。

1.5.2 安全管理的原则

1)管生产同时管安全

安全寓于生产之中,并对生产发挥促进与保证作用。因此,安全与生产虽然有时会出现矛盾,但从安全、生产管理的目标和目的来看,表现出高度的一致和完全的统一。

安全管理是生产管理的重要组成部分,安全与生产在实施过程中,两者存在着密切的联系,存在着进行共同管理的基础。

管生产同时管安全,不仅是对各级领导人员明确安全管理责任,同时也向一切与生产有关的机构、人员明确了业务范围内的安全管理责任。由此可见,一切与生产有关的机构、人员,都必须参与安全管理并在管理中承担责任。认为安全管理只是安全部门的事,是一种片面的、错误的认识。

各级人员安全生产责任制度的建立,管理责任的落实,体现了管生产同时管安全。

2)坚持安全管理的目的性

安全管理的内容是对生产中的人、物、环境因素状态的管理,有效地控制人的不安全行为和物的不安全状态,消除或避免事故,达到保护劳动者的安全与健康的目的。没有明确目的的安全管理是一种盲目行为。盲目的安全管理,充其量只能算作花架子,劳民伤财,危险因素依然存在。在一定意义上,盲目的安全管理,只能纵容威胁人的安全与健康的状态向更为严重的方向发展或转化。

3)必须贯彻预防为主的方针

安全生产的方针是"安全第一,预防为主,综合治理"。安全第一是从保护生产力的角度和高度,表明在生产范围内安全与生产的关系,肯定安全在生产活动中的位置和重要性。进行安全管理不是处理事故,而是在生产活动中针对生产的特点,对生产因素采取管理措施,有效地控制不安全因素的发展与扩大,把可能发生的事故消灭在萌芽状态,以保证生产活动中人的安全与健康。

贯彻预防为主,首先要端正对生产中不安全因素的认识,端正消除不安全因素的态度,选准消除不安全因素的时机。在安排与布置生产内容时,针对施工生产中可能出现的危险因素,采取措施予以消除是最佳选择。在生产活动过程中,经常检查、及时发现不安全因素,采取措施,明确责任,尽快地、坚决地予以消除,是安全管理应有的鲜明态度。

4)坚持"四全"动态原理

安全管理不仅是少数人和安全机构的事,而是一切与生产有关的人共同的事。缺乏全员的参与,安全管理不会有生气,不会出现好的管理效果。当然,这并非是否定安全管理第一责任人和安全机构的作用。生产组织者在安全管理中的作用固然重要,全员性参与管理也十分重要。

安全管理涉及生产活动的方方面面,涉及从开工到竣工交付的全部生产过程,涉及全部的生产时间,涉及一切变化着的生产因素。因此,生产活动中必须坚持全员、全过程、全方位、全天候的动态安全管理。只抓住一时一事、一点一滴,简单草率、一阵风式的安全管理,是走过场、形式主义,不是我们提倡的安全管理作风。

5)安全管理重在控制

进行安全管理的目的是预防、消灭事故,防止或消除事故伤害,保护劳动者的安全与健康。在安全管理的四项主要内容中,虽然都是为了达到安全管理的目的,但是对生产因素状态的控制与安全管理目的的关系更直接,显得更为突出。因此,对生产中人的不安全行为和物的不安全状态的控制,必须看成是动态的安全管理的重点。事故的发生,是由于人的不安全行为运动轨迹与物的不安全状态运动轨迹的交叉。从事故发生的原理,也说明了对生产因素状态的控制,应该当作安全管理的重点,而不能把约束当作安全管理的重点,是因为约束缺乏带有强制性的手段。

6)在管理中发展提高

既然安全管理是在变化着的生产活动中的管理,是一种动态,其管理就意味着是不断发展的、不断变化的,以适应变化的生产活动,消除新的危险因素。然而更为需要的是不间断地摸索新的规律,总结管理、控制的办法与经验,指导新的变化后的管理,从而使安全管理不断地上升到新的高度。

1.6 危险源的识别

1.6.1 危险源的概念

1)危险源的定义

危险源是各种事故发生的根源,是指可能导致死亡、伤害或疾病、财产损失、工作环境破坏或这些情况组合的根源或状态。它包括人的不安全行为、物的不安全状态、管理上的缺陷和环境上的缺陷等。危险源的定义包括以下几个方面的含义:

①决定性。事故的发生以危险源的存在为前提,危险源的存在是事故发生的基础,离开了危险源就不会有事故。

②可能性。危险源并不必然导致事故,只有失去控制或控制不足的危险源才可能导致事故。

③危害性。危险源一旦转化为事故,会给生产和生活带来不良影响,还会对人的生命健康、财产安全及生存环境等造成危害。

④隐蔽性。危险源是潜在的,只有当事故发生时才会明确地显现出来。人们对危险源及其危险性的认识是一个不断总结教训并逐步完善的过程。

危险源是安全控制的主要对象,因此,有人把安全控制也称为危害控制或安全风险控制。

2)危险源的分类

对危险源进行分类,是为了便于进行危险源的识别与分析。危险源的分类方法有多种,可按危险源在事故发生过程中的作用、引起的事故类型、导致事故和职业危害的直接原因、职业病类别等进行分类。

①按危险源在事故发生过程中的作用分类。在实际生活和生产过程中,危险源是以多种形式存在的,危险源导致的事故可归结为能量的意外释放和有害物质的泄漏。根据危险源在事故发生过程中的作用,可分为第一类危险源和第二类危险源。

第一类危险源是指可能发生意外释放能量的载体或危险物质。通常,把产生能量的能量源或拥有能量的能量载体作为第一类危险源来处理。

第二类危险源是指造成约束、限制能量措施失效或破坏的各种不安全因素。生产过程中的能量或危险物质受到约束或限制,在正常情况下不会发生意外释放,即不会发生事故。但是,一旦约束或限制能量或危险物质的措施受到破坏或失效(故障),则将发生事故。第二类危险源包括人的不安全行为、物的不安全状态和不利环境条件 3 个方面。建筑工地的绝大部分危险和有害因素属于第二类危险源。

事故的发生是两类危险源共同作用的结果。第一类危险源是事故的前提,是事故的主体,决定事故的严重程度;第二类危险源的出现是第一类危险源导致事故的必要条件,决定事故发生的可能性大小。

②按引起的事故类型分类。根据《企业职工伤亡事故分类标准》(GB 6441—1986),综合考虑事故的起因物、致害物、伤害方式等特点,将危险源及危险源造成的事故分为 20 类。施工现场危险源识别时,对危险源或其造成伤害的分类多采用此分类法。具体分为:物体打击、车辆伤害、机械伤害、起重伤害、触电、淹溺、灼烫、火灾、高处坠落、坍塌、冒顶片帮、透水、放炮、火药爆炸、瓦斯爆炸、锅炉爆炸、容器爆炸、其他爆炸(化学爆炸、炉膛爆炸、钢水爆炸等)、中毒和窒息、其他伤害(扭伤、跌伤、野兽咬伤等)。在建设工程施工生产中,最主要的事故类型是高处坠落、物体打击、触电事故、机械伤害、坍塌事故、火灾和爆炸等。

1.6.2　危险源的识别与判断

危险源辨识是识别危险源的存在并确定其特性的过程。施工现场识别危险源的方法有专家调查法、安全检查表法、现场调查法、工作任务分析法、危险与可操作性研究、事件树分析、故障树分析等,其中现场调查法是主要采用的方法。

1)危险源辨识的方法

①专家调查法。专家调查法是通过向有经验的专家咨询、调查,分析和评价危险源的一类方法。其优点是简便易行;缺点是受专家的知识、经验和占有资料的限制,可能出现遗漏。常用的有头脑风暴法和德尔菲法。

头脑风暴法是通过专家创造性的思考,从而产生大量的观点、问题和议题的方法。其特点是多人讨论,集思广益,采取专家会议的方式来相互启发、交换意见,使危险、危害因素的辨识更加细致、具体,可以弥补个人判断的不足。该方法常用于目标比较单纯的议题,如果涉及面较广,包含因素多时,可以分解目标,再对单一目标或简单目标使用本方法。

德尔菲法是采用背对背的方式对专家进行调查,主要特点是避免了集体讨论中的从众倾向,更代表了专家的真实意见。此方法要求对调查的各种意见进行统计处理后,再反馈给专家征求意见。

②安全检查表法。安全检查表法实际上就是实施安全检查和诊断项目的明细表,运用已编制好的安全检查表进行系统的安全检查,辨识工程项目存在的危险源。检查表的内容一般包括分类项目、检查内容及要求、检查处理意见等。

安全检查表法的优点是简单易懂,易于掌握,可以事先组织专家编制检查项目,使安全检查系统化、完整化;缺点是只能作出定性评价。

③现场调查法。现场调查法是通过询问交谈、现场观察、查阅有关记录、获取外部信息等，加以分析研究来识别有关危险源的方法。

施工现场从事某项作业技术活动有经验的人员，往往能指出其作业技术活动中的危险源，通过对其询问交谈，可初步分析出该项作业技术活动中存在的各类危险源。

通过对施工现场作业环境的现场观察，可发现存在的危险源，但要求从事现场观察的人员具有安全生产、劳动保护、环境保护、消防安全、职业健康安全等法律法规、标准规范知识。

查阅有关记录是指查阅企业的事故、职业病记录，可从中发现存在的危险源。

获取外部信息是指从有关类似企业、类似项目、文献资料、专家咨询等方面获取有关危险源信息，以利于识别本工程项目施工现场有关的危险源。

2)危险源识别注意事项

①从范围上讲，危险源的分布应包括施工现场内受到影响的全部人员、活动与场所，以及受到影响的毗邻社区等，也包括相关方(包括分包单位、供应单位、建设单位、工程监理单位等)的人员、活动与场所可能施加的影响；从内容上讲，危险源的分布应涉及所有可能的伤害与影响，包括人为失误，物料与设备过期、老化、性能下降等造成的问题；从状态上讲，危险源的分布应考虑3种状态，即正常状态、异常状态、紧急状态；从时态上讲，危险源的分布应考虑3种时态，即过去、现在、将来。

②弄清危险源伤害的方式或途径，确认危险源伤害的范围，要特别关注重大危险源，防止遗漏，对危险源保持高度警觉，持续进行动态识别。

③充分发挥全体员工对危险源识别的作用，广泛听取每一位员工(包括供应商、分包商的员工)的意见和建议，必要时还可征求设计单位、工程监理单位、专家和政府主管部门等的意见。

3)风险评价方法

风险是某一特定危险情况发生的可能性和后果的结合。风险评价是评估危险源所带来的风险大小及确定风险是否可容许的全过程，根据评价结果对风险进行分级，弄清高度风险、一般风险与可忽略风险，按不同级别的风险有针对性地进行风险控制。

风险评价应围绕可能性和后果两个方面综合进行。安全风险评价的方法很多，如专家评估法、定量风险评价法、作业条件危险性评价法、安全检查表法、预先危险分析法等，一般通过定量和定性相结合的方法进行危险源的评价。

①专家评估法。专家评估法是组织有丰富知识，特别是有系统安全工程方面知识的专家与熟悉本工程项目施工生产工艺的技术和管理人员组成评价组，通过专家的经验和判断能力，对管理、人员、工艺、设备、设施、环境等方面已识别的危险源进行评价，提出对本工程施工安全有重大影响的重大危险源。

②定量风险评价法。该方法是将安全风险的大小用事故发生的可能性 p 与事故后果的严重程度 f 的乘积来衡量。即

$$R = p \cdot f \tag{1.1}$$

式中　R——风险的大小；

p——事故发生的概率;

f——事故后果的严重程度。

根据估算结果,可按表1.1对风险的大小进行分级。

表1.1 风险分级

可能性	安全等级		
	轻度损失 (轻微伤害)	中度损失 (伤害)	重大损失 (严重伤害)
很大	3	4	5
中等	2	3	4
极小	1	2	3

③作业条件危险性评价法。该方法是用与系统危险性有关的3个因素指标之积来评价作业条件的危险性。危险性以下式表示:

$$D = L \cdot E \cdot C \tag{1.2}$$

式中 L——发生事故的可能性大小,按表1.2取值;

E——人体暴露在危险环境中的频繁程度,按表1.3取值;

C——一旦发生事故会造成的后果,按表1.4取值;

D——危险性分值,见表1.5。

一般情况,D值等于或大于70的显著危险、高度危险和极其危险统称为重大风险;D值小于70的一般危险和稍有危险统称为一般风险。

表1.2 发生事故的可能性大小 L

分数值	事故发生的可能性	分数值	事故发生的可能性
10	必然发生	0.5	很不可能,可以设想
6	相当可能	0.2	极不可能
3	可能,但不经常	0.1	实际不可能
1	可能性小,完全意外		

表1.3 人体暴露在危险环境中的频繁程度 E

分数值	暴露在危险环境的频繁程度	分数值	暴露在危险环境的频繁程度
10	连续暴露	2	每月一次暴露
6	每天工作时间内暴露	1	每年几次暴露
3	每周一次或偶然暴露	0.5	非常罕见暴露

表 1.4　发生事故产生的后果 C

分数值	发生事故产生的后果	分数值	发生事故产生的后果
100	大灾难,许多人死亡(10 人以上死亡,直接经济损失 100 万~300 万元)	7	严重(伤残,经济损失 1 万~10 万元)
40	灾难,多人死亡(3~9 人死亡,直接经济损失 30 万~100 万元)	3	较严重(重伤,经济损失 1 万元以下)
15	非常严重(1~2 人死亡,直接经济损失 10 万~30 万元)	1	引人关注,轻伤(损失 1~105 个工日的失能伤害)

表 1.5　危险性分值 D 对应的风险等级

D 值	危险程度	风险等级	风险分类
>320	极其危险,不能继续作业	5	重大风险
160~320	高度危险,要立即整改	4	
70~160	显著危险,需整改	3	
20~70	一般危险,需注意	2	一般风险
<20	稍有危险,可以接受	1	

危险等级的划分是经验判断,难免带有局限性,应用时需根据实际情况予以修正。作业条件危险性评价法示例见表 1.6。

④安全检查表法。该方法是将作业过程加以展开,列出各层次的不安全因素,然后确定检查项目,以提问的方式把检查项目按过程的组成顺序编制成表,按检查项目进行检查或评审。

(4)重大危险源的判断依据

凡符合以下条件之一的危险源,均可判定为重大危险源:

①严重不符合法律法规、标准规范和其他要求;

②相关方有合理抱怨和要求;

③曾经发生过事故,且未采取有效防范控制措施;

④直接观察到可能导致危险且无适当控制措施;

⑤通过作业条件危险性评价,D 值大于 160。

评价重大危险源时,应结合工程和服务的主要内容进行,并考虑日常工作中的重点。

安全风险评价结果应形成评价记录,一般可与危险源识别结果合并列表记录。对确定的重大危险源还应另列清单,并按优先考虑的顺序排列。

施工现场危险源识别、评价结果参见表 1.7、表 1.8。

表 1.6　作业条件危险性评价法示例

序号	作业活动	危险因素	可能导致的事故	评分法									D	危险等级	是否确定为重大安全风险
				事故发生的可能性 L			暴露的频繁程度 E			后果及严重程度 C					
				10	3	1	10	6	3	40	7	3			
1	主体工程施工	架体外防护层,层间防护未设防护栏、安全网、挡脚板	物体打击、高处坠落		√				√	√			360	5	
2		混凝土浇捣过程噪声	听力危害		√			√				√	27	2	
3		混凝土浇捣不按操作规程进行	机械伤害		√			√			√		63	2	
4		焊接漏电、破皮、火花、辐射、有害气体	触电、火灾、灼伤、视力伤害、中毒和窒息		√			√				√	54	2	

表 1.7　施工现场危险源识别、评价结果表示例
（按作业活动分类编制）

序号	施工阶段	作业活动	危险源	可能导致的事故	风险级别	控制措施
1	基坑施工	土方机械	铲运机械行驶时驾驶室外载人	机具伤害	一般	管理程序、应急预案
2		土方机械	多台铲运机械同时作业时,未空开安全距离	机具伤害	一般	管理程序、应急预案
3	结构施工	钢筋工程	钢筋机械无漏电保护器	触电	一般	管理程序、应急预案
4		钢筋工程	钢筋在吊运中未降到 1 m 就靠近	物体打击	一般	管理程序、应急预案

表 1.8　施工现场危险源识别、评价结果表示例

（按造成的危害分类编制）

序号	危险源	可能对安全产生的影响	可能性			严重性			综合得分	评价结果	策划结果
			可能	不太可能	几乎不太可能	严重	重大	一般			
			3	2	1	3	2	1			
1	脚手板有探头板	高处坠落		√			√		4	一般	检查
2	脚手板不满铺	高处坠落	√					√	4	一般	检查
3	悬挑脚手架防护不严密	高处坠落	√				√		5	重大	控制

小　结

本项目主要讲授了以下几个方面的内容：

1.安全生产与安全管理的相关概念；

2.安全生产管理的基本方针；

3.安全管理中的不安全因素；

4.安全管理的特点；

5.安全管理的范围与原则；

6.危险源、重大风险的识别与判断。

通过本项目的学习,理解安全生产相关概念,区分安全生产管理中的不安全因素,掌握危险源、重大风险的识别与判断方法。

思考题

1.简述安全生产方针及其含义。

2.人的不安全因素包括哪些?

3.简述安全管理的原则。

4.简述危险源识别的注意事项。

项目 2 安全生产相关法律法规

【内容简介】

1.建设工程法律法规体系；

2.建设工程法律有关内容；

3.建设工程行政法规有关内容；

4.建设工程部门规章有关内容；

5.工程建设标准有关内容。

【学习目标】

1.了解建设工程法律法规体系；

2.熟悉建设工程法律、法规、规章、标准等有关内容。

【能力培养】

通过安全生产相关法律法规的学习,使学生知法、懂法、守法,能够在施工管理中运用法律维护自己、他人及国家利益。

引言

建筑法律法规(图2.1、图2.2)是建设工程领域必须遵守的法律法规,违反规定要承担相应的法律责任,所以学法、懂法才能用法律维护自己的合法权益。我们学习法律知识,用法律武装头脑,使大家都能自觉运用法律武器,既维护企业和自身的利益,同时也不损害国家和他人的利益。

图2.1 建筑法律、法规、规章合集　　图2.2 企业安全生产法律法规汇编

2.1 建设工程法律法规体系

建设工程法律法规体系是指根据《中华人民共和国立法法》的规定,制定和公布施行的有关建设工程的各项法律、行政法规、地方性法规、自治条例、单行条例、部门规章和地方政府规章的总称。目前,这个体系已基本形成。本节列举和介绍的是与建设工程安全有关的法律、行政法规、部门规章和工程建设相关标准,不涉及地方性法规、自治条例、单行条例和地方政府规章。

2.1.1 建设工程法律、法规、规章的制定机关

建设工程法律是指由全国人民代表大会及其常务委员会通过的规范工程建设活动的法律规范,由国家主席签署主席令予以公布,在全国范围内施行,其地位和效力仅次于《中华人民共和国宪法》。如《中华人民共和国建筑法》《中华人民共和国招标投标法》《中华人民共和国合同法》《中华人民共和国政府采购法》《中华人民共和国城市规划法》等。

建设工程行政法规是指由国务院根据宪法和法律制定的规范工程建设活动的各项法规,由总理签署国务院令予以公布,颁布后在全国范围内施行。如《建设工程安全生产管理条例》《建设工程勘察设计管理条例》等。

规章是行政性法律规范文件,根据其制定机关不同可分为两类:一类是部门规章,是由国务院组成部门及直属机构在它们的职权范围内制定的规范性文件,部门规章规定的事项属于执行法律或国务院的行政法规、决定、命令的事项;另一类是地方政府规章,是由省、自治区、直辖市人民政府以及省、自治区人民政府所在地的市和经国务院批准的较大的市的人民政府依照法定程序制定的规范性文件。规章在各自的权限范围内施行。建设工程部门规章是指住建部按照国务院规定的职权范围,独立或同国务院有关部门联合,根据法律和国务院的行政法规、决定、命令,制定的规范工程建设活动的各项规章,属于住建部制定的由部长签署住建部令予以公布,如《建筑工程施工许可管理办法》《建筑安全生产监督管理规定》等。

工程建设标准是做好安全生产工作的重要技术依据,对规范建设工程各方责任主体的行为、保障安全生产具有重要意义。根据标准化法的规定,标准包括国家标准、行业标准、地方标准和企业标准。国家标准是指由国务院标准化行政主管部门或其他有关主管部门对需要在全国范围内统一的技术要求制定的技术规范;行业标准是指国务院有关主管部门对没有国家标准而又需要在全国某个行业范围内统一的技术要求所制定的技术规范。

2.1.2 与建设工程有关的法律法规的法律效力

上述法律、法规、规章的效力是:法律的效力高于行政法规,行政法规的效力高于部门规章。工程建设标准的效力是:国家标准高于行业标准,行业标准高于地方标准,地方标准高于企业标准。

我们应当了解和熟悉我国建设工程法律、法规、规章体系,熟悉和掌握其中与安全工作关系比较密切的法律、法规、规章,以便依法进行安全管理和规范自己的安全行为(图2.3)。

图 2.3　建设工程安全生产相关法律法规

2.2　建设工程法律

建设工程法律主要包括：
①中华人民共和国建筑法；
②中华人民共和国安全生产法；
③中华人民共和国合同法；
④中华人民共和国招标投标法；
⑤中华人民共和国土地管理法；
⑥中华人民共和国城市规划法；
⑦中华人民共和国城市房地产管理法；
⑧中华人民共和国环境保护法；
⑨中华人民共和国环境影响评价法等。

2.2.1　《中华人民共和国建筑法》有关内容

《中华人民共和国建筑法》(以下简称《建筑法》)于 1997 年 11 月 1 日第八届全国人民代表大会常务委员会第 28 次会议通过，自 1998 年 3 月 1 日起施行。2011 年 4 月 22 日，根据第十一届全国人民代表大会常务委员会第 20 次会议《关于修改〈中华人民共和国建筑法〉的决定》进行了第一次修正。2019 年 4 月 23 日，根据第十三届全国人民代表大会常务委员会第 10 次会议《关于修改〈中华人民共和国建筑法〉第八部法律的决定》进行了第二次修正。

《建筑法》总计 85 条，是我国第一部规范建筑活动的部门法律，它的颁布施行强化了建筑工程质量和安全的法律保障。

《建筑法》主要规定了建筑许可、建筑工程发包承包、建筑工程监理、建筑安全生产管理、建筑工程质量管理及相应法律责任等方面的内容。

《建筑法》确立了安全生产责任制度、群防群治制度、安全生产教育培训制度、伤亡事故处理报告制度、安全责任追究制度。

2.2.2 《中华人民共和国安全生产法》有关内容

《中华人民共和国安全生产法》(以下简称《安全生产法》)于2002年6月29日由第九届全国人民代表大会常务委员会第28次会议通过,自2002年11月1日起施行。2014年8月31日,根据第十二届全国人民代表大会常务委员会第10次会议通过的《关于修改〈中华人民共和国安全生产法〉的决定》进行了修订,自2014年12月1日起施行。

《安全生产法》是安全生产领域的综合性基本法,它是我国第一部全面规范安全生产的专门法律,是我国安全生产法律体系的主体法。

《安全生产法》提供了4种监督途径,即工会民主监督、社会舆论监督、公众举报监督和社区服务监督。

《安全生产法》明确了生产经营单位必须做好安全生产的保证工作;明确了从业人员为保证安全生产所应尽的义务;明确了从业人员进行安全生产所享有的权利;明确了生产经营单位负责人的安全生产责任;明确了对违法单位和个人的法律责任追究制度;明确了要建立事故应急救援制度,制订应急救援预案,形成应急救援预案体系。

2.3 建设工程行政法规

建设工程行政法规主要包括:
①建设工程质量管理条例;
②建设工程安全生产管理条例;
③安全生产许可证条例;
④生产安全事故报告和调查处理条例;
⑤建设工程勘察设计管理条例;
⑥中华人民共和国土地管理法实施条例等。

2.3.1 《建设工程安全生产管理条例》有关内容

《建设工程安全生产管理条例》(以下简称《安全条例》)于2003年11月12日经国务院第28次常务会议通过,自2004年2月1日起施行。

《安全条例》较为详细地规定了建设、勘察、设计、工程监理、其他有关单位的安全责任和施工单位的安全责任,以及政府部门对建设工程安全生产实施监督管理的责任等。

2.3.2 《安全生产许可证条例》的主要内容

《安全生产许可证条例》于2004年1月7日经国务院第34次常务会议通过,自2004年1月13日起施行,2014年7月29日进行了修订。

该条例的颁布施行标志着我国依法建立起了安全生产许可制度,其主要内容如下:国家对矿山企业、建筑施工企业和危险化学品、烟花爆竹、民用爆破器材生产企业(以下统称"企业")实行安全生产许可制度,企业取得安全生产许可证应当具备的安全生产条件,企业进行生产前,应当依照条例的规定向安全生产许可证颁发管理机关申请领取安全生产许可证,并提供该条例第六条规定的相关文件、资料。

2.3.3 《生产安全事故报告和调查处理条例》的主要内容

《生产安全事故报告和调查处理条例》于 2007 年 3 月 28 日经国务院第 172 次常务会议通过,自 2007 年 6 月 1 日起施行。

该条例是为了规范生产安全事故的报告和调查处理,落实生产安全事故责任追究制度,防止和减少生产安全事故,根据《安全生产法》和有关法律而制定。

2.3.4 《国务院关于特大安全事故行政责任追究的规定》的主要内容

《国务院关于特大安全事故行政责任追究的规定》于 2001 年 4 月 21 日由国务院第 302 号令公布,自公布之日起施行。

该规定主要内容概述如下:各级政府部门对特大安全事故预防的法律规定、各级政府部门对特大安全事故处理的法律规定、各级政府部门负责人对特大安全事故应承担的法律责任。

2.3.5 《特种设备安全监察条例》的主要内容

《特种设备安全监察条例》于 2003 年 2 月 19 日经国务院第 68 次常务会议通过,2003 年 3 月 11 日国务院令第 373 号公布,自 2003 年 6 月 1 日起施行。依《国务院关于修改〈特种设备安全监察条例〉的决定》(国务院令〔2003〕549 号)修订,修订版于 2009 年 1 月 24 日公布,自 2009 年 5 月 1 日起施行。

该条例规定了特种设备的生产、使用、检验检测及其监督检查,应当遵守本条例。

2.3.6 《国务院关于进一步加强安全生产工作的决定》的主要内容

国务院于 2004 年 1 月 9 日发布了《国务院关于进一步加强安全生产工作的决定》(国发〔2004〕2 号)。

该决定共 23 条,约 6 000 字,分 5 个部分,包括:提高认识,明确指导思想和奋斗目标;完善政策,大力推进安全生产各项工作;强化管理,落实生产经营单位安全生产主体责任;完善制度,加强安全生产监督管理;加强领导,形成齐抓共管的合力。

阅读材料

《建设工程安全生产管理条例》(节选)

第二章　建设单位的安全责任

第六条　建设单位应当向施工单位提供施工现场及毗邻区域内供水、排水、供电、供气、供热、通信、广播电视等地下管线资料,气象和水文观测资料,相邻建筑物和构筑物、地下工程的有关资料,并保证资料的真实、准确、完整。

建设单位因建设工程需要,向有关部门或者单位查询前款规定的资料时,有关部门或者单位应当及时提供。

第七条　建设单位不得对勘察、设计、施工、工程监理等单位提出不符合建设工程安全生产法律、法规和强制性标准规定的要求,不得压缩合同约定的工期。

第八条　建设单位在编制工程概算时,应当确定建设工程安全作业环境及安全施工措施所需费用。

第九条　建设单位不得明示或者暗示施工单位购买、租赁、使用不符合安全施工要求的安全防护用具、机械设备、施工机具及配件、消防设施和器材。

第十条　建设单位在申请领取施工许可证时,应当提供建设工程有关安全施工措施的资料。

依法批准开工报告的建设工程,建设单位应当自开工报告批准之日起15日内,将保证安全施工的措施报送建设工程所在地的县级以上地方人民政府建设行政主管部门或者其他有关部门备案。

第十一条　建设单位应当将拆除工程发包给具有相应资质等级的施工单位。

建设单位应当在拆除工程施工15日前,将下列资料报送建设工程所在地的县级以上地方人民政府建设行政主管部门或者其他有关部门备案:

(一)施工单位资质等级证明;

(二)拟拆除建筑物、构筑物及可能危及毗邻建筑的说明;

(三)拆除施工组织方案;

(四)堆放、清除废弃物的措施。

实施爆破作业的,应当遵守国家有关民用爆炸物品管理的规定。

第三章　勘察、设计、工程监理及其他有关单位的安全责任

第十二条　勘察单位应当按照法律、法规和工程建设强制性标准进行勘察,提供的勘察文件应当真实、准确,满足建设工程安全生产的需要。

第十三条　设计单位应当按照法律、法规和工程建设强制性标准进行设计,防止因设计不合理导致生产安全事故的发生。

设计单位应当考虑施工安全操作和防护的需要,对涉及施工安全的重点部位和环节在设计文件中注明,并对防范生产安全事故提出指导意见。

采用新结构、新材料、新工艺的建设工程和特殊结构的建设工程,设计单位应当在设计中提出保障施工作业人员安全和预防生产安全事故的措施建议。

设计单位和注册建筑师等注册执业人员应当对其设计负责。

第十四条　工程监理单位应当审查施工组织设计中的安全技术措施或者专项施工方案是否符合工程建设强制性标准。

工程监理单位在实施监理过程中,发现存在安全事故隐患的,应当要求施工单位整改;情况严重的,应当要求施工单位暂时停止施工,并及时报告建设单位。施工单位拒不整改或者不停止施工的,工程监理单位应当及时向有关主管部门报告。

工程监理单位和监理工程师应当按照法律、法规和工程建设强制性标准实施监理,并对建设工程安全生产承担监理责任。

第十五条　为建设工程提供机械设备和配件的单位,应当按照安全施工的要求配备齐全有效的保险、限位等安全设施和装置。

第十六条　出租的机械设备和施工机具及配件,应当具有生产(制造)许可证、产品合格证。出租单位应当对出租的机械设备和施工机具及配件的安全性能进行检测,在签订租赁协议时,应当出具检测合格证明。

禁止出租检测不合格的机械设备和施工机具及配件。

第十七条　在施工现场安装、拆卸施工起重机械和整体提升脚手架、模板等自升式架设设施,必须由具有相应资质的单位承担。

安装、拆卸施工起重机械和整体提升脚手架、模板等自升式架设设施,应当编制拆装方案、制定安全施工措施,并由专业技术人员现场监督。

施工起重机械和整体提升脚手架、模板等自升式架设设施安装完毕后，安装单位应当自检，出具自检合格证明，并向施工单位进行安全使用说明，办理验收手续并签字。

第十八条 施工起重机械和整体提升脚手架、模板等自升式架设设施的使用达到国家规定的检验检测期限的，必须经具有专业资质的检验检测机构检测。经检测不合格的，不得继续使用。

第十九条 检验检测机构对检测合格的施工起重机械和整体提升脚手架、模板等自升式架设设施，应当出具安全合格证明文件，并对检测结果负责。

第四章 施工单位的安全责任

第二十条 施工单位从事建设工程的新建、扩建、改建和拆除等活动，应当具备国家规定的注册资本、专业技术人员、技术装备和安全生产等条件，依法取得相应等级的资质证书，并在其资质等级许可的范围内承揽工程。

第二十一条 施工单位主要负责人依法对本单位的安全生产工作全面负责。施工单位应当建立健全安全生产责任制度和安全生产教育培训制度，制定安全生产规章制度和操作规程，保证本单位安全生产条件所需资金的投入，对所承担的建设工程进行定期和专项安全检查，并做好安全检查记录。

施工单位的项目负责人应当由取得相应执业资格的人员担任，对建设工程项目的安全施工负责，落实安全生产责任制度、安全生产规章制度和操作规程，确保安全生产费用的有效使用，并根据工程的特点组织制定安全施工措施，消除安全事故隐患，及时、如实报告生产安全事故。

第二十二条 施工单位对列入建设工程概算的安全作业环境及安全施工措施所需费用，应当用于施工安全防护用具及设施的采购和更新、安全施工措施的落实、安全生产条件的改善，不得挪作他用。

第二十三条 施工单位应当设立安全生产管理机构，配备专职安全生产管理人员。

专职安全生产管理人员负责对安全生产进行现场监督检查。发现安全事故隐患，应当及时向项目负责人和安全生产管理机构报告；对违章指挥、违章操作的，应当立即制止。

专职安全生产管理人员的配备办法由国务院建设行政主管部门会同国务院其他有关部门制定。

第二十四条 建设工程实行施工总承包的，由总承包单位对施工现场的安全生产负总责。

总承包单位应当自行完成建设工程主体结构的施工。

总承包单位依法将建设工程分包给其他单位的，分包合同中应当明确各自的安全生产方面的权利、义务。总承包单位和分包单位对分包工程的安全生产承担连带责任。

分包单位应当服从总承包单位的安全生产管理，分包单位不服从管理导致生产安全事故的，由分包单位承担主要责任。

第二十五条 垂直运输机械作业人员、安装拆卸工、爆破作业人员、起重信号工、登高架设作业人员等特种作业人员，必须按照国家有关规定经过专门的安全作业培训，并取得特种作业操作资格证书后，方可上岗作业。

第二十六条 施工单位应当在施工组织设计中编制安全技术措施和施工现场临时用电方案，对下列达到一定规模的危险性较大的分部分项工程编制专项施工方案，并附具安全验算结果，经施工单位技术负责人、总监理工程师签字后实施，由专职安全生产管理人员进行现场监督：

（一）基坑支护与降水工程；

（二）土方开挖工程；

（三）模板工程；

（四）起重吊装工程；

（五）脚手架工程；

（六）拆除、爆破工程；

（七）国务院建设行政主管部门或者其他有关部门规定的其他危险性较大的工程。

对前款所列工程中涉及深基坑、地下暗挖工程、高大模板工程的专项施工方案,施工单位还应当组织专家进行论证、审查。

本条第一款规定的达到一定规模的危险性较大工程的标准,由国务院建设行政主管部门会同国务院其他有关部门制定。

第二十七条 建设工程施工前,施工单位负责项目管理的技术人员应当对有关安全施工的技术要求向施工作业班组、作业人员作出详细说明,并由双方签字确认。

第二十八条 施工单位应当在施工现场入口处、施工起重机械、临时用电设施、脚手架、出入通道口、楼梯口、电梯井口、孔洞口、桥梁口、隧道口、基坑边沿、爆破物及有害危险气体和液体存放处等危险部位,设置明显的安全警示标志。安全警示标志必须符合国家标准。

施工单位应当根据不同施工阶段和周围环境及季节、气候的变化,在施工现场采取相应的安全施工措施。施工现场暂时停止施工的,施工单位应当做好现场防护,所需费用由责任方承担,或者按照合同约定执行。

第二十九条 施工单位应当将施工现场的办公、生活区与作业区分开设置,并保持安全距离;办公、生活区的选址应当符合安全性要求。职工的膳食、饮水、休息场所等应当符合卫生标准。施工单位不得在尚未竣工的建筑物内设置员工集体宿舍。

施工现场临时搭建的建筑物应当符合安全使用要求。施工现场使用的装配式活动房屋应当具有产品合格证。

第三十条 施工单位对因建设工程施工可能造成损害的毗邻建筑物、构筑物和地下管线等,应当采取专项防护措施。

施工单位应当遵守有关环境保护法律、法规的规定,在施工现场采取措施,防止或者减少粉尘、废气、废水、固体废物、噪声、振动和施工照明对人和环境的危害和污染。

在城市市区内的建设工程,施工单位应当对施工现场实行封闭围挡。

第三十一条 施工单位应当在施工现场建立消防安全责任制度,确定消防安全责任人,制定用火、用电、使用易燃易爆材料等各项消防安全管理制度和操作规程,设置消防通道、消防水源,配备消防设施和灭火器材,并在施工现场入口处设置明显标志。

第三十二条 施工单位应当向作业人员提供安全防护用具和安全防护服装,并书面告知危险岗位的操作规程和违章操作的危害。

作业人员有权对施工现场的作业条件、作业程序和作业方式中存在的安全问题提出批评、检举和控告,有权拒绝违章指挥和强令冒险作业。

在施工中发生危及人身安全的紧急情况时,作业人员有权立即停止作业或者在采取必要的应急措施后撤离危险区域。

第三十三条 作业人员应当遵守安全施工的强制性标准、规章制度和操作规程,正确使用安全防护用具、机械设备等。

第三十四条 施工单位采购、租赁的安全防护用具、机械设备、施工机具及配件,应当具有生产(制造)许可证、产品合格证,并在进入施工现场前进行查验。

施工现场的安全防护用具、机械设备、施工机具及配件必须由专人管理,定期进行检查、维修和保养,建立相应的资料档案,并按照国家有关规定及时报废。

第三十五条 施工单位在使用施工起重机械和整体提升脚手架、模板等自升式架设施前,应当组织有关单位进行验收,也可以委托具有相应资质的检验检测机构进行验收;使用承租的机械设备和施工机具及配件的,由施工总承包单位、分包单位、出租单位和安装单位共同进行验收。验收合格的方可使用。

《特种设备安全监察条例》规定的施工起重机械,在验收前应当经有相应资质的检验检测机构监督检验合格。

施工单位应当自施工起重机械和整体提升脚手架、模板等自升式架设设施验收合格之日起30日内,向建设行政主管部门或者其他有关部门登记。登记标志应当置于或者附着于该设备的显著位置。

第三十六条 施工单位的主要负责人、项目负责人、专职安全生产管理人员应当经建设行政主管部门或者其他有关部门考核合格后方可任职。

施工单位应当对管理人员和作业人员每年至少进行一次安全生产教育培训,其教育培训情况记入个人工作档案。安全生产教育培训考核不合格的人员,不得上岗。

第三十七条 作业人员进入新的岗位或者新的施工现场前,应当接受安全生产教育培训。未经教育培训或者教育培训考核不合格的人员,不得上岗作业。

施工单位在采用新技术、新工艺、新设备、新材料时,应当对作业人员进行相应的安全生产教育培训。

第三十八条 施工单位应当为施工现场从事危险作业的人员办理意外伤害保险。

意外伤害保险费由施工单位支付。实行施工总承包的,由总承包单位支付意外伤害保险费。意外伤害保险期限自建设工程开工之日起至竣工验收合格止。

2.4 建设工程部门规章

建设工程部门规章主要包括:
①工程监理企业资质管理规定;
②注册监理工程师管理规定;
③建设工程监理范围和规模标准规定;
④建筑工程设计招标投标管理办法;
⑤房屋建筑和市政基础设施工程施工招标投标管理办法;
⑥评标委员会和评标方法暂行规定;
⑦建筑工程施工发包与承包计价管理办法;
⑧建筑工程施工许可管理办法;
⑨实施工程建设强制性标准监督规定;
⑩房屋建筑工程质量保修办法;
⑪房屋建筑工程和市政基础设施工程竣工验收备案管理暂行办法;
⑫城市建设档案管理规定等。

2.4.1 《建筑工程施工许可管理办法》的主要内容

《建筑工程施工许可管理办法》由中华人民共和国住房和城乡建设部令第18号确定,自2014年10月25日起施行。该办法共20条,规定了在中华人民共和国境内从事各类房屋建筑及其附属设施的建造、装修装饰和与其配套的线路、管道、设备的安装,以及城镇市政基础设施工程的施工,建设单位在开工前应当按要求申请领取施工许可证,未取得施工许可证的一律不得开工。

2.4.2 《建设行政处罚程序暂行规定》的主要内容

《建设行政处罚程序暂行规定》于 1999 年 2 月 3 日由建设部令第 66 号发布,自发布之日起施行。本规定共 6 章 40 条,其制定的依据是《中华人民共和国行政处罚法》,制定目的是保障和监督建设行政执法机关有效实施行政管理,保护公民、法人和其他组织的合法权益,促进建设行政执法工作的程序化、规范化。

2.4.3 《实施工程建设强制性标准监督规定》的主要内容

《实施工程建设强制性标准监督规定》于 2000 年 8 月 25 日建设部令第 81 号公布,根据 2015 年 1 月 22 日中华人民共和国住房和城乡建设部令第 23 号《住房和城乡建设部关于修改〈市政公用设施抗灾消防管理规定〉等部门规章的决定》修正。本规定共 9 条,主要规定了实施工程建设强制性标准的监督管理工作的政府部门,对工程建设各阶段执行强制性标准的情况实施监督的机构以及强制性标准监督检查的内容。

2.5 工程建设标准

工程建设标准主要包括:
①建筑工程质量验收统一标准;
②施工企业安全生产管理规范;
③建筑施工安全检查标准;
④施工企业安全生产评价标准;
⑤建筑施工高处作业安全技术规范;
⑥施工现场临时用电安全技术规范;
⑦建筑施工扣件式钢管脚手架安全技术规范;
⑧建筑机械使用安全技术规程;
⑨建筑施工起重吊装工程安全技术规范等。

2.5.1 《建筑施工安全检查标准》的主要内容

《建筑施工安全检查标准》(JGJ 59—2011)是强制性行业标准,于 2011 年实施。制定该标准是为了科学地评价建筑施工安全生产情况,提高安全生产工作和文明施工的管理水平,预防伤亡事故的发生、确保职工的安全和健康,实现检查评价工作的标准化和规范化。

2.5.2 《施工企业安全生产评价标准》的主要内容

《施工企业安全生产评价标准》(JGJ/T 77—2010)是推荐性行业标准,于 2010 年实施。制定该标准是为了加强施工企业安全生产的监督管理,科学地评价施工企业安全生产业绩及相应的安全生产能力,实现施工企业安全生产评价工作的规范化和制度化,促进施工企业安全生产管理水平的提高。

阅读材料

危险性较大的分部分项工程安全管理规定

第一章 总则

第一条 为加强对房屋建筑和市政基础设施工程中危险性较大的分部分项工程安全管理,有效防范生产安全事故,依据《中华人民共和国建筑法》《中华人民共和国安全生产法》《建设工程安全生产管理条例》等法律法规,制定本规定。

第二条 本规定适用于房屋建筑和市政基础设施工程中危险性较大的分部分项工程安全管理。

第三条 本规定所称危险性较大的分部分项工程(以下简称"危大工程"),是指房屋建筑和市政基础设施工程在施工过程中,容易导致人员群死群伤或者造成重大经济损失的分部分项工程。

危大工程及超过一定规模的危大工程范围由国务院住房城乡建设主管部门制定。

省级住房城乡建设主管部门可以结合本地区实际情况,补充本地区危大工程范围。

第四条 国务院住房城乡建设主管部门负责全国危大工程安全管理的指导监督。

县级以上地方人民政府住房城乡建设主管部门负责本行政区域内危大工程的安全监督管理。

第二章 前期保障

第五条 建设单位应当依法提供真实、准确、完整的工程地质、水文地质和工程周边环境等资料。

第六条 勘察单位应当根据工程实际及工程周边环境资料,在勘察文件中说明地质条件可能造成的工程风险。

设计单位应当在设计文件中注明涉及危大工程的重点部位和环节,提出保障工程周边环境安全和工程施工安全的意见,必要时进行专项设计。

第七条 建设单位应当组织勘察、设计等单位在施工招标文件中列出危大工程清单,要求施工单位在投标时补充完善危大工程清单并明确相应的安全管理措施。

第八条 建设单位应当按照施工合同约定及时支付危大工程施工技术措施费以及相应的安全防护文明施工措施费,保障危大工程施工安全。

第九条 建设单位在申请办理安全监督手续时,应当提交危大工程清单及其安全管理措施等资料。

第三章 专项施工方案

第十条 施工单位应当在危大工程施工前组织工程技术人员编制专项施工方案。

实行施工总承包的,专项施工方案应当由施工总承包单位组织编制。危大工程实行分包的,专项施工方案可以由相关专业分包单位组织编制。

第十一条 专项施工方案应当由施工单位技术负责人审核签字、加盖单位公章,并由总监理工程师审查签字、加盖执业印章后方可实施。

危大工程实行分包并由分包单位编制专项施工方案的,专项施工方案应当由总承包单位技术负责人及分包单位技术负责人共同审核签字并加盖单位公章。

第十二条 对于超过一定规模的危大工程,施工单位应当组织召开专家论证会对专项施工方案进行论证。实行施工总承包的,由施工总承包单位组织召开专家论证会。专家论证前专项施工方案应当通过施工单位审核和总监理工程师审查。

专家应当从地方人民政府住房城乡建设主管部门建立的专家库中选取,符合专业要求且人数不得少于5名。与本工程有利害关系的人员不得以专家身份参加专家论证会。

第十三条 专家论证会后,应当形成论证报告,对专项施工方案提出通过、修改后通过或者不通过的一致意见。专家对论证报告负责并签字确认。

专项施工方案经论证需修改后通过的,施工单位应当根据论证报告修改完善后,重新履行本规定第十一条的程序。

专项施工方案经论证不通过的,施工单位修改后应当按照本规定的要求重新组织专家论证。

第四章　现场安全管理

第十四条　施工单位应当在施工现场显著位置公告危大工程名称、施工时间和具体责任人员,并在危险区域设置安全警示标志。

第十五条　专项施工方案实施前,编制人员或者项目技术负责人应当向施工现场管理人员进行方案交底。

施工现场管理人员应当向作业人员进行安全技术交底,并由双方和项目专职安全生产管理人员共同签字确认。

第十六条　施工单位应当严格按照专项施工方案组织施工,不得擅自修改专项施工方案。

因规划调整、设计变更等原因确需调整的,修改后的专项施工方案应当按照本规定重新审核和论证。涉及资金或者工期调整的,建设单位应当按照约定予以调整。

第十七条　施工单位应当对危大工程施工作业人员进行登记,项目负责人应当在施工现场履职。

项目专职安全生产管理人员应当对专项施工方案实施情况进行现场监督,对未按照专项施工方案施工的,应当要求立即整改,并及时报告项目负责人,项目负责人应当及时组织限期整改。

施工单位应当按照规定对危大工程进行施工监测和安全巡视,发现危及人身安全的紧急情况,应当立即组织作业人员撤离危险区域。

第十八条　监理单位应当结合危大工程专项施工方案编制监理实施细则,并对危大工程施工实施专项巡视检查。

第十九条　监理单位发现施工单位未按照专项施工方案施工的,应当要求其进行整改;情节严重的,应当要求其暂停施工,并及时报告建设单位。施工单位拒不整改或者不停止施工的,监理单位应当及时报告建设单位和工程所在地住房城乡建设主管部门。

第二十条　对于按照规定需要进行第三方监测的危大工程,建设单位应当委托具有相应勘察资质的单位进行监测。

监测单位应当编制监测方案。监测方案由监测单位技术负责人审核签字并加盖单位公章,报送监理单位后方可实施。

监测单位应当按照监测方案开展监测,及时向建设单位报送监测成果,并对监测成果负责;发现异常时,及时向建设、设计、施工、监理单位报告,建设单位应当立即组织相关单位采取处置措施。

第二十一条　对于按照规定需要验收的危大工程,施工单位、监理单位应当组织相关人员进行验收。验收合格的,经施工单位项目技术负责人及总监理工程师签字确认后,方可进入下一道工序。

危大工程验收合格后,施工单位应当在施工现场明显位置设置验收标识牌,公示验收时间及责任人员。

第二十二条　危大工程发生险情或者事故时,施工单位应当立即采取应急处置措施,并报告工程所在地住房城乡建设主管部门。建设、勘察、设计、监理等单位应当配合施工单位开展应急抢险工作。

第二十三条　危大工程应急抢险结束后,建设单位应当组织勘察、设计、施工、监理等单位制定工程恢复方案,并对应急抢险工作进行后评估。

第二十四条　施工、监理单位应当建立危大工程安全管理档案。

施工单位应当将专项施工方案及审核、专家论证、交底、现场检查、验收及整改等相关资料纳入档案管理。

监理单位应当将监理实施细则、专项施工方案审查、专项巡视检查、验收及整改等相关资料纳入档案管理。

第五章　监督管理

第二十五条　设区的市级以上地方人民政府住房城乡建设主管部门应当建立专家库,制定专家库管理制度,建立专家诚信档案,并向社会公布,接受社会监督。

第二十六条　县级以上地方人民政府住房城乡建设主管部门或者所属施工安全监督机构,应当根据监督工作计划对危大工程进行抽查。

县级以上地方人民政府住房城乡建设主管部门或者所属施工安全监督机构,可以通过政府购买技术服务方式,聘请具有专业技术能力的单位和人员对危大工程进行检查,所需费用向本级财政申请予以保障。

第二十七条　县级以上地方人民政府住房城乡建设主管部门或者所属施工安全监督机构,在监督抽查中发现危大工程存在安全隐患的,应当责令施工单位整改;重大安全事故隐患排除前或者排除过程中无法保证安全的,责令从危险区域内撤出作业人员或者暂时停止施工;对依法应当给予行政处罚的行为,应当依法作出行政处罚决定。

第二十八条　县级以上地方人民政府住房城乡建设主管部门应当将单位和个人的处罚信息纳入建筑施工安全生产不良信用记录。

第六章　法律责任

第二十九条　建设单位有下列行为之一的,责令限期改正,并处 1 万元以上 3 万元以下的罚款;对直接负责的主管人员和其他直接责任人员处 1000 元以上 5000 元以下的罚款:

(一)未按照本规定提供工程周边环境等资料的;

(二)未按照本规定在招标文件中列出危大工程清单的;

(三)未按照施工合同约定及时支付危大工程施工技术措施费或者相应的安全防护文明施工措施费的;

(四)未按照本规定委托具有相应勘察资质的单位进行第三方监测的;

(五)未对第三方监测单位报告的异常情况组织采取处置措施的。

第三十条　勘察单位未在勘察文件中说明地质条件可能造成的工程风险的,责令限期改正,依照《建设工程安全生产管理条例》对单位进行处罚;对直接负责的主管人员和其他直接责任人员处 1 000 元以上 5 000 元以下的罚款。

第三十一条　设计单位未在设计文件中注明涉及危大工程的重点部位和环节,未提出保障工程周边环境安全和工程施工安全的意见的,责令限期改正,并处 1 万元以上 3 万元以下的罚款;对直接负责的主管人员和其他直接责任人员处 1 000 元以上 5 000 元以下的罚款。

第三十二条　施工单位未按照本规定编制并审核危大工程专项施工方案的,依照《建设工程安全生产管理条例》对单位进行处罚,并暂扣安全生产许可证 30 日;对直接负责的主管人员和其他直接责任人员处 1 000 元以上 5 000 元以下的罚款。

第三十三条　施工单位有下列行为之一的,依照《中华人民共和国安全生产法》《建设工程安全生产管理条例》对单位和相关责任人员进行处罚:

(一)未向施工现场管理人员和作业人员进行方案交底和安全技术交底的;

(二)未在施工现场显著位置公告危大工程,并在危险区域设置安全警示标志的;

(三)项目专职安全生产管理人员未对专项施工方案实施情况进行现场监督的。

第三十四条　施工单位有下列行为之一的,责令限期改正,处 1 万元以上 3 万元以下的罚款,并暂

扣安全生产许可证 30 日;对直接负责的主管人员和其他直接责任人员处 1 000 元以上 5 000 元以下的罚款:

(一)未对超过一定规模的危大工程专项施工方案进行专家论证的;

(二)未根据专家论证报告对超过一定规模的危大工程专项施工方案进行修改,或者未按照本规定重新组织专家论证的;

(三)未严格按照专项施工方案组织施工,或者擅自修改专项施工方案的。

第三十五条 施工单位有下列行为之一的,责令限期改正,并处 1 万元以上 3 万元以下的罚款;对直接负责的主管人员和其他直接责任人员处 1 000 元以上 5 000 元以下的罚款:

(一)项目负责人未按照本规定现场履职或者组织限期整改的;

(二)施工单位未按照本规定进行施工监测和安全巡视的;

(三)未按照本规定组织危大工程验收的;

(四)发生险情或者事故时,未采取应急处置措施的;

(五)未按照本规定建立危大工程安全管理档案的。

第三十六条 监理单位有下列行为之一的,依照《中华人民共和国安全生产法》《建设工程安全生产管理条例》对单位进行处罚;对直接负责的主管人员和其他直接责任人员处 1 000 元以上 5 000 元以下的罚款:

(一)总监理工程师未按照本规定审查危大工程专项施工方案的;

(二)发现施工单位未按照专项施工方案实施,未要求其整改或者停工的;

(三)施工单位拒不整改或者不停止施工时,未向建设单位和工程所在地住房城乡建设主管部门报告的。

第三十七条 监理单位有下列行为之一的,责令限期改正,并处 1 万元以上 3 万元以下的罚款;对直接负责的主管人员和其他直接责任人员处 1 000 元以上 5 000 元以下的罚款:

(一)未按照本规定编制监理实施细则的;

(二)未对危大工程施工实施专项巡视检查的;

(三)未按照本规定参与组织危大工程验收的;

(四)未按照本规定建立危大工程安全管理档案的。

第三十八条 监测单位有下列行为之一的,责令限期改正,并处 1 万元以上 3 万元以下的罚款;对直接负责的主管人员和其他直接责任人员处 1 000 元以上 5 000 元以下的罚款:

(一)未取得相应勘察资质从事第三方监测的;

(二)未按照本规定编制监测方案的;

(三)未按照监测方案开展监测的;

(四)发现异常未及时报告的。

第三十九条 县级以上地方人民政府住房城乡建设主管部门或者所属施工安全监督机构的工作人员,未依法履行危大工程安全监督管理职责的,依照有关规定给予处分。

第七章 附则

第四十条 本规定自 2018 年 6 月 1 日起施行。

小　结

本项目主要讲授了以下几个方面的内容：

1.建设工程法律法规体系的构成；

2.建设工程法律有关内容；

3.建设工程行政法规有关内容；

4.建设工程部门规章有关内容；

5.工程建设标准有关内容。

通过安全生产相关法律法规的学习,使学生知法、懂法、守法,能够在施工管理中运用法律维护自己、他人及国家利益。

思考题

1.简述建设工程法律法规体系的构成。

2.建设工程有关法律法规的法律效力高低如何排序？

3.哪些分部分项工程施工单位应编制专项施工方案？

4.超过一定规模的危险性较大的分部分项工程专项方案应当由施工单位组织召开专家论证会,哪些人员应参加该会议？

项目 3 安全生产管理制度

【内容简介】

1.建筑施工企业安全生产许可证制度；

2.安全生产责任制度；

3.安全教育培训管理制度；

4.安全技术交底制度；

5.安全检查与评分制度；

6.安全事故报告制度；

7.安全考核与奖惩制度。

【学习目标】

熟悉建筑施工企业安全生产许可证制度、安全生产责任制度、安全教育培训管理制度、安全技术交底制度、安全检查与评分制度、安全事故报告制度、安全考核与奖惩制度的相关内容。

【能力培养】

通过对相关制度的熟悉和掌握，使学生在今后的项目管理中，有据可依，有据可查，提升项目管理的能力及水平。

引言

多年来，我国在建筑安全方面作了大量工作，取得了显著的成绩，特别是制定了许多安全技术方面的制度(图3.1)，有效地预防和控制了安全事故的发生。然而随着国民经济的发展，建筑体量的增加，安全形势依然严峻。因此，如何在有效的资源条件下，有效、高效地进行科学管理，是进一步提高我国建筑安全水平的关键所在。

图 3.1 某公司安全生产管理制度示例

3.1　建筑施工企业安全生产许可证制度

国家对建筑施工企业实行安全生产许可制度。建筑施工企业未取得安全生产许可证的，不得从事建筑施工活动。国务院建设主管部门负责中央管理的建筑施工企业安全生产许可证的颁发和管理；省、自治区、直辖市人民政府建设主管部门负责本行政区域内前款规定以外的建筑施工企业安全生产许可证的颁发和管理，并接受国务院建设主管部门的指导和监督；市、县人民政府建设主管部门负责本行政区域内建筑施工企业安全生产许可证的监督管理，并将监督检查中发现的企业违法行为及时报告安全生产许可证颁发管理机关。

3.1.1　建筑施工企业取得安全生产许可证应当具备的安全生产条件

①建立、健全安全生产责任制，制定完备的安全生产规章制度和操作规程；

②保证本单位安全生产条件所需资金的投入；

③设置安全生产管理机构，按照国家有关规定配备专职安全生产管理人员；

④主要负责人、项目负责人、专职安全生产管理人员经建设主管部门或其他有关部门考核合格；

⑤特种作业人员经有关业务主管部门考核合格，取得特种作业操作资格证书；

⑥管理人员和作业人员每年至少进行一次安全生产教育培训并考核合格；

⑦依法参加工伤保险，依法为施工现场从事危险作业的人员办理意外伤害保险，为从业人员交纳保险费；

⑧施工现场的办公、生活区及作业场所和安全防护用具、机械设备、施工机具及配件符合有关安全生产法律、法规、标准和规程的要求；

⑨有职业危害防治措施，并为作业人员配备符合国家标准或者行业标准的安全防护用具和安全防护服装；

⑩有对危险性较大的分部分项工程及施工现场易发生重大事故的部位、环节的预防、监控措施和应急预案；

⑪有生产安全事故应急救援预案、应急救援组织或者应急救援人员，配备必要的应急救援器材、设备；

⑫法律、法规规定的其他条件。

3.1.2　建筑施工企业申请安全生产许可证应当向建设主管部门提供的材料

①建筑施工企业安全生产许可证申请表；

②企业法人营业执照；

③建筑施工企业取得安全生产许可证，应当具备的安全生产条件所规定的相关文件、材料。

3.1.3　建筑施工企业申请安全生产许可证的程序

建筑施工企业申请安全生产许可证，应当对申请材料实质内容的真实性负责，不得隐瞒有关情况或者提供虚假材料。

　　建设主管部门应当自受理建筑施工企业的申请之日起45日内审查完毕;经审查符合安全生产条件的,颁发安全生产许可证;不符合安全生产条件的,不予颁发安全生产许可证,书面通知企业并说明理由。企业自接到通知之日起应当进行整改,整改合格后方可再次提出申请。

　　建设主管部门审查建筑施工企业安全生产许可证申请,涉及铁路、交通、水利等有关专业工程时,可以征求铁路、交通、水利等有关部门的意见。

　　安全生产许可证的有效期为3年。安全生产许可证有效期满需要延期的,企业应当于期满前3个月向原安全生产许可证颁发管理机关申请办理延期手续。

　　企业在安全生产许可证有效期内,严格遵守有关安全生产的法律法规,未发生死亡事故的,安全生产许可证有效期届满时,经原安全生产许可证颁发管理机关同意,不再审查,安全生产许可证有效期延期3年。

3.2　安全生产责任制度

　　安全生产责任制度是建筑生产中最基本的安全管理制度,是所有安全规章制度的核心。安全生产责任制度是将各种不同的安全责任落实到负责有安全管理责任的人员和具体岗位人员身上的一种制度(图3.2)。

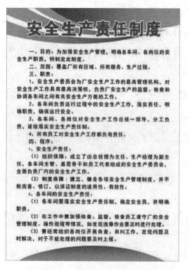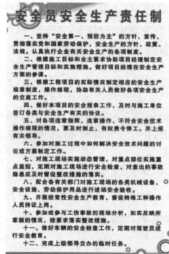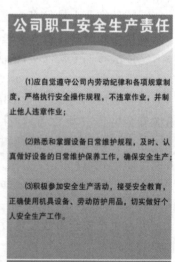

图 3.2　安全生产责任制度示例

　　安全生产责任制是根据我国的安全生产方针"安全第一,预防为主,综合治理"和安全生产法规建立的各级领导、职能部门、工程技术人员、岗位操作人员在劳动生产过程中对安全生产层层负责的制度。实践证明,凡是建立、健全了安全生产责任制的企业,各级领导重视安全生产、劳动保护工作,切实贯彻执行党的安全生产、劳动保护方针、政策和国家的安全生产、劳动保护法规,在认真负责地组织生产的同时,积极采取措施,改善劳动条件,工伤事故和职业性疾病会随之减少;反之,就会职责不清,相互推诿,而使安全生产、劳动保护工作无人负责,无法进行,工伤事故与职业病则会不断发生。

3.2.1 如何建立安全生产责任制

建筑施工企业在一般情况下是建立公司和项目两级安全生产责任制。如设立了分公司、区域性公司等分支机构,也应建立相应的安全生产责任制。

1)公司级安全生产责任

①法人代表、总经理、分管生产副总经理;

②三总师,即总工程师、总经济师、总会计师;

③生产计划部门;

④施工技术部门;

⑤设备材料部门;

⑥安全管理部门;

⑦消防保卫部门;

⑧劳动人事部门;

⑨医务卫生部门;

⑩行政后勤部门;

⑪宣传教育部门;

⑫财务部门;

⑬工会组织(工会虽不是行政职能部门,但对职工的劳动保护是其主要工作职责之一,工会是在党组织的领导下代表职工的利益对企业实行监督)。

2)项目部安全生产责任

①项目部经理、分管副经理;

②项目部技术负责人;

③项目部专职安全员;

④项目部消防保卫人员;

⑤项目部机管员(包括材料员);

⑥项目部各专业施工员及工长;

⑦各专业班组长;

⑧各专业班组工人。

3.2.2 主要人员的安全职责

建筑施工企业和工程项目部对建立的各级各部门各类人员的安全责任制,要制订检查和考核的办法,根据制订的检查和考核办法进行定期的检查、考核、登记,并作为评定安全生产责任制贯彻落实情况的依据。

1)企业法人安全职责

企业法人代表是企业安全生产第一责任人,对本企业安全生产工作负总责。企业法人的职责包括:

①认真贯彻执行有关安全生产法律法规、行业技术标准和有关安全规程,"落实安全第一,预防为主,综合治理"的安全生产方针。

②建立健全"三项制度"并严格落实。当行业技术规程、标准修改时或本行业工种、岗位发生变化时,要及时修改补充和完善。

③按有关规定,足额提取安全技术措施经费,保证企业安全生产资金的投入。

④按有关规定,设立安全组织机构,配备、配足安全生产管理人员。

⑤按有关规定,足额缴纳风险抵押金,为企业职工办理工伤保险。

⑥推行企业安全生产质量标准化,积极开展安全质量达标活动,保证企业安全生产。

⑦落实企业全体职工安全生产承诺制度,保证不漏岗位、不漏工种、不漏人员,要求人人承诺,履行安全生产职责,达到管理层人员不违章指挥,执行层人员不违章作业、不违反劳动纪律。

⑧安全生产事故的处理。发生事故,组织救援,配合调查处理。

2) 项目经理安全职责

项目经理是项目安全生产的第一责任者,负责整个项目的安全生产工作,对所管辖工程项目的安全生产负直接领导责任。项目经理的职责包括:

①对合同工程项目施工过程中的安全生产负全面领导责任。

②在项目施工生产全过程中,认真贯彻落实安全生产方针政策、法律法规和各项规章制度,结合项目工程特点及施工全过程的情况,制订本项目工程各项安全生产管理办法,或有针对性地提出安全管理要求,并监督其实施。严格履行安全考核指标和安全生产奖惩办法。

③在组织项目工程业务承包、聘用业务人员时,必须本着加强安全工作的原则,根据工程特点确定安全工作的管理制度,配备相关人员,并明确各业务承包人的安全责任和考核指标,支持、指导安全管理人员的工作。

④健全和完善用工管理手续,录用外包队必须及时向有关部门申报;严格用工制度与管理,适时组织上岗安全教育,并对外包队人员的健康与安全负责,加强劳动保护工作。

⑤认真落实施工组织设计中的安全技术措施及安全技术管理的各项措施,严格执行安全技术审批制度,组织并监督项目工程施工中的安全技术交底制度和设备、设施验收制度的实施。

⑥领导、组织施工现场定期的安全生产检查,发现施工生产中的不安全问题,组织采取措施及时解决。对上级提出的安全生产与管理方面的问题,要定时、定人、定措施予以解决。

⑦发生事故时,要及时上报,保护好现场,做好抢救工作,积极配合事故的调查,认真落实纠正与防范措施,吸取事故教训。

3) 项目技术负责人的职责

项目技术负责人对项目工程生产经营中的安全生产负技术责任。项目技术负责人的职责包括:

①贯彻、落实安全生产方针、政策,严格执行安全技术规程、规范、标准,结合项目工程特点,主持项目工程的安全技术交底。

②参加或组织编制施工组织设计,编制、审查施工方案时,要制订、审查安全技术措施,保证其可行性与针对性,并随时检查、监督、落实。

③主持制订专项施工方案、技术措施计划和季节性施工方案的同时,制订相应的安全技术措施并监督执行,及时解决执行中出现的问题。

④及时组织项目工程应用新材料、新技术、新工艺人员的安全技术培训,认真执行安全技术措施与安全操作规程,预防施工中因化学物品引起的火灾、中毒或其新工艺实施中可能造成的事故。

⑤主持安全防护设施和设备的检查验收,发现设备、设施的不正常情况应及时采取措施,严格控制不符合标准要求的防护设备、设施投入使用。

⑥参加安全生产检查,对施工中存在的不安全因素,从技术方面提出整改意见和办法,及时予以消除。

⑦参加、配合工伤及重大未遂事故的调查,从技术上分析事故原因,提出防范措施。

3.3　安全教育培训管理制度

3.3.1　安全教育的内容

安全教育的内容概括为 3 个方面,即思想政治教育、安全管理知识教育和安全技术知识、安全技能教育。

1)思想政治教育

思想政治教育包括思想教育、劳动纪律教育、法制教育。这是提高各级领导和广大职工的政策水平,建立法制观念的重要手段,是安全教育的一项重要内容。

2)安全管理知识教育

安全管理知识教育包括安全生产方针政策、安全管理体制、安全组织结构及基本安全管理方法等。这是各级领导和管理人员应该掌握的。

3)安全技术知识、安全技能教育

①安全技术知识分为一般性和专业性安全技术知识。一般性安全技术知识是全体职工均应了解的;专业性安全技术知识是指进行各具体工种操作所需的安全技术知识。

②安全技能教育是指掌握安全技术知识后,在实际操作中对安全操作技能的训练,以便正确运用。

3.3.2　建筑施工企业"安管人员"考核任职制度

依据《建筑施工企业主要负责人、项目负责人和专职安全生产管理人员安全生产管理规定》的规定,为贯彻落实《安全生产法》《建筑工程安全生产管理条例》和《安全生产许可证条例》,提高建筑施工企业主要负责人、项目负责人、专职安全生产管理人员(以下合称"安管人员")安全生产知识水平和管理能力,保证建筑施工安全生产,对建筑施工企业"安管人员"进行考核认定。"安管人员"应当经建设行政主管部门或者其他有关部门考核合格后方可任职,考核内容主要是安全生产知识和安全管理能力。

企业主要负责人,是指对本企业生产经营活动和安全生产工作具有决策权的领导人员。项目负责人,是指取得相应注册执业资格,由企业法定代表人授权,负责具体工程项目管理的人员。专职安全生产管理人员,是指在企业专职从事安全生产管理工作的人员,包括企业安全生产管理机构的人员和工程项目专职从事安全生产管理工作的人员。

1)"安管人员"考核任职的主要规定

"安管人员"应当通过其受聘企业,向企业工商注册地的省、自治区、直辖市人民政府住房城乡建设主管部门申请安全生产考核,并取得安全生产考核合格证书。安全生产考核不得收费。

申请参加安全生产考核的"安管人员",应当具备相应文化程度、专业技术职称和一定安全生产工作经历,与企业确立劳动关系,并经企业年度安全生产教育培训合格。

2)"安管人员"安全生产考核要点

安全生产考核包括安全生产知识考核和管理能力考核。安全生产知识考核内容包括建筑施工安全的法律法规、规章制度、标准规范,建筑施工安全管理基本理论等。安全生产管理能力考核内容包括建立和落实安全生产管理制度、辨识和监控危险性较大的分部分项工程、发现和消除安全事故隐患、报告和处置生产安全事故等方面的能力。

(1)建筑施工企业主要负责人

①安全生产知识考核要点:

a.国家有关安全生产的方针政策、法律法规、部门规章、标准及有关规范性文件,本地区有关安全生产的法规、规章、标准及规范性文件;

b.建筑施工企业安全生产管理的基本知识和相关专业知识;

c.重、特大事故防范、应急救援措施,报告制度及调查处理方法;

d.企业安全生产责任制和安全生产规章制度的内容、制订方法;

e.国内外安全生产管理经验;

f.典型事故案例分析。

②安全生产管理能力考核要点:

a.能认真贯彻执行国家安全生产方针、政策、法规和标准;

b.能有效组织和督促本单位安全生产工作,建立健全本单位安全生产责任制;

c.能组织制订本单位安全生产规章制度和操作规程;

d.能采取有效措施保证本单位安全生产所需资金的投入;

e.能有效开展安全检查,及时消除生产安全事故隐患;

f.能组织制订本单位生产安全事故应急救援预案,正确组织、指挥本单位事故应急救援工作;

g.能及时、如实报告生产安全事故;

h.安全生产业绩:自考核之日起,所在企业一年内未发生由其承担主要责任的死亡10人以上(含10人)的重大事故。

(2)建筑施工企业项目负责人

①安全生产知识考核要点:

a.国家有关安全生产的方针政策、法律法规、部门规章、标准及有关规范性文件,本地区有关安全生产的法规、规章、标准及规范性文件;

b.工程项目安全生产管理的基本知识和相关专业知识;

c.重大事故防范、应急救援措施,报告制度及调查处理方法;

d.企业和项目安全生产责任制和安全生产规章制度内容、制订方法;

e.施工现场安全生产监督检查的内容和方法；

f.国内外安全生产管理经验；

g.典型事故案例分析。

②安全生产管理能力考核要点：

a.能认真贯彻执行国家安全生产方针、政策、法规和标准；

b.能有效组织和督促本工程项目安全生产工作,落实安全生产责任制；

c.能保证安全生产费用的有效使用；

d.能根据工程特点组织制订安全施工措施；

e.能有效开展安全检查,及时消除生产安全事故隐患；

f.能及时、如实报告生产安全事故；

g.安全生产业绩:自考核之日起,所管理的项目一年内未发生由其承担主要责任的死亡事故。

(3)建筑施工企业专职安全生产管理人员

①安全生产知识考核要点：

a.国家有关安全生产的方针政策、法律法规、部门规章、标准及有关规范性文件,本地区有关安全生产的法规、规章、标准及规范性文件；

b.重大事故防范、应急救援措施,报告制度、调查处理方法以及防护救护方法；

c.企业和项目安全生产责任制和安全生产规章制度；

d.施工现场安全监督检查的内容和方法；

e.典型事故案例分析。

②安全生产管理能力考核要点：

a.能认真贯彻执行国家安全生产方针、政策、法规和标准；

b.能有效对安全生产进行现场监督检查；

c.发现生产安全事故隐患,能及时向项目负责人和安全生产管理机构报告,及时消除生产安全事故隐患；

d.能及时制止现场违章指挥、违章操作行为；

e.能及时、如实报告生产安全事故；

f.安全生产业绩:自考核之日起,所在企业或项目一年内未发生由其承担主要责任的死亡事故。

3.4　安全技术交底制度

为贯彻落实国家安全生产方针、政策、规程规范、行业标准及企业各种规章制度,及时对安全生产、工人职业健康进行有效预控,提高施工管理、操作人员的安全生产管理、操作技能,努力创造安全生产环境,根据《中华人民共和国安全生产法》《建设工程安全生产管理条例》和《建筑施工安全检查标准》等有关规定,结合企业实际,制定安全技术交底制度。安全技术交底主要包括以下几个层次：

①工程开工前,由公司环境安全监督处与基层单位负责向项目部进行安全生产管理首次交底。交底内容包括：

a.国家和地方有关安全生产的方针、政策、法律法规、标准、规范、规程和企业的安全规章制度;

b.项目安全管理目标、伤亡控制指标、安全达标和文明施工目标;

c.危险性较大的分部分项工程及危险源的控制、专项施工方案清单和方案编制的指导及要求;

d.施工现场安全质量标准化管理的一般要求;

e.公司部门对项目部安全生产管理的具体措施要求。

②项目部负责向施工队长或班组长进行书面安全技术交底。交底内容包括:

a.项目各项安全管理制度、办法,注意事项及安全技术操作规程;

b.每一分部、分项工程施工安全技术措施,施工生产中可能存在的不安全因素以及防范措施等,确保施工活动安全;

c.特殊工种的作业、机电设备的安拆与使用、安全防护设施的搭设等,项目技术负责人均要对操作班组作安全技术交底;

d.两个以上工种配合施工时,项目技术负责人要按工程进度定期或不定期地向有关班组长进行交叉作业的安全交底。

③施工队长或班组长要根据交底要求,对操作工人进行针对性的班前作业安全交底,操作人员必须严格执行安全交底的要求。交底内容包括:

a.本工种安全操作规程;

b.现场作业环境要求本工种操作的注意事项;

c.个人防护措施等。

安全技术交底要全面、有针对性,符合有关安全技术操作规程的规定,内容要全面准确。安全技术交底要经交底人与接受交底人签字方能生效。交底字迹要清晰,必须本人签字,不得代签。

安全交底后,项目技术负责人、安全员、班组长等要对安全交底的落实情况进行检查和监督,督促操作工人严格按照交底要求施工,制止违章作业现象发生。

3.5 安全检查与评分制度

工程项目安全检查是在工程项目建设过程中消除隐患、防止事故、改善劳动条件及提高员工安全生产意识的重要手段,是安全控制工作的一项重要内容。通过安全检查,可以发现工程中的危险因素,以便有计划地采取措施保证安全生产。施工项目的安全检查应由项目经理组织,定期进行。

安全检查不仅是安全生产职能部门必须履行的职责,也是监督、指导和消除事故隐患、杜绝安全事故的有效方法和措施。《建筑施工安全检查标准》(JGJ 59—2011)对安全检查提出了如下要求:

①工程项目部应建立安全检查制度;

②安全检查应由项目负责人组织,专职安全员及相关专业人员参加,定期进行并填写检查记录;

③对检查中发现的事故隐患应下达隐患整改通知单,定人、定时间、定措施进行整改。重

大事故隐患整改后,应由相关部门组织复查。

安全检查后,要根据检查结果,按照《建筑施工安全检查标准》(JGJ 59—2011)的各检查项目表格进行打分,然后按标准规定评价建筑施工安全生产情况。

3.6 安全事故报告制度

《建设工程安全生产管理条例》第五十条规定:"施工单位发生生产安全事故,应当按照国家有关伤亡事故报告和调查处理的规定,及时、如实地向负责安全生产监督管理的部门、建设行政主管部门或者其他有关部门报告;特种设备发生事故的,还应当同时向特种设备安全监督管理部门报告。接到报告的部门应当按照国家有关规定,如实上报。实行施工总承包的建设工程,由总承包单位负责上报事故。"

3.6.1 事故等级

根据生产安全事故造成的人员伤亡或者直接经济损失,事故一般分为以下 4 个等级:

①特别重大事故,是指造成 30 人以上死亡,或者 100 人以上重伤(包括急性工业中毒,下同),或者 1 亿元以上直接经济损失的事故;

②重大事故,是指造成 10 人以上 30 人以下死亡,或者 50 人以上 100 人以下重伤,或者 5 000 万元以上 1 亿元以下直接经济损失的事故;

③较大事故,是指造成 3 人以上 10 人以下死亡,或者 10 人以上 50 人以下重伤,或者 1 000 万元以上 5 000 万元以下直接经济损失的事故;

④一般事故,是指造成 3 人以下死亡,或者 10 人以下重伤,或者 1 000 万元以下直接经济损失的事故。

3.6.2 事故报告程序

发生生产安全事故后,其一般报告程序如图 3.3 所示。

3.6.3 事故报告具体要求

事故报告应当及时、准确、完整,任何单位和个人对事故不得迟报、漏报、谎报或者瞒报。

对事故报告和调查处理中的违法行为,任何单位和个人有权向安全生产监督管理部门、监察机关或者其他有关部门举报,接到举报的部门应当依法及时处理。《生产安全事故报告和调查处理条例》中规定:

第九条 事故发生后,事故现场有关人员应当立即向本单位负责人报告;单位负责人接到报告后,应当于 1 小时内向事故发生地县级以上人民政府安全生产监督管理部门和负有安全生产监督管理职责的有关部门报告。

情况紧急时,事故现场有关人员可以直接向事故发生地县级以上人民政府安全生产监督管理部门和负有安全生产监督管理职责的有关部门报告。

第十条 安全生产监督管理部门和负有安全生产监督管理职责的有关部门接到事故报告后,应当依照下列规定上报事故情况,并通知公安机关、劳动保障行政部门、工会和人民检察院:

(一)特别重大事故、重大事故逐级上报至国务院安全生产监督管理部门和负有安全生产

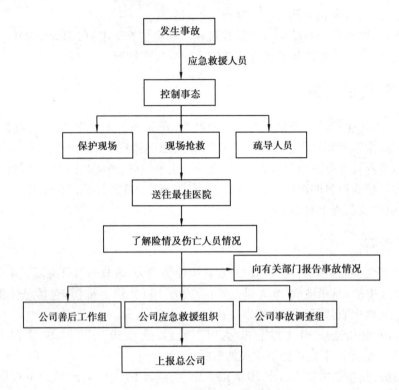

图 3.3　安全事故报告程序

监督管理职责的有关部门；

（二）较大事故逐级上报至省、自治区、直辖市人民政府安全生产监督管理部门和负有安全生产监督管理职责的有关部门；

（三）一般事故上报至设区的市级人民政府安全生产监督管理部门和负有安全生产监督管理职责的有关部门。

安全生产监督管理部门和负有安全生产监督管理职责的有关部门依照前款规定上报事故情况，应当同时报告本级人民政府。国务院安全生产监督管理部门和负有安全生产监督管理职责的有关部门以及省级人民政府接到发生特别重大事故、重大事故的报告后，应当立即报告国务院。

必要时，安全生产监督管理部门和负有安全生产监督管理职责的有关部门可以越级上报事故情况。

第十一条　安全生产监督管理部门和负有安全生产监督管理职责的有关部门逐级上报事故情况，每级上报的时间不得超过 2 小时。

第十二条　报告事故应当包括下列内容：

（一）事故发生单位概况；

（二）事故发生的时间、地点以及事故现场情况；

（三）事故的简要经过；

（四）事故已经造成的或者可能造成的伤亡人数（包括下落不明的人数）和初步估计的直接经济损失；

（五）已经采取的措施；

（六）其他应当报告的情况。

第十三条 事故报告后出现新情况的，应当及时补报。

自事故发生之日起 30 日内，事故造成的伤亡人数发生变化的，应当及时补报。道路交通事故、火灾事故自发生之日起 7 日内，事故造成的伤亡人数发生变化的，应当及时补报。

第十四条 事故发生单位负责人接到事故报告后，应当立即启动事故相应应急预案，或者采取有效措施，组织抢救，防止事故扩大，减少人员伤亡和财产损失。

第十五条 事故发生地有关地方人民政府、安全生产监督管理部门和负有安全生产监督管理职责的有关部门接到事故报告后，其负责人应当立即赶赴事故现场，组织事故救援。

第十六条 事故发生后，有关单位和人员应当妥善保护事故现场以及相关证据，任何单位和个人不得破坏事故现场、毁灭相关证据。

因抢救人员、防止事故扩大以及疏通交通等原因，需要移动事故现场物件的，应当做出标志，绘制现场简图并做出书面记录，妥善保存现场重要痕迹、物证。

第十七条 事故发生地公安机关根据事故的情况，对涉嫌犯罪的，应当依法立案侦查，采取强制措施和侦查措施。犯罪嫌疑人逃匿的，公安机关应当迅速追捕归案。

第十八条 安全生产监督管理部门和负有安全生产监督管理职责的有关部门应当建立值班制度，并向社会公布值班电话，受理事故报告和举报。

3.7 安全考核与奖惩制度

安全考核与奖惩制度是指企业的上级主管部门，包括政府主管安全生产的职能部门、企业内部的各级行政领导等按照国家安全生产的方针政策、法律法规和企业的规章制度等有关规定，按照企业内部各级实施安全生产目标控制管理时所下达的安全生产各项指标完成的情况，对企业法人代表及各责任人执行安全生产情况的考核与奖惩的制度。

安全考核与奖惩制度是建筑行业的一项基本制度。实践表明，只要全员安全生产的意识尚未达到较佳的状态，职工自觉遵守安全法规和制度的良好作风未能完全形成之前，实行严格的考核与奖惩制度是我们常抓不懈的工作。安全工作不但要责任到人，还要与员工的切身利益联系起来。安全考核与奖惩制度主要体现在以下几个方面：

①项目部必须将生产安全和消防安全工作放在首位，列入日常安全检查、考核、评比的内容；

②对在生产安全和消防安全工作中成绩突出的个人给予表彰和奖励，坚持遵章必奖、违章必惩、权责挂钩、奖惩到人的原则；

③对未依法履行生产安全、消防安全职责，违反企业生产安全、消防安全制度的行为，按照有关规定追究有关责任人的责任；

④企业各部门必须认真执行安全考核与奖惩制度，增强生产安全和消防安全的约束机制，以确保安全生产；

⑤杜绝安全考核工作中弄虚作假、敷衍塞责的行为；

⑥按照奖惩对等的原则，对所完成的工作的良好程度给出结果并按一定标准给予奖惩；

⑦奖惩情况应及时张榜公示。

阅读材料

某公司安全生产管理制度汇编

总　则

第一部分　安全生产责任制

1.总经理安全生产责任制

2.生产副总经理安全生产责制

3.主管安全副经理安全生产责任制

4.其他副经理安全生产责任制

5.总工程师安全生产责任制

6.工会主席(工会)安全生产责任制

7.生产科正副科长、调度员安全生产责任制

8.设备动力科科长安全生产责任制

9.车间正副主任安全生产责任制

10.安全环保科长安全生产责任制

11.专业技术人员安全生产责任制

12.保卫科正副科长安全生产责任制

13.各管理科室负责人安全生产责任制

14.班组长安全生产责制

15.职工安全生产责任制

16.各级安全组织及安全人员职责范围

第二部分　安全生产管理制度

1.安全生产检查制度

2.安全教育培训考核制度

3.安全生产工作例会制度

4.安全检查和隐患整改管理制度

5.安全作业管理制度

6.相关方安全管理制度

7.现场安全管理制度

8.危险作业管理制度

9.电气安全管理制度

10.隐患排查治理制度

11.建设项目安全设施"三同时"管理制度

12.安全生产费用提取及管理制度

13.危险物品管理制度

14.重大危险源监控和重大隐患整改制度

15.职业卫生管理制度

16.安全设备管理和检修维修制度

17.生产安全事故报告和调查处理制度

18.安全生产奖惩和责任追究制度

19.安全生产文件和档案管理制度

20.消防安全管理制度

21.劳动保护用品发放管理制度

22.特种作业人员管理制度

23.建设项目安全管理制度

24.安全生产副职持证上岗制度

第三部分 安全生产操作规程

1.电动葫芦安全操作规程

2.普工、勤杂工安全生产职责及安全操作规程

3.中控室操作员安全操作规程

4.电器设备故障复位安全操作规程

5.包装值班室职工安全操作规程

6.设备巡检工安全操作规程

7.装载机司机安全操作规程

8.样品制备职工安全操作规程

9.取样工安全操作规程

10.质量调度职工安全操作规程

11.汽车司机安全操作规程

12.仓库保管员安全规程

第四部分 其他相关制度

1.安全生产责任制管理制度

2.危险源安全管理制度

3.安全警示标志管理制度

4.工伤保险管理制度

5.事故应急救援管理制度

6.安全生产事故管理制度

小　结

本项目主要讲授了以下几个方面的内容:

1.建筑施工企业安全生产许可证制度。

2.安全生产责任制度。

3.安全教育培训管理制度。

4.安全技术交底制度。

5.安全检查与评分制度。

6.安全事故报告制度。

7.安全考核与奖惩制度。

通过对相关制度的熟悉和掌握,使学生在今后的项目管理中,有据可依,有据可查,提升项目管理能力及水平。

思考题

1.建筑施工企业取得安全生产许可证,应当具备哪些安全生产条件?

2.简述项目经理的安全职责。

3.简述安全技术交底的层次。

4.生产安全事故按造成的人员伤亡或直接经济损失可分为哪几个等级?

项目 4　安全生产管理预案

【内容简介】

1.安全施工组织设计；

2.分部、分项工程安全技术交底；

3.施工安全事故的应急与救援。

【学习目标】

1.熟悉安全施工组织设计的编制要求；

2.掌握分部、分项工程安全技术交底要求，并能编制分部、分项工程安全技术交底；

3.掌握应急预案的编制。

【能力培养】

通过以上内容的学习，学生能编制分部、分项工程安全技术交底及完成应急预案的编制。

引言

党中央、国务院高度重视应急管理和安全生产工作。健全安全生产管理预案体系是安全管理工作的重要内容之一。通过制订预案，可以有力地促进事故预防（图4.1）。很多鲜活的案例证明了预案的重要作用，预案虽然不是万能的，但没有预案是万万不能的。

图 4.1　安全生产应急预案示例

4.1　安全施工组织设计

《中华人民共和国建筑法》第三十八条规定："建筑施工企业在编制施工组织设计时，应当根据建筑工程的特点制定相应的安全技术措施；对专业性较强的工程项目，应当编制专项安全施工组织设计，并采取安全技术措施。"

《建设工程项目管理规范》(GB/T 50326—2017)第 12.2.2 条规定,项目安全生产管理计划应满足事故预防的管理要求,并应符合下列规定:

①针对项目危险源和不利环境因素进行辨识与评估的结果,确定对策和控制方案;

②对危险性较大的分部分项工程编制专项施工方案;

③对分包人的项目安全生产管理、教育和培训提出要求;

④对项目安全生产交底、有关分包人制定的项目安全生产方案进行控制的措施;

⑤应急准备与救援预案。

4.1.1 安全施工组织设计的编制内容

①工程概况。

②职业健康安全与环境目标(根据项目部与公司签订的安全责任书),包括健康安全目标、文明施工目标、环境目标等。

③建立健全安全管理机制和规章制度。

④危险源的预防措施(根据工程实际情况先进行识别,然后编制预防措施)。

⑤施工现场布置及准备,包括安全技术准备、材料准备、施工现场悬挂标牌和其他宣传标语等。

⑥分部分项工程安全技术措施,包括基坑工程、脚手架工程、钢筋工程、模板工程、混凝土工程、砌体工程、装修工程、防水工程、油漆工程、施工用电工程、屋面工程、"三宝四口"的防护方法、起重吊装工程、吊篮施工及其他(根据实际编写)。

⑦机械安全管理(根据工程实际使用情况,然后编制安全管理制度),包括搅拌机、电锯、混凝土振捣器、切割机、钢筋弯曲机、切断机、打夯机、电焊机、起重机械等。

⑧消防安全措施。

⑨五大伤害(坍塌、触电、高处坠落、物体打击、机械伤害)控制措施。

⑩职业健康管理。

⑪文明施工与环境保护。

⑫季节性施工措施(根据工程计划进度表编制)。

⑬安全投入计划。

⑭特殊工种配备。

⑮施工平面布置图及安全生产保证体系。

⑯施工现场安全标志及消防器材平面布置图。

4.1.2 安全施工组织设计编制要求

①建筑施工企业(工程项目部)在编制施工组织设计(施工方案)时,必须根据工程项目特点和施工现场实际,制订相应切实可行的安全技术措施和方案。

②建筑施工企业应严格按照住建部《危险性较大的分部分项工程安全管理规定》的要求,在危险性较大的分部分项工程施工前,单独编制安全专项施工方案。对于超过一定规模危险性较大的分部分项工程,施工单位应当组织专家对安全专项施工方案进行论证。危险性较大的分部分项工程安全专项施工方案包括以下内容:工程概况、编制依据、施工计划、施工工艺技

术、施工安全保证措施、劳动力计划、计算书及相关图纸等。

③施工组织设计、安全技术措施或安全专项施工方案必须由专业技术人员编制,施工企业技术负责人审批签字盖章后,报监理企业总监理工程师(建设单位项目负责人)审查签字盖章后方可组织实施。施工过程中变更方案的,必须经原流程审批,批准后实施。施工组织设计、安全技术措施或安全专项施工方案按规定应当通过专家论证的,应组织专家论证,通过后按上述程序办理签字手续后方可实施。

④建筑施工企业应当对施工现场存在的危险源进行识别、评价,确认重大危险源,建立重大危险源监控、公示制度,落实责任人,并根据具体情况制订应急预案。

4.1.3 编制安全技术措施的主要内容

1)常规安全技术措施

①土方开挖。根据开挖深度和土的种类,选择开挖方法,确定边坡坡度和护坡支撑、护壁桩等,以防土方坍塌。

②脚手架的选用、搭设方案和安全防护设施。

③高处作业及独立悬空作业的安全防护。

④安全网(立网、平网)的架设要求、范围、架设层次、段落。

⑤垂直运输机具、塔吊、井架(龙门架)等垂直运输设备的位置及搭设稳定性、安全装置等要求和措施。

⑥施工洞口及临边的防护方法,立体交叉施工作业区的隔离措施。

⑦场内运输道路及人行通道的布置。

⑧施工临时用电的组织设计和绘制临时用电图。

⑨施工机具的使用安全。

⑩模板工程的安装和拆除安全。

⑪防火、防毒、防爆、防腐等安全措施。

⑫正在建设的工程与周围人行通道及民房的防护隔离设置。

⑬其他。

2)季节性施工安全措施

①夏季安全技术措施,主要是预防中暑措施。

②雨季安全技术措施,主要是防触电措施,防雷击措施,防脚手架、井字架(或龙门架)倒塌,以及槽、坑、沟边坡坍塌的措施。

③冬期施工安全技术措施,主要是施工及现场取暖锅炉安全运行措施,煤炉防煤气中毒措施,脚手架、井字架(或龙门架)、大模板、临建、塔吊等的防风倒塌措施,斜道、通行道、爬梯、作业面的防滑措施,现场防火措施,防误食亚硝酸钠等防冻剂中毒的措施。

4.1.4 安全技术措施计划审批

公司下属单位在编制年度生产、技术、财务计划的同时必须编制安全技术措施计划。凡申报的安全技术措施项目,应由技术部门提出申请,经有关部门审批,并报公司核准后方可执行。安全技术措施的计划范围,包括以改善劳动条件(主要指影响安全和健康的)、防止伤亡事故、预防职业病和职业中毒为目的的各项措施。安全技术措施项目所需的材料、设备应列入计划，并对每项措施确定实现的期限和负责人。企业领导人应对项目的计划、编制和贯彻执行负责。安全技术措施经费按照规定不得挪作他用。安全技术措施计划，必须切合实际，并组织定期检查，以保证计划的实现。

4.2 分部(分项)工程安全技术交底

施工现场各分部(分项)工程在施工作业前必须进行安全技术交底。施工员在安排分部(分项)工程生产任务的同时，必须向作业人员进行有针对性的安全技术交底。各专业分包单位由施工管理人员向其作业人员进行作业前的安全技术交底。分部(分项)工程安全技术交底必须与工程同步进行。

分部(分项)工程安全技术交底必须贯穿于施工全过程并且要全方位。交底一定要细、要具体化，必要时要画大样图。

4.2.1 分部(分项)工程安全技术交底的内容

主要的分部(分项)工程安全技术交底包括以下内容：

1)地基与基础工程

①地基处理各分项工程安全技术交底；

②基坑开挖与回填的安全技术交底；

③基础各分项工程(如钢筋、砌筑、模板、地下防水等)的安全技术交底；

④所需工种安全技术交底。

2)主体结构工程

①模板支设与拆除、钢筋、混凝土、砌体、预制构件安装等工程安全技术交底；

②各类脚手架(落地式脚手架、悬挑架、挂架、门架、满堂架、附着式升降架等)、卸料平台、安全网、临边、洞口防护棚等防护设施的安全技术交底；

③所需施工机械、机具设备安全使用的安全技术交底；

④所需工种的安全技术交底。

3)屋面防水工程

①防水材料使用的安全技术交底；

②防止高处坠落的安全技术交底；

③所需工种的安全技术交底。

4)楼地面、室内外装饰及门窗、水、暖、电气、通风空调安装工程

①照明及使用手持电动工具和小型施工机械防触电的安全技术交底；

②使用高凳、梯子、防护设施的安全技术交底；

③外窗与外檐油漆、安装玻璃等安全技术交底；

④易燃物防火及有毒涂料、油漆使用的安全技术交底；

⑤使用吊篮、脚手架的安全技术交底；

⑥主体交叉作业防护措施的安全技术交底。

4.2.2　安全技术交底的要求

①安全技术交底使用范本时,应在补充交底栏内填写有针对性的内容,按分部(分项)工程的特点进行交底,不准留有空白。安全技术交底应按工程结构层次的变化反复进行,要针对每层结构的实际状况,逐层进行有针对性的安全技术交底。安全技术交底必须履行交底签字手续,由交底人签字,由被交底班组的集体签字,不准代签和漏签。安全技术交底必须准确填写交底作业部位和交底日期。

②安全技术交底的签字记录,施工员必须及时提交给安全资料管理员。安全资料管理员要及时收集、整理和归档。施工现场安全员必须认真履行检查、监督职责,切实保证安全技术交底工作不流于形式,提高全体作业人员安全生产的自我保护意识。

③安全技术交底应按分部(分项)工程并针对作业条件的变化具体进行。项目开工前,该项目的各级管理人员及施工人员必须接受安全生产责任制的交底工作。项目经理接受公司总经理的交底,项目其他人员接受项目经理的交底。

④分包队伍进场后,总包方项目经理必须向分包方进行安全技术总交底。职工上岗前,项目施工负责人和安全管理人员必须做好该职工的岗位安全操作规程交底工作,做好分部(分项)的安全技术交底工作,并做好危险源交底及监控工作。安全技术交底指导生产安全的全过程,为使安全技术交底在施工中真正起到防止伤亡事故发生的作用,要求交底内容必须符合现场实际,并具有针对性。

⑤分部(分项)工程安全技术交底必须根据工程的特点,考虑施工工艺要求、施工环境、施工人员素质等因素进行。安全设施的安全技术交底必须根据各设施、设备的工作环境、作业流程、操作规程等因素。不同的工作环境和施工工艺存在着不同的隐患和安全要求,制订时具有针对性和可操作性。

⑥安全技术交底必须实行逐级交底制度,开工前应将工程概况、施工方法、安全技术措施向全体职工详细交底,项目经理定期向参加施工人员进行交底,班组长每天要对工人提出施工要求,并进行作业环境的安全交底。为引起高度重视,真正起到预防事故发生的作用,交底必须有书面记录并履行签字手续。项目安全管理人员必须做好工种变换人员的安全技术交底工作。各项安全技术交底内容必须要完整,并有针对性。安全技术交底主要工作在正式作业前进行,不但要口头讲解,同时应有书面文字材料。

⑦安全技术交底主要包括两个方面的内容:一是在施工方案的基础上进行的,按照施工方案的要求,对施工方案进行细化和补充;二是要将操作者的安全注意事项讲明,保证操作者的人身安全。交底内容不能过于简单,千篇一律,流于形式。

⑧各项安全技术交底内容必须记录在统一印制的表式上,写清交底的工程部位、工种及交底时间,交底人和被交底人的姓名,并履行签字手续,一式三份,施工负责人、生产班组、现场安全员三方各留一份。

案例分析

北京清华附中工地坍塌致 10 人死亡案宣判 15 人获刑

2014 年 12 月 29 日,北京市海淀区清华附中在建体育馆发生坍塌事故,造成 10 人死亡、4 人受伤。北京建工一建工程建设有限公司和创分公司清华附中项目商务经理杨泽中等 15 人因重大责任事故罪被公诉至法院。记者从北京市海淀法院获悉,该院对此案进行了宣判,15 人分别获刑。

经审理查明,北京建工一建工程建设有限公司和创分公司于 2014 年 6 月承建清华附中体育馆及宿舍楼建筑工程过程中,于同年 12 月 29 日,因施工方安阳诚成建筑劳务有限责任公司施工人员违规施工,致使施工基坑内基础底板上层钢筋网坍塌,造成在此作业的多名工人被挤压在上下层钢筋网间,导致 10 人死亡、4 人受伤。

经相关部门事故调查报告显示,导致本次事故发生的主要原因为:未按照施工方案要求堆放物料,施工时违反钢筋施工方案规定,将整捆钢筋直接堆放在上层钢筋网上,导致马凳立筋失稳,产生过大的水平位移,进而引起立筋上、下焊接处断裂,致使基础底板钢筋整体坍塌;未按照方案要求制作和布置马凳,现场制作的马凳所用钢筋的直径从钢筋施工方案要求的 32 mm 减小至 25 mm 或 28 mm;现场马凳布置间距为 0.9~2.1 m,与钢筋施工方案要求的 1 m 严重不符,且布置不均、平均间距过大;马凳立筋上、下端焊接欠饱满。

法院查明,被告人张换丰身为施工方法定代表人,未履行安全生产的管理职责,未对工程项目实施安全管理和安全检查,对作业人员在未接受安全技术交底的情况下违反钢筋施工方案施工作业管理缺失,未及时消除安全事故隐患。被告人张焕良身为施工队长,未履行安全生产的管理职责,对阀板基础钢筋体系施工作业现场安全管理缺失,在未接受安全技术交底的情况下,盲目组织作业人员吊运钢筋、制作安放马凳,致使作业现场钢筋码放、马凳的制作和安放均不符合钢筋施工方案要求。被告人赵金海作为技术员,在明知没有安全技术交底的情况下,仍安排作业人员进行施工,致使作业现场马凳的制作和安放均不符合钢筋施工方案要求。被告人田勇只作为钢筋工长,在明知没有安全技术交底的情况下,未经审批填写钢筋翻样配料单,致使马凳规格与钢筋施工方案中规定不符。被告人李雷作为钢筋班长,在明知没有安全技术交底的情况下,盲目安排被告人李成才吊运钢筋。被告人李成才作为钢筋组长,在明知没有安全技术交底的情况下,盲目指示塔吊信号工吊运钢筋,导致作业现场钢筋未逐根散开码放。

判决显示,导致本次事故发生的间接原因为:技术交底缺失;经营管理混乱,致使不具备项目管理资格和能力的杨泽中成为项目实际负责人,客观导致施工现场缺乏专业知识和能力的人员统一管理的局面;监理不到位,项目经理长期未到岗履职,对项目部安全技术交底和安全培训教育工作监理不到位,致使施工单位使用未经培训的人员实施钢筋作业。被告人郝维民作为总监理工程师,未组织安排审查劳务分包合同,与身为执行总监的被告人张明伟对施工单位长期未按照施工方案实施阀板基础钢筋作业的行为监督检查不到位,对钢筋施工的交底、专职安全员配备工作、备案项目经理长期不在岗的情况未进行监督。被告人田克军作为监理工程师兼安全员,对施工现场钢筋施工方案未交底的情况未进行监督。被告人田克军与身为监理工程师的被告人耿文彪对作业人员长期未按照方案实施阀板基础钢筋作业的行为巡视检查不到位。被告人张明伟、田克军、耿文彪作为工程现场监理人员,对 2014 年 12 月 28 日至 29 日施工单位违规吊运钢筋物料的事实监管失控。

经相关证据证实,被告人杨泽中在清华附中项目施工过程中未履行安全生产的管理职责,导致施工现场安全员数量不足、现场安全措施不够,未消除劳务分包单位盲目吊运钢筋且集中码放的安全事故隐患,未督促检查安全生产工作。被告人王京立未履行安全生产的管理职责,对施工现场安全管理、安全技术交底、安全员配备不足等管理缺失,未及时消除施工现场作业人员违反钢筋施工方案施工,盲目吊运钢筋且集中码放的安全事故隐患。被告人王英雄未履行安全生产的管理职责,对阀板基础钢筋体系施工现场工作人员违反钢筋施工方案制作、安放马凳的行为监督检查不力,未督促落实安全技术交底工作。被告人曹晓凯未履行安全生产的管理职责,对马凳的制作和安放不符合钢筋施工方案要求检查不到位,未安排人员对作业人员实施安全技术交底,导致作业人员盲目在上层钢筋网上大量集中码放钢筋。被告人荆鑫对现场作业人员未按照钢筋施工方案制作并安放马凳的施工作业监督检查不力。

法院根据相关的事实及证据认定被告人杨泽中、王京立、王英雄、曹晓凯、荆鑫、张换丰、张焕良、赵金海、田勇只、李雷、李成才、郝维民、张明伟、田克军、耿文彪在生产、作业中违反有关安全管理的规定,因而发生重大伤亡事故,情节特别恶劣,其行为均已触犯了《中华人民共和国刑法》第一百三十四条第一款之规定,构成重大责任事故罪。公诉机关指控 15 名被告人犯罪的事实清楚,证据确实充分。根据本案各被告人的认罪态度,同时考虑被告人杨泽中、王京立、王英雄有揭发他人犯罪并经查证属实的立功表现;案发后被害人的经济损失已经客观上得以赔偿。

最后,法院以重大责任事故罪分别判处被告人杨泽中有期徒刑 6 年;被告人张换丰有期徒刑 6 年;被告人郝维民有期徒刑 5 年;被告人张焕良有期徒刑 4 年 6 个月;被告人张明伟有期徒刑 4 年 6 个月;被告人王京立有期徒刑 4 年 6 个月;被告人曹晓凯有期徒刑 4 年;被告人田克军有期徒刑 4 年;被告人赵金海有期徒刑 4 年;被告人王英雄有期徒刑 3 年 6 个月;被告人田勇只有期徒刑 3 年 6 个月;被告人荆鑫有期徒刑 3 年 6 个月;被告人李雷有期徒刑 3 年;被告人李成才有期徒刑 3 年;被告人耿文彪有期徒刑 3 年缓刑 3 年。

资料来源:人民网法治频道。

4.3 施工安全事故的应急与救援

近年来,我国政府相继颁布的一系列法律法规,对特大安全事故、重大危险源等应急救援和应急预案工作提出了相应的规定和要求。《安全生产法》第十八条规定,生产经营单位的主要负责人具有组织制定并实施本单位的生产安全事故应急救援预案的职责。第七十七条规定,县级以上地方各级人民政府应当组织有关部门制定本行政区域内生产安全事故应急救援预案,建立应急救援体系。2006 年,国务院发布了《国家安全生产事故灾难应急预案》,它适用于特别重大安全生产事故灾难。上述说明安全应急预案已经成为安全管理的重要组成部分(图 4.2、图 4.3)。

图 4.2 安全生产应急预案评审会

图 4.3 某公司安全生产应急预案演练

4.3.1 事故应急预案的作用

制定事故应急预案是贯彻落实"安全第一,预防为主,综合治理"方针,提高应对风险和防范事故的能力,保证职工安全健康和公众生命安全,最大限度地减少财产损失、环境损害和社会影响的重要措施。

事故应急预案在应急系统中起着关键作用,它明确了在突发事故发生之前、发生过程中以及刚刚结束之后,谁负责做什么、何时做,以及相应的策略和资源准备等。它是针对可能发生的重大事故及其影响和后果的严重程度,为应急准备和应急响应的各个方面所预先作出的详细安排,是开展及时、有序和有效事故应急救援工作的行动指南。事故应急预案的作用主要包括:

①应急预案确定了应急救援的范围和体系,使应急管理不再无据可依、无章可循。尤其是通过培训和演习,可以使应急人员熟悉自己的任务,具备完成指定任务所需的相应能力,并检验预案和行动程序,评估应急人员的整体协调性。

②应急预案有利于作出及时的应急响应,降低事故后果。应急预案预先明确了应急各方的职责和响应程序,在应急资源等方面进行了先期准备,可以指导应急救援迅速、高效、有序地开展,将事故的人员伤亡、财产损失和环境破坏降到最低限度。

③应急预案是各类突发重大事故的应急基础。通过编制应急预案,可以对那些事先无法预料到的突发事故起到基本的应急指导作用,成为开展应急救援的"底线"。在此基础上,可以针对特定事故类别编制专项应急预案,并有针对性地开展专项应急准备活动。

④应急预案建立了与上级单位和部门应急救援体系的衔接。通过编制应急预案,可以确保当发生超过本级应急能力的重大事故时与有关应急机构的联系和协调。

⑤应急预案有利于提高风险防范意识。应急预案的编制、评审、发布、宣传、教育和培训,有利于各方了解可能面临的重大事故及其相应的应急措施,有利于促进各方提高风险防范的意识和能力。

4.3.2 事故应急预案的主要内容

应急预案是整个应急管理体系的反映,它不仅包括事故发生过程中的应急响应和救援措施,而且还包括事故发生前的各种应急准备和事故发生后的短期恢复,以及预案的管理与更新等。《生产经营单位生产安全事故应急预案编制导则》(GB/T 29639—2020)第6条至第8条详细规定了综合应急预案、专项应急预案和现场处置方案的主要内容。

通常,完整的应急预案主要包括以下几个方面的内容:

1)应急预案概况

应急预案概况主要描述生产经营单位概况以及危险特性状况等,同时对紧急情况下应急事件、适用范围和方针原则等提供简述并作必要说明。应急救援体系首先应有一个明确的方针和原则来作为指导应急救援工作的纲领。方针与原则反映了应急救援工作的优先方向、政策、范围和总体目标,如保护人员安全优先,防止和控制事故蔓延优先,保护环境优先。此外,方针与原则还应体现事故损失控制、预防为主、统一指挥以及持续改进等思想。

2)事故预防

预防程序是对潜在事故、可能的次生与衍生事故进行分析并说明所采取的预防和控制事故的措施。

应急预案是有针对性的,具有明确的对象,其对象可能是某一类或多类可能的重大事故类型。应急预案的制定必须基于对所针对的潜在事故类型有一个全面系统的认识和评价,识别出重要的潜在事故类型、性质、区域、分布及事故后果,同时根据危险分析的结果,分析应急救援的应急力量和可用资源情况,并提出建设性意见。

(1)危险分析

危险分析的最终目的是要明确应急的对象(可能存在的重大事故)、事故的性质及其影响范围、后果严重程度等,为应急准备、应急响应和减灾措施提供决策和指导依据。危险分析包括危险识别、脆弱性分析和风险分析。危险分析应依据国家和地方有关的法律法规要求,根据具体情况进行。

(2)资源分析

针对危险分析所确定的主要危险,明确应急救援所需的资源,列出可用的应急力量和资源,包括各类应急力量的组成及分布情况,各种重要应急设备、物资的准备情况,上级救援机构或周边可用的应急资源。通过资源分析,可为应急资源的规划与配备、与相邻地区签订互助协议和预案编制提供指导。

(3)法律法规要求

有关应急救援的法律法规是开展应急救援工作的重要前提保障。编制预案前,应调研国家和地方有关应急预案、事故预防、应急准备、应急响应和恢复相关的法律法规文件,以作为预案编制的依据和授权。

3)准备程序

准备程序应说明应急行动前所需采取的准备工作,应急预案能否在应急救援中成功地发挥作用,不仅取决于应急预案自身的完善程度,还依赖于应急准备的充分与否。应急准备主要包括各应急机构组织及其职责权限的明确、应急资源的准备、公众教育、应急人员培训、预案演练和互助协议的签署等。

(1)应急机构组织

为保证应急救援工作的反应迅速、协调有序,必须建立完善的应急机构组织体系,包括城市应急管理的领导机构、应急响应中心以及各有关机构部门等。对应急救援中承担任务的所有应急组织,应明确相应的职责、负责人、候补人及联络方式。

(2)应急资源的准备

应急资源的准备是应急救援工作的重要保障,应根据潜在事故的性质和危险分析,合理组建专业和社会救援力量,配备应急救援中所需的各种救援机械和装备、监测仪器、堵漏和清消材料、交通工具、个体防护装备、医疗器械和药品、生活保障物资等,并定期检查、维护与更新,保证始终处于完好状态。另外,对应急资源信息应实施有效的管理与更新。

(3)教育、培训与演习

为全面提高应急能力,应急预案应对公众教育、应急训练和演习作出相应的规定,包括其内容、计划、组织与准备、效果评估等。

公众意识和自我保护能力是减少重大事故伤亡不可忽视的一个重要方面。作为应急准备的一项内容,应对公众的日常教育作出规定,尤其是位于重大危险源周边的人群,要使他们了解潜在危险的性质和对健康的危害,掌握必要的自救知识,了解预先指定的主要及备用疏散路线和集合地点,了解各种警报的含义和应急救援工作的有关要求。

应急演习是对应急能力的综合检验。合理开展由应急各方参加的应急演习,有助于提高应急能力。同时,通过对演练结果进行评估总结,有助于改进应急预案和应急管理工作中存在的不足,持续提高应急能力,完善应急管理工作。

(4)互助协议

当有关的应急力量与资源相对薄弱时,应事先寻求与邻近区域签订正式的互助协议,并作好相应的安排,以便在应急救援中及时得到外部救援力量和资源的援助。此外,也应与社会专业技术服务机构、物资供应企业等签署相应的互助协议。

4)应急程序

在应急救援过程中,存在一些必需的核心功能和任务,如接警与通知、指挥与控制、警报和紧急公告、通信、事态监测与评估、警戒与治安、人群疏散与安置、医疗与卫生、公共关系、应急人员安全、消防和抢险、泄漏物控制等,无论何种应急过程都必须围绕上述功能和任务开展。

5)现场恢复

现场恢复也称为紧急恢复,是指事故被控制住后进行的短期恢复。从应急过程来说意味着应急救援工作的结束,进入另一个工作阶段,即将现场恢复到一个基本稳定的状态。大量的经验教训表明,在现场恢复的过程中仍存在潜在的危险,如余烬复燃、受损建筑倒塌等,因此应充分考虑现场恢复过程中可能的危险。该部分主要内容应包括宣布应急结束的程序、撤离和交接程序、恢复正常状态的程序、现场清理和受影响区域的连续检测、事故调查与后果评价等。

6)预案管理与评审改进

应急预案是应急救援工作的指导文件,应当对预案的制定、修改、更新、批准和发布作出明确的管理规定,保证定期或在应急演习、应急救援后对应急预案进行评审和改进,针对各种实际情况的变化以及预案应用中暴露出的缺陷,持续改进,以不断完善应急预案体系。

上述6个方面的内容相互之间既相对独立,又紧密联系,从应急的方针、策划、准备、响应、恢复到预案的管理与评审改进,形成了一个有机联系并持续改进的体系结构。这些要素是重大事故应急预案编制所应涉及的基本方面,在编制时,可根据职能部门的设置和职责分配等具体情况,将要素进行合并或增加,以更符合实际。

4.3.3　应急预案的演练

应急演练是应急管理的重要环节,在应急管理工作中有着十分重要的作用。通过开展应急演练,可以实现评估应急准备状态,发现并及时修改应急预案、执行程序等相关工作的缺陷和不足;评估突发公共事件应急能力,识别资源需求,澄清相关机构、组织和人员的职责,改善不同机构、组织和人员之间的协调问题;检验应急响应人员对应急预案、执行程序的了解程度和实际操作技能,评估应急培训效果,分析培训需求。同时,作为一种培训手段,通过调整演练难度,可以进一步提高应急响应人员的业务素质和能力;促进公众、媒体对应急预案的理解,争取他们对应急工作的支持。

1) 应急演练的定义、目的与原则

(1) 应急演练的定义

应急演练是指各级政府部门、企事业单位、社会团体,组织相关应急人员与群众,针对特定的突发事件假想情景,按照应急预案所规定的职责和程序,在特定的时间和地域,执行应急响应任务的训练活动。

(2) 应急演练的目的

①检验预案。通过开展应急演练,查找应急预案中存在的问题,进而完善应急预案,提高应急预案的实用性和可操作性。

②完善准备。通过开展应急演练,检查应对突发事件所需应急队伍、物资、装备、技术等方面的准备情况,发现不足及时予以调整补充,做好应急准备工作。

③锻炼队伍。通过开展应急演练,增强演练组织单位、参与单位和人员等对应急预案的熟悉程度,提高其应急处置能力。

④磨合机制。通过开展应急演练,进一步明确相关单位和人员的职责任务,理顺工作关系,完善应急机制。

⑤科普宣教。通过开展应急演练,普及应急知识,提高公众风险防范意识和自救互救等灾害应对能力。

(3) 应急演练的原则

①结合实际,合理定位。紧密结合应急管理工作实际,明确演练目的,根据资源条件确定演练方式和规模。

②着眼实战,讲求实效。以提高应急指挥人员的指挥协调能力、应急队伍的实战能力为着眼点,重视对演练效果及组织工作的评估、考核,总结推广好经验,及时整改存在的问题。

③精心组织,确保安全。围绕演练目的,精心策划演练内容,科学设计演练方案,周密组织演练活动,制订并严格遵守有关安全措施,确保演练参与人员及演练装备设施的安全。

④统筹规划,厉行节约。统筹规划应急演练活动,适当开展跨地区、跨部门、跨行业的综合性演练,充分利用现有资源,努力提高应急演练效益。

2) 应急演练的组织与实施

一次完整的应急演练活动要包括计划、准备、实施、评估总结和改进 5 个阶段。

①计划阶段的主要任务:明确演练需求,提出演练的基本构想和初步安排。

②准备阶段的主要任务:完成演练策划,编制演练总体方案及其附件,进行必要的培训和预演,作好各项保障工作安排。

③实施阶段的主要任务:按照演练总体方案完成各项演练活动,为演练评估总结搜集信息。

④评估总结阶段的主要任务:评估总结演练参与单位在应急准备方面的问题和不足,明确改进的重点,提出改进计划。

⑤改进阶段的主要任务:按照改进计划,由相关单位实施落实,并对改进效果进行监督检查。

阅读材料

建筑工程施工许可证办理

建筑工程施工许可证是建筑施工单位符合各种施工条件、允许开工的建设工程施工许可证,是建设单位进行工程施工的法律凭证,也是房屋权属登记的主要依据之一。

1.申请前的准备工作

①施工场地已基本具备施工条件。

②已经办理该建筑工程用地批准手续。

③在城市规划区的建筑工程已经取得规划许可证。

④需要拆迁的,其拆迁进度符合施工要求。

⑤已经确定建筑施工企业;按照规定应该委托监理的工程已委托监理单位。

⑥有满足相关设计规范要求的施工图纸。

⑦已在质量监督主管部门及安全监督主管部门办理相应的质量、安全监督注册手续。

⑧建设资金已经落实,工期不足1年的,到位资金不得少于工程合同价款的50%;工期超过1年的,到位资金不得少于工程合同价款的30%。

2.申请时需提交的材料

(1)房屋建筑工程,申请人需提交如下申请材料:

①按规定填写、盖章的"建筑工程施工许可申请表"一式三份。

②建设工程规划许可证正本、附件的复印件。

③用地批准手续(国有土地使用证或有关批准文件)复印件。

④施工图设计文件审查通知书原件。

⑤招投标管理部门出具的施工合同备案表。

⑥招投标管理部门出具的监理合同备案表(依法应当委托监理的工程提交)。

⑦建筑施工企业安全生产管理人员安全生产考核合格证书(B本、C本)和"地上、地下管线及建(构)筑物资料移交单(表 AQ-A-2)"原件(施工安全监督备案用)。

⑧项目建设资金落实证明原件。

⑨人防部门出具的人防施工图备案回执。

⑩法人委托书。

⑪分类填报的"××市建筑节能设计审查备案登记表"(一式三份,建筑节能设计审查用)。

(2)市政基础设施工程,申请人需提交如下申请材料:

①按规定填写、盖章的"建筑工程施工许可申请表"一式三份。

②建设工程规划许可证正本、附件的复印件。

③施工图设计文件审查通知书原件。

④招投标管理部门出具的施工合同备案表。

⑤招投标管理部门出具的监理合同备案表(依法应当委托监理的工程提交)。

⑥建筑施工企业安全生产管理人员安全生产考核合格证书(B本、C本)和"地上、地下管线及建(构)筑物资料移交单(表 AQ-A-2)"原件(施工安全监督备案用)。

⑦项目建设资金落实证明原件。

⑧掘路、占道许可手续(涉及掘路、占道的需提供)。

⑨法人委托书。

(3)装饰装修工程,申请人需提交如下申请材料:

①按规定填写、盖章的"建筑工程施工许可申请表"一式三份。

②建设工程规划许可证正本、附件的复印件(仅外立面装修时提交)。

③房屋产权证复印件(租赁房屋的还需出具租赁协议复印件、产权人出具的同意装修证明)。

④招投标管理部门出具的施工合同备案表。

⑤招投标管理部门出具的监理合同备案表(依法应当委托监理的工程提交)。

⑥建筑施工企业安全生产管理人员安全生产考核合格证书(B本、C本)原件(施工安全监督备案用,核验后退回申请人)。

⑦项目建设资金落实证明原件。

⑧法人委托书。

小　结

本项目主要讲授了以下几个方面的内容:

1.安全施工组织设计。

2.分部、分项工程安全技术交底。

3.施工安全事故的应急与救援。

通过以上内容的学习,学生能编制分部、分项工程安全技术交底及完成应急预案的编制。

思考题

1.简述安全施工组织设计编制内容。

2.简述季节性施工安全措施。

3.简述安全技术交底的要求。

4.事故应急预案主要包括哪几个方面的内容?

单元 2
建筑施工安全技术措施

项目 5　土方工程安全技术

【内容简介】

1.土方开挖安全技术；

2.基坑支护安全技术；

3.基坑支护的监测。

【学习目标】

1.掌握土方工程施工方案编制要求；

2.掌握土方工程开挖的安全技术措施；

3.熟悉基坑支护的形式及安全技术措施；

4.了解基坑支护的监测内容和要求。

【能力培养】

1.能阅读和审查土方工程施工专项施工方案；

2.能编制土方工程安全施工交底资料,组织安全技术交底活动,并能记录和收集与土方工程安全技术交底活动有关的安全管理档案资料；

3.能根据《建筑施工安全检查标准》(JGJ 59—2011)的"基坑工程安全检查评分表",组织基坑工程的安全检查和评分。

引言

　　土方工程是建筑工程的先导工程,是建筑施工主要的工种工程之一。土方工程的施工过程包括土的开挖、运输、回填压实等施工过程。

　　土方工程多为露天作业,施工受当地气候条件影响大,且土的种类繁多,成分复杂,工程地质及水文地质变化多,其对施工影响较大,不可确定的因素较多,加之施工条件复杂,稍有不慎易造成塌方、高处坠落、机械伤害等安全事故。因此,土方工程施工前,应对施工现场条件进行充分调查,并根据相关资料分析基坑周边环境因素,制订合理的土方工程施工方案,以确保施工安全(图 5.1、图 5.2)。

图 5.1　土方开挖与基坑支护施工现场

图 5.2　基坑支护事故现场

5.1　土方开挖安全技术

5.1.1　土方工程施工方案编制要求

基坑土方开挖前,必须制订合理的施工方案,熟悉地形地貌,了解和分析基坑周边环境因素,根据地质勘探资料了解土层结构,根据基坑(槽)深度制订相应的安全技术措施,确保施工安全。按照土方工程的深度、地下水位、土质情况及作业形式的不同,需制订不同的施工方案,采取不同的安全措施。《建筑施工安全检查标准》(JGJ 59—2011)对基坑土方工程的施工方案提出了如下具体要求:

①基坑工程施工应编制专项施工方案,开挖深度超过 3 m,或虽未超过 3 m 但地质条件和周边环境复杂的基坑土方开挖、支护、降水工程,应单独编制专项施工方案。

②专项施工方案应按规定进行审核、审批。

③开挖深度超过 5 m 的基坑土方开挖、支护、降水工程,或开挖深度虽未超过 5 m 但地质条件、周围环境复杂的基坑土方开挖、支护、降水工程专项施工方案,应组织专家进行论证。

④当基坑周边环境或施工条件发生变化时,专项施工方案应重新进行审核、审批。

5.1.2　土方开挖的一般安全技术

①施工前,应对施工区域内影响施工的各种障碍物,如建筑物、构筑物、道路、管线、旧基础、坟墓、树木等进行拆除、清理或迁移,确保安全施工。不能拆除或迁移时应尽量避开,在现场电力、通信电缆、燃气、热力、给排水等管道 2 m 范围内施工,应采取安全保护措施,并应设专人监护。

②必要时应进行工程施工地质勘探,根据土质条件、地下水位、开挖深度、周边环境及基础施工方案等确定基坑(槽)安全边坡,制订固壁施工支护方案。

③当地质情况良好、土质均匀、地下水位低于基坑(槽)底面标高,且挖方深度在 5 m 以内时,可不加支撑,此时边坡最大坡度应按表 5.1 的规定确定。

表 5.1　深度在 5 m 以内(包括 5 m)的基坑(槽)边不加支撑的最大坡度

土的类别	边坡坡度(高:宽)		
	坡顶无荷载	坡顶有静载	坡顶有动载
中密的砂土	1:1.00	1:1.25	1:1.50
中密的碎石类土(填充物为砂土)	1:0.75	1:1.00	1:1.25
硬塑的粉土	1:0.67	1:0.75	1:1.00
中密的碎石类土(填充物为黏土)	1:0.50	1:0.67	1:0.75
硬塑的粉质黏土、黏土	1:0.33	1:0.50	1:0.67
老黄土	1:0.10	1:0.25	1:0.33
软土(经井点降水后)	1:1.00	—	—

注:①静载是指堆土或材料等。动载是指机械挖土或汽车运输作业等。

②若有成熟的经验或科学的理论计算并经试验证明者,可不受本表限制。

③土质均匀且无地下水或地下水位低于基坑(槽)底面时,土壁不加支撑的垂直挖深不宜超过表 5.2 的规定。

表 5.2　不加支撑基坑(槽)土壁垂直挖深规定

土的类别	深度/m
密实、中密的砂土和碎石类土(填充物为砂土)	1.00
硬塑、可塑的粉土和粉质黏土	1.25
硬塑、可塑的黏土和碎石类土(填充物为黏土)	1.50
坚硬的黏土	2.00

④当天然冻结的速度和深度能确保挖土时的安全操作,对 4 m 以内深度的基坑(槽)开挖时可以采用天然冻结法垂直开挖而不加设支撑。但对干燥的砂土严禁采用冻结法施工。

⑤土方开挖宜从上到下分层分段依次进行。人工开挖时,两个人横向操作间距应保持 2~3 m,纵向间距不得小于 3 m,并应自上而下逐层挖掘,严禁采用掏空法(挖神仙土)进行挖掘操作。机械开挖时,两机间距应大于 10 m,并严格控制开挖面坡度和分层厚度,防止边坡和挖土机下的土体活动,且应至少保留 0.3 m 厚土层不挖,最后由人工修挖至设计标高。

⑥施工机械与基坑边沿的安全距离应符合设计要求。机械应停在坚实的地基上,距坑沟边沿不得小于 2 m,如基础过差,应采取走道板等加固措施。运土汽车不宜靠近基坑平行行驶,载重汽车与坑沟边沿距离不得小于 3 m。塔式起重机等振动较大的机械与坑沟边沿距离不得小于 6 m,防止塌方翻车。

⑦基坑边堆置土体、料具等荷载应在基坑支护设计允许范围内。当土质良好时,要距坑边

1 m 以外,堆放高度不能超过 1.5 m。

⑧上下垂直作业应按规定采取有效的防护措施。上下槽、坑、沟应先挖好阶梯或设木梯,作为上下的安全通道,不应踩踏土壁及其支撑上下,梯道应设置扶手栏杆,梯道的宽度不应小于 1 m。在坑内作业,可根据坑的大小设置专用通道。施工间歇时不得在基坑脚下休息。

⑨施工作业区域应采光良好,不论白天还是夜间施工,均应设置足够的电器照明,电器照明应符合《施工现场临时用电安全技术规范》(JGJ 46—2005)的有关规定。

⑩挖土时要随时注意土壁的变异情况,如发现有裂纹或部分塌落现象,要及时进行支撑或改缓放坡,并注意支撑的稳固和边坡的变化。

5.1.3　特殊土方开挖的安全技术

1) 斜坡土挖方

(1) 土坡坡度

土坡坡度要根据工程地质和土坡高度,结合当地同类土体的稳定坡度值确定。随时做成一定的坡势以利泄水,且不应在影响边坡稳定的范围内积水。

(2) 斜坡土弃土应满足的相关要求

①在斜坡上方弃土时,应保证挖方边坡的稳定。弃土堆应连续设置,其顶面应向外倾斜,以防山坡水流入挖方场地。但坡度陡于 1/5 或在软土地区,禁止在挖方上侧弃土。

②在挖方下侧弃土时,要将弃土堆表面整平,并向外倾斜,弃土表面要低于挖方场地的设计标高,或在弃土堆与挖方场地间设置排水沟,防止地表水流入挖方场地。

2) 滑坡地段挖方

①施工前先了解工程地质勘察资料、地形、地貌及滑坡迹象等情况。

②尽量在旱季完成抗滑挡土墙施工,挡土墙基槽的开挖应分段进行,并加设支撑,开挖一段做好一段挡土墙。雨季不宜进行滑坡地段的挖方施工,同时不应破坏挖方上坡的自然植被,并要事先做好地面和地下排水设施。

③应遵循先整治后开挖的施工顺序,严禁先切除坡脚。开挖过程中如发现滑坡迹象(如裂缝、滑动等)时,应暂停施工,必要时所有人员和机械要撤至安全地点。

3) 软土地区基坑挖方

①施工前必须做好地面排水和降低地下水位工作,地下水位应降低至基底以下 0.5 ~ 1.0 m 后方可开挖。降水工作应持续到回填完毕。

②相邻基坑(槽)或管沟开挖时,应遵循先深后浅或同时进行的施工顺序,并应及时做好基础。

③分层挖土过程中,应注意基坑土体的稳定,加强土体变形监测,防止由于挖土过快或边坡过陡使基坑中卸载过速和土体失稳等而引起桩身上浮、倾斜、位移、断裂等事故。

④基坑(槽)开挖后,应尽量减少对基土的扰动。如基础不能及时施工,可在基底标高以上留 0.1 ~ 0.3 m 土层不挖,待做基础前再挖除。

4) 膨胀土地区挖方

①开挖前要做好排水工作,防止地表水、施工用水和生活废水浸入施工现场或冲刷边坡。

②开挖后的基土不应受烈日暴晒或水浸泡。

③土方开挖、垫层铺设、基础施工及土方回填等工序要连续进行。

④采用砂垫层时,要先将砂浇水至饱和后再铺填夯实,不能采用在基坑(槽)或管沟内浇水使砂沉落的方法进行施工。

5.1.4 基坑防坠落安全技术

①深度超过 2 m 的基坑施工,周边必须安装防护栏杆,防护栏杆的规格、杆件连接、搭设方式等必须符合《建筑施工高处作业安全技术规范》(JGJ 80—2016)的规定。必要时应设置警示标志,配备监护人员。

②降水井口应设置防护盖板或围栏,并应设置明显的警示标志。夜间施工时,施工现场应根据需要安设照明设施,在危险地段应设置红灯警示。

③在基坑内无论是在坑底作业,还是攀登作业或悬空作业,均应有安全的立足点和防护措施。

④基坑较深,需要上下垂直同时作业的,应根据垂直作业层搭设作业架,各层用钢、木、竹板隔开,或采用其他有效的隔离防护措施,防止上层作业人员、土块或其他工具坠落伤害下层作业人员。

5.1.5 基坑降水

在地下水位较高的地区进行基础施工时,降低地下水位是一项非常重要的技术手段。

当基坑无支护结构防护时,通过降低地下水位保证基坑边坡稳定,防止地下水涌入坑内,阻止流砂现象发生。此时,降水会将基坑内外的局部水位同时降低,对基坑外周围建筑物、道路、管线会造成不利影响,设计时应充分考虑。

当基坑有支护结构围护时,一般仅通过坑内降水来降低地下水位。有支护结构围护的基坑,由于围护体的降水效果较好,且隔水帷幕伸入透水性差的土层一定深度,这种情况下降水类似盆中抽水。当封闭式的基坑内降水到一定时间,待降水深度范围内的土体几乎无水可降时,降水的目的也即达到。降水过程中应注意:

①土方开挖前应保证一定时间的预抽水;

②降水深度必须考虑隔水帷幕的深度,防止产生管涌现象;

③必须与坑外观测井的监测密切配合,用观测数据来指导降水施工,避免隔水帷幕渗漏,影响周围环境;

④注意施工用电安全。

知识窗

流砂

1.流砂的定义

开挖土质不好、地下水位较高的基坑时,当挖至地下水位以下(约 0.5 m),由于地下水压力的作用,坑底下面的土有时会形成流动状态,随地下水涌入基坑,这种现象称为流砂现象。

2.流砂的危害

发生流砂时,土完全丧失承载能力,使施工条件恶化,难以开挖到设计深度。严重时会造成边坡塌方及附近建筑物下沉、倾斜、倒塌等。

3.流砂形成的原因

(1)内因

内因取决于土的性质。土的孔隙比大、含水量大、黏粒含量少、粉粒多、渗透系数小、排水性能差等均容易产生流砂现象。因此,流砂现象极易发生在细砂、粉砂和亚黏土中。

(2)外因

外因取决于地下水在土中渗流所产生的动水压力(渗流力)的大小。当单位颗粒土体受到向上的渗流力大于或等于其自身重力时,则土体发生悬浮、移动。

4.防治流砂的方法

根据形成的原因,防治流砂的方法主要有减小动水压力,或采取加压措施以平衡动水压力。根据不同情况可采取的措施有:枯水期施工法、加压法、钢板桩法、水下挖土法、人工降低地下水位法、地下连续墙法等。

5.2　基坑支护安全技术

在工程建设中,尤其是在软土地区的旧城改造项目和市区中心的高层、超高层建筑项目中,基坑支护已成为基础工程和地下工程施工的一个关键环节。为了节约用地,业主总是要求充分利用地下建筑空间,尽可能扩大使用面积,从而使得基坑越挖越深,并紧靠邻近建筑。为确保深基坑的稳定和施工安全,基坑支护的设计与施工技术显得尤为重要。

国家有关部门提出,深基坑支护要进行结构设计,深度超过3 m,或虽未超过3 m但地质条件和周边环境复杂的基坑支护工程,应单独编制专项施工方案;深度超过5 m,或虽未超过5 m但地质条件和周围环境复杂的基坑支护工程专项施工方案,应组织专家进行论证。

5.2.1　基坑支护的安全等级

基坑支护设计时,应综合考虑基坑周边环境、地质条件的复杂程度、基坑深度等因素,按表5.3采用支护结构的安全等级。对同一基坑的不同部位,可采用不同的安全等级。

表5.3　支护结构的安全等级

安全等级	破坏后果	重要性系数
一级	支护结构失效、土体过大变形对基坑周边环境或主体结构施工安全的影响很严重	1.10
二级	支护结构失效、土体过大变形对基坑周边环境或主体结构施工安全的影响严重	1.00
三级	支护结构失效、土体过大变形对基坑周边环境或主体结构施工安全的影响不严重	0.90

5.2.2 基坑支护的选型

基坑的支护结构形式主要有支挡式结构支护(包括排桩、锚杆、支撑式及地下连续墙)、土钉墙支护、重力式挡墙结构支护等,各种支护结构的选型应综合考虑基坑深度、土的性状、地下水条件、基坑周边环境、基础形式、支护结构施工工艺、施工场地条件、经济指标、环保性能和施工工期等多个方面的因素。各类支护结构的适用条件见表5.4。

表 5.4 各类支护结构的适用条件

结构类型		适用条件		
		安全等级	基坑深度、环境条件、土类和地下水条件	
支挡式结构	锚拉式结构	一级、二级、三级	适用于较深的基坑	①锚杆不宜用在软土层和高水位的碎石土、砂土层中 ②当邻近基坑有建筑物地下室、地下构筑物等,锚杆的有效锚固长度不足时,不应采用锚杆 ③当锚杆施工会造成基坑周边建(构)筑物的损害或违反城市地下空间规划等规定时,不应采用锚杆 ④排桩适用于可采用降水或截水帷幕的基坑 ⑤地下连续墙宜同时用作主体地下结构外墙,并同时用于截水
	支撑式结构		适用于较深的基坑	
	悬臂式结构		适用于较浅的基坑	
	双排桩		当锚拉式、支撑式和悬臂式结构不适用时,可考虑采用	
	支护结构与主体结构结合的逆作法(地下结构外墙)		适用于基坑周边环境条件很复杂的深基坑	
土钉墙	单一土钉墙	二级、三级	适用于地下水位以上或经降水的非软土基坑,且基坑深度不宜大于12 m	当基坑潜在滑动面内有建筑物、重要地下管线时,不宜采用土钉墙
	预应力锚杆复合土钉墙		适用于地下水位以上或经降水的非软土基坑,且基坑深度不宜大于15 m	
	水泥土桩垂直复合土钉墙		适用于非软土基坑时,基坑深度不宜大于12 m;用于淤泥质土基坑时,基坑深度不宜大于6 m;不宜用在高水位的碎石土、砂土、粉土层中	
	微型桩垂直复合土钉墙		适用于地下水位以上或经降水的基坑,用于非软土基坑时,基坑深度不宜大于12 m;用于淤泥质土基坑时,基坑深度不宜大于6 m	
重力式挡墙		二级、三级	适用于淤泥质土、淤泥基坑且基坑深度不宜大于7 m	

注:①当基坑不同部位的周边环境条件、土层性状、基坑深度等不同时,可在不同部位分别采用不同的支护形式;
②支护结构可采用上、下部以不同结构类型组合的形式。

5.2.3 基坑支护的安全技术

1) 支护的安装和拆除

① 支护必须按设计位置进行安装,施工过程严禁随意变更,并应切实使围檩与挡土桩墙结合紧密。挡土板或板桩与坑壁间的回填土应分层回填夯实。

② 支护的安装和拆除顺序必须与设计工况相符合,并与土方开挖和主体工程的施工顺序相配合。分层开挖时,应先支撑后开挖;同层开挖时,应边开挖边支撑。

③ 支护拆除前,应采取换撑措施,防止边坡卸载过快。

2) 支护的强度

① 钢筋混凝土支护其强度必须达设计要求(一般为设计强度的75%)后,方可开挖支撑面以下土方。

② 钢结构支护必须严格材料检验和保证节点的施工质量,严禁在负荷状态下进行焊接。

③ 寒冷地区基坑设计应考虑土体冻胀力的影响。

3) 锚杆支护的安全要求

① 应合理布置锚杆的间距与倾角,锚杆上下间距不宜小于 2.0 m,水平间距不宜小于 1.5 m;锚杆倾角宜为 15°~25°,且不应大于 45°。最上一道锚杆覆土厚不得小于 4 m。

② 锚杆的实际抗拔力除经计算外,还应按规定方法进行现场试验后确定。可采取提高锚杆抗力的二次压力灌浆工艺。

4) 逆作法施工的安全要求

① 采用逆作法施工时,要求其外围结构必须有自防水功能。基坑上部机械挖土的深度,应按地下墙悬臂结构的应力值确定;基坑下部封闭施工,应采取通风措施;当采用电梯间作为垂直运输的井道时,对洞口楼板的加固方法应由工程设计确定。

② 逆作法施工时,应合理解决支撑上部结构的单柱单桩与工程结构的梁柱交叉及节点构造,并在方案中预先设计。

案例分析

重庆市江北某小区工程土方坍塌事故

重庆市某房地产公司开发建设的江北某小区工程的挡土墙基槽开挖时,近20 m高的边坡在未按有关规定采取相应安全技术措施进行支护的情况下,受雨水浸泡突然坍塌,4名工人被掩埋入土方中,当场死亡。

1.事故原因分析

(1)技术方面

挡土墙基槽开挖土方边坡呈直壁状,没有按规定对高度达到20 m的边坡进行放坡,也未采取任何支护措施,再加上受雨水浸泡使边坡失稳坍塌,是此次事故的技术原因。

(2)管理方面

工程项目无证施工,未办理施工许可证,未办理安全报监,监理公司未按规定进行监理,使工程施工出于无监管状态。对高边坡工程未进行论证、评估和编制单项施工组织设计,擅自开工建设。施工单位违章施工,安全管理混乱,无安全保证体系和相应的规章制度,未进行安全检查和安全教育,现场工人违章作业,盲目蛮干。

2.事故的结论和教训

这是一起典型的无证施工、无安全报监、监理不到位、施工单位不制订施工组织设计、不按有关规范标准组织施工,缺少现场安全管理,严重违反建筑法、安全生产法的三级重大责任事故。主要责任主体为建设单位、施工单位和监理单位,主要责任人为建设单位负责人、施工单位项目经理和监理单位项目总监。

3.事故的预防措施

①建设单位在工程项目开工前,应根据建筑法的要求办理好施工许可证和安全报监手续,监理单位到位后方可进行开工建设。

②施工单位应建立健全施工安全保证体系,完善现场组织管理机构,加强对工人的安全教育,作业前进行安全技术交底,并对作业环境进行安全检查,切实消除现场的不安全状态和不安全行为。

③对高边坡工程,特别是对高度近20 m的直壁边坡,应委托具有岩土工程专业资质的单位进行论证、评估和单项设计,编制专项施工组织设计,采取安全可靠的边坡支护措施和施工方法,严格按照施工组织设计的要求合理组织施工,确保施工安全。

④监理单位应切实履行安全监理责任,严格审核单项施工组织设计,杜绝无证施工、未制订施工方案盲目开工现象的发生;落实旁站监理制度,对高危作业严格执行全过程的现场监督、跟踪检查,及时发现现场隐患,坚决制止违章作业行为。

5.3 基坑支护的监测

在进行基坑支护结构的施工和使用过程中,作好相应的监测工作,对稳定土壁、防止边坡塌方、保证基坑工程安全起到重要作用(图5.3、图5.4)。

图5.3 基坑支护施工监测现场　　　　　图5.4 基坑支护监测设备的安装

5.3.1 基坑支护的监测内容

基坑支护监测应根据支护结构类型和地下水控制方法,按表5.5选择基坑监测项目,并应根据支护结构构件、基坑周边环境的重要性及地质条件的复杂性确定监测点部位及数量。选用的监测项目及其监测部位应能反映支护结构的安全状态和基坑周边环境受影响的程度。

表 5.5 基坑监测项目选择

监测项目	支护结构的安全等级			监测项目	支护结构的安全等级		
	一级	二级	三级		一级	二级	三级
支护结构顶部水平位移	应测	应测	应测	挡土构件内力	应测	宜测	选测
基坑周边建(构)筑物、地下管线、道路沉降	应测	应测	应测	支撑立柱沉降	应测	宜测	选测
坑边地面沉降	应测	应测	宜测	支护结构沉降	应测	宜测	选测
支护结构深部水平位移	应测	应测	选测	地下水位	应测	应测	选测
锚杆拉力	应测	应测	选测	土压力	宜测	选测	选测
支撑轴力	应测	宜测	选测	孔隙水压力	宜测	选测	选测

注:表内各监测项目中,仅选择实际基坑支护形式所含有的内容。

5.3.2 基坑支护的监测要求

在基坑开挖过程与支护结构使用期内,必须进行上述相关内容的监测。具体监测要求如下:

①基坑开挖前应做出系统的开挖监控方案,监控方案应包括监控目的、监控项目、监控报警值、监控方法及精度要求、检测周期、工序管理和记录制度以及信息反馈系统等。

②监控点的布置应满足监控要求。从基坑边线以外 1~2 倍开挖深度范围内需要保护的物体均应作为保护对象。

③监测项目在基坑开挖前应测得始值,且不应少于两次。基坑监测项目的监控报警值应根据监测对象的有关规范及支护结构设计要求确定。

④各项监测的时间可根据工程施工进度确定。当变形超过允许值,变化速率较大时,应加密观测次数。当有事故征兆时应连续监测。

⑤基坑开挖监测过程中应根据设计要求提供阶段性监测结果报告。工程结束时应提交完整的监测报告,报告内容应包括工程概况、监测项目、各监测点的平面和立面布置图、采用的仪器设备、监测方法、监测数据的处理方法、监测过程曲线、监测结果评价等。

⑥基坑监测数据、现场巡查结果应及时整理和反馈。当出现下列危险征兆时应立即报警:

a.支护结构位移达到设计规定的位移限值,且有继续增长的趋势。

b.支护结构位移速率增长且不收敛。

c.支护结构构件的内力超过其设计值。

d.基坑周边建筑物、道路、地面的沉降达到设计规定的沉降限值,且有继续增长的趋势;基坑周边建筑物、道路、地面出现裂缝,或其沉降、倾斜达到相关规范的变形允许值。

e.支护结构构件出现影响整体结构安全性的损坏。

f.基坑出现局部坍塌。

g.开挖面出现隆起现象。

h.基坑出现流砂、管涌现象。

阅 读材料

基坑工程监测工作的步骤

根据《建筑基坑工程监测技术标准》(GB 50497—2019)第 3.0.1 条规定,下列基坑应实施基坑工程监测:

①基坑设计安全等级为一、二级的基坑。

②开挖深度大于或等于 5 m 的下列基坑:

a.土质基坑;

b.极软岩基坑、破碎的软岩基坑、极破碎的岩体基坑;

c.上部为土体,下部为极软岩、破碎的软岩、极破碎的岩体构成的土岩组合体。

③开挖深度小于 5 m 但现场地质情况和周围环境较复杂的基坑。

监测工作步骤宜符合下列规定:

①现场踏勘,收集资料;

②制订监测方案;

③基准点、工作基点、监测点布设与验收,仪器设备校验和元器件标定;

④实施现场监测;

⑤监测数据的处理、分析及信息反馈;

⑥提交阶段性监测结果和报告;

⑦现场监测工作结束,提交完整的监测资料。

附:

基坑支护变形监测记录

工程名称: 　　　　　　　　　　　　　编号:

基坑支护部位		支护日期		支护方案编号	
施工单位		验收日期		监测单位	
支护验收结果		监理工程师		监测开始日期	
设计方案规定控制变形值/mm					
变形监测记录(实际变形值)/mm					监测人员签字
监测次数	测量时间	A	B	C	D	E	F
1							
2							
3							
4							

监测点简图:

　　实际变形值必须控制在设计控制值内,如发生超出控制值等异常情况,应及时处理,必须达到正常情况后再继续施工。

监理机构: 　专业监理工程师	施工(监测)单位: 　项目技术负责人: 　　　监测人: 　　　　　　　　　　　　年　　月　　日

小　结

本项目主要讲授了以下几个方面的内容：

1.土方开挖的安全技术；

2.基坑支护的安全技术；

3.基坑支护的监测内容。

通过本项目的学习，了解土方工程施工方案编制的要求和基坑支护的监测内容及要求，熟悉土方开挖和基坑支护施工过程中各环节的安全技术措施，并能够对土方工程施工过程的相关资料进行审查，确保土方工程施工的安全。

思考题

1.为确保土方工程安全施工，挖土作业应遵守哪些规定？

2.为防止基坑坠落事故发生，应采取哪些安全措施？

3.基坑降水过程中，应注意哪些问题？

4.为什么要进行支护监测？监测的内容和要求是什么？

实　训

根据《建筑施工安全检查标准》(JGJ 59—2011)中"基坑工程检查评分表"对一基坑工程进行检查和评分。

(1)分组要求：每6~8人一组。

(2)资料要求：选取一基坑工程施工的验收资料。

(3)学习要求：根据对基坑工程施工验收资料的阅读和分析，利用《建筑施工安全检查标准》(JGJ 59—2011)中"基坑工程检查评分表"对该基坑工程进行检查和评分。

项目6　脚手架工程安全技术

【内容简介】

1.脚手架工程安全生产要求；

2.各类脚手架搭设安全技术；

3.脚手架拆除安全技术及施工注意事项。

【学习目标】

1.了解脚手架施工方案编制程序；

2.熟悉脚手架的安全构造要求；

3.掌握脚手架搭设与拆除的安全技术措施。

【能力培养】

1.能阅读和参与编写、审查脚手架施工专项施工方案，并提出自己的意见和建议；

2.能编制脚手架施工安全交底资料，组织安全技术交底活动，并能记录和收集与安全技术交底活动有关的安全管理档案资料；

3.能组织脚手架的安全验收，根据《建筑施工安全检查标准》（JGJ 59—2011）中的"脚手架工程安全检查评分表"组织脚手架工程的安全检查和评分。

引言

脚手架是为建筑施工而搭设的用于上料、堆料、作业、安全防护、垂直和水平运输的结构架，它是施工现场应用最为广泛、使用最为频繁的一种临时结构设施。脚手架随建筑物的升高而逐层搭设，完工后又逐层拆除（图6.1）。建筑、安装工程都需要借助脚手架来完成，是建筑施工中必不可少的辅助设施。

由于其使用频率高，施工现场环境复杂，脚手架成为建筑施工中安全事故的多发部位（图6.2），也是施工安全控制的重点。

图6.1　脚手架施工现场

图6.2　脚手架事故现场

6.1　脚手架工程安全生产要求

6.1.1　脚手架工程施工方案

　　脚手架搭设之前,应根据工程特点和施工工艺确定脚手架搭设专项施工方案,并附设计计算书,经企业技术负责人审批并报监理工程师批准。脚手架施工方案应包括基础处理、搭设要求、杆件间距、连墙杆设置位置及连接方法,并绘制施工详图及大样图,以及脚手架搭设和拆除的时间和顺序等内容。

　　脚手架工程安全专项施工方案编制程序如图 6.3 所示。

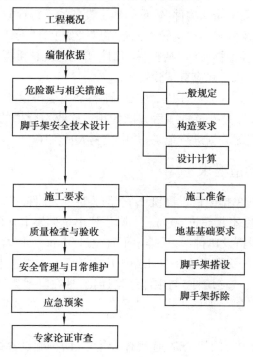

图 6.3　脚手架工程安全专项施工方案编制程序

　　施工现场的脚手架必须按照施工方案进行搭设,因故改变脚手架类型时,必须重新修改脚手架施工方案并经审批后方可施工。

6.1.2　脚手架安全生产的一般要求

　　①脚手架搭设前必须根据工程特点,按照规范、规定制订施工方案和搭设的安全技术措施。

　　②脚手架搭设和拆除属特种作业,操作人员必须根据特种作业人员安全技术培训考核管理规定,经考核合格,取得劳动部颁发的特种作业人员操作证后成为专业架子工,才能进行脚手架的搭设和拆除。作业时必须头戴安全帽,身系安全带,脚穿防滑鞋。

　　③脚手架搭设前,工地施工员或安全员应根据施工方案和"脚手架检查评分表"检查项目及扣分标准,并结合相关要求,写成书面交底资料,向持证上岗的架子工进行交底。

　　④大雾、雨、雪天气和 6 级以上大风时,不得进行脚手架上的高处作业。雨、雪天后作业,

必须采取安全防滑措施。钢管脚手架的高度超过周围建筑物或在雷暴较多的地区施工时,应安设防雷装置,其接地电阻应不大于4 Ω。

⑤进行脚手架搭设作业时,应按形成基本构架单元的要求逐排、逐跨和逐步进行搭设,矩形周边脚手架宜从其中的一个角部开始向两个方向延伸搭设,以确保已搭部分稳定。脚手架分段搭设完毕后,必须由施工负责人组织有关人员按照施工方案及规范的要求进行检查验收。

⑥门式脚手架及其他纵向竖立面刚度较差的脚手架,在连墙点设置层宜加设纵向水平长横杆与连接件连接。

⑦架上作业荷载应满足规范或设计规定的荷载要求,严禁超载。一般结构脚手架不超过3 kN/m²,装修脚手架不超过2 kN/m²,防护脚手架不超过1 kN/m²。架面荷载尽量均匀分布,避免荷载集中于一侧。过梁等墙体构件、较重的施工设备均不得存放在脚手架上;严禁将模板支撑、缆风绳、泵送混凝土及砂浆的输送管等固定在脚手架上;严禁任意悬挂起重设备。

⑧搭设脚手架所用的各种材料(包括杆件、扣件、脚手板、悬挑梁等)的材质、规格必须符合有关规范和施工方案的规定,并应有试验报告。

⑨脚手架经验收合格,办理验收手续,填写"脚手架底层搭设验收表""脚手架中段验收表""脚手架顶层验收表",有关人员签字后方准使用。验收不合格的应立即进行整改。对检查结果及整改情况,应按实测数据进行记录,并由检测人员签字。

6.1.3　脚手架的安全构造要求

钢管脚手架中,扣件式单排架搭设高度不宜超过24 m,扣件式双排架搭设高度一般不宜超过50 m,门式架搭设高度不宜超过60 m。木脚手架中单排架不宜超过20 m,双排架不宜超过30 m。竹脚手架中不得搭设单排架,双排架不宜超过35 m。并应满足下列构造要求:

①单双排脚手架的立杆纵距及水平杆步距不应大于2.1 m,立杆横距不应大于1.6 m。应按规定的间隔采用连墙件(或连墙杆)与主体结构连接,且在脚手架使用期间不得拆除。沿脚手架外侧应设剪刀撑,并与脚手架同步搭设和拆除。当双排扣件式钢管脚手架的搭设高度超过24 m时,应设置横向斜撑。

②门式钢管脚手架的顶层门架上部、连墙体设置层、防护棚设置处均应设置水平架。

③竹脚手架应设置顶撑杆,并与立杆绑扎在一起,顶紧横向水平杆。

④脚手架高度超过40 m且有风涡流作用时,应设置抗风涡流上翻作用的连墙措施。

⑤脚手板必须按脚手架宽度铺满、铺稳,脚手板与墙面的间隙不应大于200 mm。作业层脚手板的下方必须设置防护层,防止施工人员或物料坠落。

⑥作业层外侧,应按临边防护的规定设置防护栏杆和挡脚板(图6.4)。防护栏杆由栏杆柱和上下两道横杆组成,上栏杆距脚手板高度为1.0～1.2 m,中栏杆距脚手板高度为0.5～0.6 m。在栏杆下边设置严密固定的高度不低于180 mm的挡脚板。

⑦脚手架应按规定采用密目式安全网封闭。

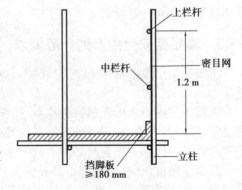

图6.4　脚手架临边防护示意图

知识窗

承插型盘扣式钢管脚手架

1.定义

　　承插型盘扣式脚手架又称轮扣式、直插式脚手架,是一种具有自锁功能的直插式新型钢管脚手架(图6.5)。其盘扣节点(图6.6)结构合理,立杆轴向传力,使脚手架整体在三维空间结构强度高、整体稳定性好,并具有可靠的自锁功能,能有效提高脚手架的整体稳定强度和安全度,以更好地满足施工安全的需要。

图6.5　承插型盘扣式钢管脚手架安装现场

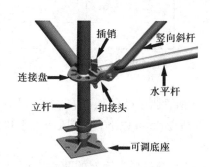

图6.6　盘扣节点示意图

2.特点

　　①多功能性:可根据具体的施工要求,组成不同的组架尺寸、形状和承载能力的单、双排脚手架,支撑架,支撑柱等多种功能的施工装备。

　　②高功效性:构造简单、拆装简便、快速省力,完全避免了螺栓作业和零散扣件的丢损,接头拼装拆速度比常规快5倍以上,工人用一把铁锤即可完成全部作业。

　　③承载力大:立杆连接是同轴心承插,节点在框架平面内,接头具有抗弯、抗剪、抗扭等力学性能,结构稳定,承载力大。

　　④安全可靠:接头设计时考虑自重的作用,使接头具有可靠的双向自锁能力,作用于横杆上的荷载通过盘扣传递给立杆,盘扣具有很强的抗剪能力(最大为200 kN左右)。

　　⑤使用寿命高:一般可以使用10年以上,由于抛弃了螺栓连接,构件经碰耐磕,就算有一定的锈蚀也不影响拼拆和使用。

　　⑥产品标准化:出厂产品包装标准化,使其维修少、装卸快捷、运输方便、易存放。

　　⑦具有早拆功能:横杆可提前折下周转,节省材料、节省木方、节省人工,真正做到节能环保、经济实用。

6.2　脚手架搭设安全技术

6.2.1　落地式脚手架搭设安全技术

　　落地式脚手架包括扣件式钢管脚手架、碗扣式钢管脚手架、门式钢管脚手架、承插型盘扣式钢管脚手架、满堂脚手架等。搭设落地式脚手架主要应满足下列要求:

①落地式脚手架的基础应坚实、平整，并定期检查。立杆不埋设时，底部应设置垫板或底座，并设置纵、横向扫地杆。

②落地式脚手架连墙件应符合下列规定：

a.扣件式钢管脚手架双排架高在 50 m 以下或单排架高在 24 m 以下，按不大于 40 m² 设置一处；双排架高在 50 m 以上，按不大于 27 m² 设置一处。连墙件布置最大间距见表 6.1。

表 6.1　连墙件布置最大间距

脚手架高度/m		竖向间距	水平间距	每根连墙件覆盖面积/m²
双排	≤50	$3h$	$3l_a$	≤40
	>50	$2h$	$3l_a$	≤27
单排	≤24	$3h$	$3l_a$	≤40

注：h 为步距；l_a 为纵距。

b.门式钢管脚手架的架高在 45 m 以下，基本风压不大于 0.55 kN/m²，按不大于 48 m² 设置一处；架高在 45 m 以下，基本风压大于 0.55 kN/m²，或架高在 45 m 以上，按不大于 24 m² 设置一处。

c.一字形、开口形脚手架的两端必须设置连墙件。连墙件必须采用可承受拉力和压力的刚性构造，并与建筑结构可靠连接。

③落地式脚手架剪刀撑及横向斜撑应符合下列规定：

a.扣件式钢管脚手架应沿全高设置剪刀撑。架高在 24 m 以下时，沿脚手架长度间隔不大于 15 m 设置剪刀撑[图 6.7(a)]；架高在 24 m 以上时，沿脚手架全长连续设置剪刀撑[图 6.7(b)]，并设置横向斜撑，横向斜撑由架底至架顶呈"之"字形连续布置，沿脚手架长度间隔 6 跨设置一道。

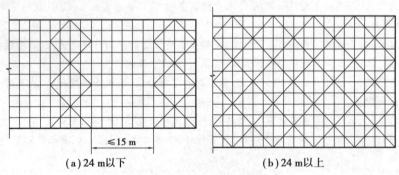

(a)24 m 以下　　　　　(b)24 m 以上

图 6.7　剪刀撑示意图

b.碗扣式钢管脚手架的架高在 24 m 以下时，按外侧框格总数的 1/5 设置斜杆；架高在 24 m 以上时，按框格总数的 1/3 设置斜杆。

c.门式钢管脚手架的内、外两个侧面除满设交叉支撑杆外，当架高超过 20 m 时，还应在脚手架外侧沿长度和高度连续设置剪刀撑，剪刀撑钢管与门架钢管规格一致。当剪刀撑钢管直径与门架钢管直径不一致时，应采用异形扣件连接。

d.满堂扣件式钢管脚手架除沿脚手架外侧四周和中间设置竖向剪刀撑外,当脚手架高于4 m时,还应沿脚手架每两步高度设置一道水平剪刀撑。

e.每道剪刀撑跨越立杆的根数宜按表6.2的规定确定。每道剪刀撑宽度不应小于4跨,且不应小于6 m,斜杆与地面的倾角宜为45°~60°。

表 6.2　剪刀撑跨越立杆的最多根数

剪刀撑斜杆与地面的倾角 $\alpha/(°)$	45	50	60
剪刀撑跨越立杆的最多根数 $h/$根	7	6	5

④扣件式钢管脚手架的主节点处必须设置横向水平杆,且在脚手架使用期间严禁拆除。单排脚手架横向水平杆插入墙内长度不应小于180 mm。

⑤钢管脚手架的立杆需要接长时,应采用对接扣件连接(图6.8),严禁采用绑扎搭接。大横杆需要接长时,可采用对接扣件连接,也可采用搭接(图6.9),但搭接长度不应小于1 000 mm,并应等间距设置3个旋转扣件固定。剪刀撑需要接长时,应采用搭接方法,搭接长度不小于1 000 mm,搭接扣件不少于2个。脚手架的各杆件接头处传力性能差,接头应交错排列,不得设置在一个平面内。

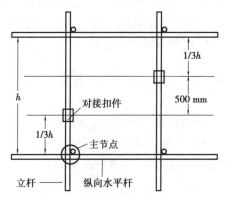

图 6.8　立杆对接扣件布置示意图

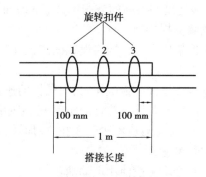

图 6.9　大横杆搭接扣件布置示意图

6.2.2　悬挑式脚手架搭设安全技术

悬挑式脚手架的搭设,除满足落地式脚手架的一般要求外,尚应满足下列要求:

①悬挑立杆应按施工方案的要求与建筑结构连接牢固,禁止与模板系统的立柱连接。立杆的底部必须支撑在牢固的地方,并采取措施防止立杆底部发生位移。

②悬挑式脚手架的悬挑梁是关键构件,对悬挑式脚手架的稳定与安全使用起至关重要的作用。悬挑梁应按立杆的间距布置,设计图纸对此应明确规定。

③当采用悬挑架结构时,支撑悬挑架架设的结构构件应能足以承受悬挑架传给它的水平力和垂直力的作用。若根据施工需要只能设置在建筑结构的薄弱部位时,应加固结构,并设拉杆或压杆,将荷载传递给建筑结构的坚固部位。悬挑架与建筑结构的固定方法必须经计算确定。

④单层悬挑式脚手架须在作业层脚手板下面挂一道安全平网作为防护层,安全平网应每

隔 3 m 设一根支杆,支杆与地面保持 45°。网应外高内低,网与网之间必须拼接严密,网内杂物要随时清除。多层悬挑式脚手架应按落地式脚手架的要求,在作业层下原作业层上满铺脚手板,铺设方法应符合规程要求,不得有空挡和探头板。

⑤悬挑式脚手架立杆间距、倾斜角度应符合施工方案的要求,不得随意更改,脚手架搭设完毕须经有关人员验收合格后,方可投入使用。

⑥悬挑式脚手架操作层上,施工荷载要堆放均匀,不应集中,并不得存放大宗材料或过重的设备。

6.2.3 附着式升降脚手架搭设安全技术

附着式升降脚手架搭设安全主要从架体自身构造,附着支撑构造,升降装置,防坠落、防倾斜装置等方面提出要求。

1) 架体构造

①附着式升降脚手架要有定型的主框架和相邻两主框架中间的定型支撑框架(即架底梁架),主框架间脚手架的立杆应将荷载直接传递到支撑框架上,支撑框架必须以主框架作为支座,再将荷载传递到主框架上。组成竖向主框架和架底梁架的杆件必须有足够的强度和刚度,杆件的节点必须为刚性连接,以保证框架的刚度,使之工作时不变形,确保传力的可靠性。

②架体部分通常按落地式脚手架的要求进行搭设,架宽 0.9 ~ 1.1 m,立杆间距不大于 1.5 m;直线布置的架体支撑跨度不应大于 8 m,折线或曲线布置的架体支撑跨度不应大于 5.4 m;支撑跨度与架高的乘积不大于 110 m²;按规定设置剪刀撑和连墙杆。

2) 附着支撑构造

①主框架应在每个楼层设置固定拉杆和连墙连接螺栓,连墙杆垂直距离不大于 4 m,水平间距不大于 6 m。

②附着支撑又称钢挑架,其与结构的连接质量必须满足设计要求,做到严密、平整、牢固。钢挑架上的螺栓与墙体连接应牢固,采用梯形螺纹螺栓,以保证螺栓的受力性能;采用双螺帽连接,螺杆露出螺母应不少于 3 扣,或加弹簧垫圈紧固,以防止滑脱;螺杆严禁焊接使用。

3) 升降装置

①同步升降一般使用电动葫芦,必须设置同步升降装置,以控制脚手架平稳升降。有两个吊点的单跨脚手架升降可使用手动葫芦。当使用 3 个或 3 个以上的葫芦群吊时,不得使用手动葫芦。以防因不同步而导致安全事故。

②升降时,架体上不准堆放模板、钢管等物,架体上不准站人,架子作业区下方不得有人。架体的附着支撑装置应成对设置,保证架体处于垂直稳定状态。

③升降机构中使用的索具、吊具的安全系数不得小于 6.0。

4) 防坠落、防倾斜装置

①脚手架在升降时,为防止发生断绳、折轴等故障而引起坠落,必须设置防坠落装置。防坠落装置应设置在竖向主框架部位,且每一竖向主框架提升设备处必须设置一个。防坠装置与提升设备分别设置在两套附着支撑结构上,若有一套失效,另一套能独立承担全部坠落荷载。

②整体升降脚手架必须设置防倾斜装置,防止架体内外倾斜,保证脚手架升降运行平稳、垂直。防倾斜装置应具有足够的刚度。

③防坠落、防倾斜装置应经现场动作试验,确认其动作可靠、灵敏,符合设计要求。

6.2.4　吊篮脚手架工程主要安全技术

1）制作与组装

①挑梁一般用工字钢或槽钢制成,用U形锚环或预埋螺栓与主体结构固定牢靠。挑梁的挑出端应高于固定端,挑梁之间纵向用钢管或其他材料连接成一个整体。

②挑梁挑出长度应使吊篮钢丝绳垂直于地面。必须保证挑梁抵抗力矩大于倾覆力矩的3倍。当挑梁采用压重时,配重的位置和重力应符合设计要求,并采取固定措施。

③吊篮平台可采用焊接或螺栓连接进行组装。组装后应经加载试验,确认合格后方可使用,有关参加的试验人员须在试验报告上签字。脚手架上须标明允许载重量。

④电动(手扳)葫芦必须有产品合格证和说明书,非合格产品不得使用。

2）安全装置

①使用手扳葫芦时应设置保险卡,保险卡要能有效地限制手扳葫芦的升降,防止吊篮平台发生下滑。

②吊篮平台组装完毕经检查合格后接上钢丝绳,同时将提升钢丝绳和保险绳分别插入提升机构及安全锁中。使用中,必须有两根直径为12.5 mm以上的钢丝绳作保险绳,接头卡扣不少于3个,不准使用有接头的钢丝绳。

③使用吊钩时,应有防止钢丝绳滑脱的保险装置(卡子),将吊钩和吊索卡死。

④为了保证吊篮安全使用,当吊篮脚手架升降到位后,必须将吊篮与建筑物固定牢固;吊篮内侧两端应装有可伸缩的附墙装置,使用吊篮工作时与结构面靠紧,以减少架体的晃动。确认脚手架已固定、不晃动后方可上人作业。

3）安全使用要求

①操作升降作业属于特种作业,作业人员应培训合格后颁发上岗证,持证上岗,且应固定岗位。

②升降时不超过两人同时作业,其他非升降操作人员不得在吊篮内停留。

③单片吊篮升降时,可使用手扳葫芦;两片或多片吊篮连在一起同步升降时,必须采用电动葫芦,并有控制同步升降的装置。

④吊篮内作业人员必须系安全带,安全带挂钩应挂在作业人员上方固定的物体上,不准挂在吊篮工作钢丝绳上,以防工作钢丝绳断开。

⑤吊篮钢丝绳应随时与地面保持垂直,不得斜拉。吊篮内侧与建筑物的间距(缝隙)不得过大,一般为100~200 mm。

案例分析

陕西省西安市某附着式脚手架坍塌事故

2011年9月,西安市玄武路与未央路十字东北侧某大厦工地一栋在建30层高楼,在施工过程中该楼东侧一附着式脚手架在下降时突然从20层(63.1 m)坠落,致使正在脚手架上做外墙装饰的12名工人从高处坠落地面,当场造成7人死亡,5人受伤,均为颅脑重型损伤,胸、腹部多处骨折。在救治过程中有3名伤员因伤势过重,抢救无效死亡,这次事故共造成10人死亡、2人受伤,整个坍塌过程不到5 s。

1.事故原因分析

根据初步了解和分析,作业人员违规、违章作业是造成该起事故发生的主要原因。

(1)严重违规

按照规定,附着式脚手架在准备下降时,应先悬挂电动葫芦,然后撤离架体上的人员,最后拆除定位承力构件,方可进行下降。但在这次事故中,作业人员在没有先悬挂电动葫芦、撤离架体上人员的情况下,就直接进行脚手架下降作业,导致坠落。

(2)严重违章

按照附着式脚手架操作相关规定,脚手架在进行升降时一律不准站人。而在这次事故中,脚手架在下降时架上站有12人。

2.事故处理情况

因涉嫌重大责任事故罪,西安市公安局未央分局对某大厦建设负责人范某等13人进行了刑事拘留。事故发生后,西安市要求所有建筑施工工地和拆迁项目及装饰工程,一律停工3天,展开隐患排查治理。

3.事故教训

安全隐患排查不能走形式,事故的发生也说明主管安全工作的领导在具体工作中存在漏洞和不足。各级政府主要领导人是安全生产的第一责任人,要负主责,要亲自抓;分管领导要负具体责任,工作更要抓具体、抓到位,并要严格落实安全监管主体责任,安全监管要延续到每个环节,要确保安全生产万无一失。

6.3 脚手架拆除安全技术及施工注意事项

6.3.1 脚手架拆除安全技术

①脚手架拆除作业前,应制订详细的拆除施工方案和安全技术措施;并对参加作业的全体人员进行安全技术交底,在统一指挥下,按照确定的方案进行拆除作业。

②脚手架拆除时,应划分作业区,周围设围护或警戒标志,地面设专人指挥,禁止非作业人员入内。

③脚手架拆除的一般顺序:先上后下,先外后里,先架面材料后构架材料,先辅件后结构件再附墙件。

④拆除脚手架各部件时,应一件一件地松开连结,取出并随即吊下,或集中到毗邻的未拆的架面上,用绳索扎捆后吊下,严禁将拆卸下的杆部件和材料向地面抛掷。已吊至地面的架设材料应随即运出拆卸区域,分类堆放并保存进行保养,以保持现场文明施工。

⑤拆卸脚手板、杆件、门架及其他较长、较重、有两端联结的部件时,必须要两人或多人一组进行。禁止单人进行拆卸作业,防止把持杆件不稳、失衡而发生事故。多人或多组进行拆卸作业时,应加强指挥,并相互询问和协调作业步骤,严禁不按程序进行任意拆卸。

⑥拆除水平杆件时,松开连结后,水平托取下;拆除立杆时,在把稳上端后,再松开下端连结取下。

⑦连墙杆应随拆除进度逐层拆除,因拆除上部或一侧的连墙件而使架子不稳时,应加设临时撑拉措施。如拆抛撑前,应设立临时支柱,以防因架子晃动影响作业安全。

⑧拆除时严禁碰撞附近电源线,以防事故发生。

⑨在拆架过程中,不能中途换人,如需要中途换人时,应将拆除情况交接清楚后方可离开。

6.3.2　脚手架施工注意事项

1) 搭设脚手架的安全注意事项

①进行脚手架搭设的作业人员应穿好防滑鞋,系好安全带。为保证作业的安全,脚下应铺设必要数量的脚手板,并应铺设平稳,不得有探头板。当暂时无法铺设落脚板时,用于落脚或抓握、把持的杆件均应为稳定的构架部分,着力点与构架节点的水平距离应不大于0.8 m,垂直距离应不大于1.5 m。位于立杆接头之上的自由立杆(即尚未与水平杆连接者)不得用作把持杆。

②搭设人员应作好分工和配合,传递杆件应掌握好重心,平稳传递,不要用力过猛,以免引起人身或杆件失衡。对每完成的一道工序,要相互询问并确认后才能进行下一道工序。

③运送杆配件应尽量利用垂直运输设施或悬挂滑轮提升,并绑扎牢固。尽量避免或减少用人工层层传递。

④作业人员应佩带工具袋,工具用后装于袋中,不要放在架子上,以免掉落伤人。

⑤每次收工以前,所有上架材料应全部搭设上,不要存留在架子上。收工时务必保证架体稳定,不能形成稳定构架的部分应采取临时撑拉措施予以加固。

⑥在搭设作业进行中,地面上的配合人员应避开可能落物的区域。作业人员要服从统一指挥,不得自行其是。

⑦脚手架的搭设材料不得使用不合格的材料。

2) 架上作业的安全注意事项

①作业前应注意检查作业环境是否可靠,安全防护设施是否齐全有效,确认无误后方可作业。

②作业时应注意随时清理落在架面上的材料,随上随用,保持架面上规整清洁,不要乱放材料、工具,以免影响作业的安全和发生掉物伤人。

③不要随意拆除基本结构杆件和连墙件,因作业需要必须拆除某些杆件或连墙件时,必须取得施工主管和技术人员的同意,并采取可靠的加固措施后方可拆除。

④在进行撬、拉、推等操作时,要注意采取正确的姿势,站稳脚跟,或一手把持在稳固的结构或支持物上,以免用力过猛身体失去平衡或把东西甩出。在脚手架上拆除模板时,应采取必要的支托措施,以防拆下的模板材料掉落架外。

⑤当架面高度不够、需要垫高时,一定要采用稳定可靠的垫高办法,且垫高不要超过50 cm;超过50 cm时,应按搭设规定升高铺板层。在升高作业面时,应相应加高防护设施。

⑥在架面上运送材料经过正在作业中的人员时,要及时发出"请注意""请让一让"的信号。材料要轻搁稳放,不许采用倾倒、猛磕或其他匆忙卸料的方式。

⑦严禁在架面上打闹戏耍、退着行走或跨坐在外防护横杆上休息。不要在架面上抢行、跑跳,相互避让时应注意身体不要失衡。

⑧在脚手架上进行电气焊作业时,要铺铁皮接着火星或移去易燃物,以防火星点着易燃物,并应有防火措施,一旦着火时,及时予以扑灭。

⑨架上作业时,不要随意拆除安全防护设施,未有设置或设置不符合要求时,必须补设或改善后才能上架进行作业。

⑩除搭设过程中必要的1~2步架的上下外,作业人员不得攀爬脚手架上下,应走房屋楼梯或另设安全人梯。

阅读材料

脚手架施工的安全事故

与脚手架有关的安全事故有很多,有挑头板太长且没有与小横杆绑牢,使施工人员踩空坠落的;有脚手架平台板铺设不严,掉落料具砸伤下方人员的;有脚手架未按规定间距设置杆件,导致架子失稳的;还有使用了劣质材料及在使用过程中变形和脱离的等。

1)脚手架上发生的高处坠落事故

①某公司制药厂旧厂房维修工地,在外墙窗口抹灰时,脚手架扣件突然断裂,架体横杆塌落,正在作业的两名工人从三楼摔下,1人死亡,1人重伤。

②某公司机械厂住宅楼工地,一抹灰工在5层顶贴抹灰用分格条时,脚手板滑脱发生坠落事故,坠落过程中将首层水平安全网连结点冲开,撞在一层脚手架小横杆上,抢救无效死亡。

③某公司小区住宅楼工地,外包队工人在拆除外脚手架时,在未系安全带的情况下,进行拆除作业,不慎坠落,经送医院抢救无效死亡。

④某金属结构公司海螺型材工地,一名工人在5 m高脚手架上给横梁用冲击钻打眼时,由于冲击钻反冲力使其后仰,坠落地面,经抢救无效死亡。

⑤某区住宅楼工地,一粉刷工清早上架至5层时,由于架体淋雨湿滑,在向上移动时未系安全带,脚下打滑踩空后坠地,当场昏迷,一周后死亡。

2)脚手架安全事故发生的原因

分析脚手架安全事故发生的原因,主要有以下几种情况:

①作业人员安全意识淡薄,存在侥幸、盲目心理,自我保护能力差,冒险违章作业。

②脚手架搭设不符合规范要求或安全技术交底无针对性,使个别操作工人不按操作规程搭设脚手架。

③脚手架搭设或拆除方案不全面,甚至在未制订相应专项施工方案的情况下凭经验进行脚手架搭设或拆除,受力体系未进行必要的验算。

④脚手架所用材料达不到相应的规范、标准,使用前未进行必要的检验检测。

⑤安全检查不到位,未能及时发现事故隐患,如由于管理不善对搭设的架子随意扰动、抽取杆件等。

3)预防脚手架安全事故发生的措施

在脚手架工程施工中要杜绝上述事故的发生,将安全隐患消灭在萌芽状态。预防脚手架安全事故发生的措施主要有:

①加强培训教育,提高安全意识,增强自我保护能力,杜绝违章作业。

②严格执行脚手架搭设与拆除的有关规范和要求。

③加强脚手架构配件材质的检查,按规定进行检验检测。

小　结

本项目主要讲授了以下几个方面的内容:

1.脚手架工程安全生产要求;

2.各类脚手架搭设安全技术;

3.脚手架拆除技术及施工注意事项。

通过本项目的学习,了解脚手架搭设和拆除的安全技术与相关要求,确保施工过程中脚手架搭设、使用和拆除的安全。

思考题

1.简述脚手架的安全构造要求。

2.扣件式钢管脚手架搭设的安全技术要求有哪些?

3.脚手架拆除的一般顺序是什么?

实　训

根据《建筑施工安全检查标准》(JGJ 59—2011)中"脚手架检查评分表"对一脚手架工程进行检查和评分。

(1)分组要求:每6~8人一组。

(2)资料要求:选取一工程基础、主体或装饰装修阶段的脚手架工程施工方案。

(3)学习要求:通过对脚手架工程施工方案的阅读和分析,熟悉各类脚手架的检查项目、检查内容及检查方法,并根据《建筑施工安全检查标准》(JGJ 59—2011)中"脚手架工程检查评分表"对该脚手架工程进行模拟检查和评分。

项目 7　模板工程安全技术

【内容简介】

1.模板工程安全基本要求；

2.模板安装的安全技术；

3.模板拆除的安全技术。

【学习目标】

1.了解模板施工的安全基本要求；

2.掌握施工现场模板安装的安全技术措施；

3.掌握施工现场模板拆除的安全技术措施。

【能力培养】

1.能阅读和参与编写、审查模板工程施工专项施工方案,并提出自己的意见和建议；

2.能编制模板施工安全交底资料,组织安全技术交底活动,并能记录和收集与安全技术交底活动有关的安全管理档案资料；

3.能组织模板工程的安全验收,根据《建筑施工安全检查标准》(JGJ 59—2011)中"模板支架安全检查评分表"组织模板工程的安全检查和评分。

引言

建筑模板工程已广泛应用于钢筋混凝土结构的施工作业中(图7.1),由于其具有施工工艺相对简单、施工速度较快、劳动强度较低、湿作业相对减少、建筑整体性好、抗震能力强等优点,在大跨度、大体积和高层超高层建筑结构中取得了良好的经济效益。

然而,模板工程的安全事故在建筑施工伤亡事故中所占比例却日益增加(图7.2)。造成模板安全事故的主要原因,诸如现浇混凝土模板支撑未经过设计计算就进行搭设,使得支撑系统强度不足或稳定性较差；模板上堆载不均匀或超载；混凝土浇筑过程中局部荷载过大等。因此,必须加强对模板工程的安全管理。

图7.1　模板工程施工现场

图7.2　模板工程事故现场

7.1 模板工程安全基本要求

7.1.1 模板工程施工方案

模板工程施工应编制模板工程施工方案,该方案包括以下内容:

①模板及其支架系统选型。《建筑施工安全检查标准》(JGJ 59—2011)中要求模板支架搭设应编制专项施工方案,结构设计应进行计算。模板支架搭设高度 8 m 及以上,跨度 18 m 及以上,施工总荷载 15 kN/m² 及以上或集中线荷载 20 kN/m 及以上的专项施工方案应按规定组织专家论证。

②根据施工条件(如混凝土输送方法不同等)确定荷载,并按所有可能产生的荷载中最不利组合验算模板整体结构和支撑系统的强度、刚度和稳定性,并有相应的计算书。

③绘制模板设计图,包括细部构造大样图和节点大样,注明所选材料的规格、尺寸和连接方法;绘制支撑系统的平面图和立面图,并注明间距及剪刀撑的设置。

④制订模板的制作、安装和拆除等施工程序、方法及安全措施。

施工方案应经上一级技术负责人批准并报监理工程师审批。安装前要审查设计审批手续是否齐全,模板结构设计与施工说明中的荷载、计算方法、节点构造是否符合实际情况,是否有安装拆除方案。模板安装时其方法、程序必须按模板的施工设计进行,严禁任意变动。

7.1.2 模板施工前的准备工作

模板施工前,现场负责人要认真审查施工组织设计中关于模板的设计资料,重点审查下列项目:

①模板结构设计计算书的荷载取值是否符合工程实际,计算方法是否正确,审核手续是否齐全;

②模板设计图包括结构构件大样及支撑体系、连接件等的设计是否安全合理,图纸是否齐全;

③模板设计中安全措施是否周全。

当模板构件进场后,要认真检查构件和材料是否符合设计要求。现场施工负责人在模板施工前要认真向有关人员做安全技术交底,特别是新的模板工艺,必须通过试验,并培训操作人员。

7.1.3 模板工程安全的基本要求

为保证模板工程施工的安全性,应达到以下基本要求:

①模板工程作业高度大于或等于 2 m 时,应根据《建筑施工高处作业安全技术规范》(JGJ 80—2016)的要求进行操作和防护,周围应设安全网和防护栏杆。在临街及交通要道地区施工时,应设警示牌,避免伤及行人。

②支设高度在 3 m 以上的柱模板,四周应设斜撑,并应设立操作平台,低于 3 m 的可用马凳操作。

③支设悬挑形式的模板时,应有稳定的立足点;支设临空构筑物模板时,应搭设支架。模板上有预留洞时,应在安装后将洞盖住。

④按规定的作业程序进行支模,模板未固定前不得进行下一道工序,不得在上下同一垂直

面安装或拆卸模板。

⑤操作人员上下通行必须通过人行通道、乘人施工电梯或上人扶梯等,不允许利用连接件和支撑件攀登模板或脚手架上下,不允许在墙顶、独立梁及其他狭窄而无防护栏的模板面上行走。

⑥模板支撑不能固定在脚手架或门窗上,避免发生倒塌或模板位移。

⑦在模板上施工时,堆物不宜过多,不宜集中在一处。高处作业架子上、平台上一般不宜堆放模板材料。必须短时间堆放时,一定要码平稳,不能堆得过高,必须控制在架子或平台的允许荷载范围内。

⑧冬期施工,操作地点和人行通道的冰雪应事先清除掉,避免人员滑倒摔伤;雨期施工,高耸结构的模板作业要安装避雷设施,其接地电阻不得大于4 Ω,沿海地区要考虑抗风加固措施。

⑨五级以上大风天气,不宜进行大块模板拼装和吊装作业。

⑩注意防火,木料及易燃保温材料要远离火源堆放,采用电热养护的模板要有可靠的绝缘、漏电和接地保护装置,按电气安全操作规范要求进行设置。

知识窗

几种常见的工具式模板

1.大模板

(1)定义

大模板是一种工具式大型模板,配以相应的起重吊装机械,通过合理的施工组织,采用工业化生产方式在施工现场浇筑混凝土结构构件。

(2)特点

单片模板面积大(一块模板一堵墙),多用于竖向混凝土构件;整体性好,抗震性强;整体安装和拆除,施工速度快,机械化程度高;可减少用工量和缩短工期。

(3)分类

内外墙全现浇、外墙预制内墙现浇(内浇外挂)和外墙砌砖内墙现浇(内浇外砌)。

2.液压滑升模板

(1)定义

在构筑物或建筑物底部,沿其墙、柱、梁等构件的周边组装高1.2 m左右的模板,随着向模板内不断地分层浇筑混凝土,用液压提升设备使模板不断向上滑动,直到要求浇筑的高度为止。

(2)适用范围

用于现场浇筑高耸的构筑物或建筑物的竖向构件,如烟囱、筒仓、竖井、沉井、双曲线冷却塔和剪力墙体系的高层建筑等。

3.飞模

(1)定义

飞模又称台模、桌模,是现浇钢筋混凝土楼板的一种大型工具式模板。一般是一个房间一个飞模。它主要由平台板、支撑系统(包括梁、支架、支撑、支腿等)和其他配件(如升降和行走机构等)组成,可以整体脱模和转运,借助吊车从浇完的楼板下飞出转移至上层重复使用。

(2)适用范围

飞模适用于大开间、大柱网、大进深的现浇混凝土楼盖施工,尤其适用于浇筑平板式或带边梁的水平结构,如用于建筑施工的楼面模板,它是一个房间一块台模,有时甚至更大。

7.2　模板安装的安全技术

7.2.1　支模方式

①现浇多层房屋和构筑物,应采取分层分段支模方法,并要求下层楼板混凝土强度达到 1.2 MPa 以后才能上料具。下层楼板结构的强度达到能承受上层模板、支撑系统和新浇筑混凝土的重量时,方可进行上层模板支撑、浇筑混凝土。在搭设上层模板支撑系统时,下层楼板结构的支撑系统不能拆除,同时上层支架的立柱应对准下层支架的立柱,并铺设木垫板。

②如采用悬吊模板、桁架支模方法,其支撑结构必须要有足够的强度和刚度(需经计算并附计算书)。

③混凝土输送方法有泵送混凝土,人力挑送混凝土,在浇灌运输道上用手推车、翻斗车运送混凝土等方法,应根据输送混凝土的方法制订模板工程的有针对性的安全设施。

7.2.2　模板支架

模板支架大多数采用脚手架搭设而成,因此,模板支架搭设的安全技术要求与脚手架搭设的安全技术要求类似,其具体要求如下:

①支撑模板立柱宜采用钢材,材料的材质应符合有关专门规定。采用木材时,其树种可根据各地实际情况选用,立杆的有效尾径不得小于 80 mm,立杆要顺直,接头数量不得超过 30% 且不应集中。

②竖向模板和支架的立柱部分,当安装在基土上时应加设垫板,且基土必须坚实并有排水设施。对湿陷性黄土,还应有防水措施;对冻胀性土,必须有防冻融措施。

③当立柱高度小于 4 m 时,应设上下两道水平撑和垂直剪刀撑。以后立柱每增高 2 m 再增加一道水平撑,水平撑之间还需增加剪刀撑一道。主梁及大跨度梁的立杆应由底到顶整体设置剪刀撑,与地面成 45°~60°,设置间距不大于 5 m,若跨度大于 5 m 的应连续设置。

④当极少数立柱长度不足时,应采用相同材料加固接长,不得采用垫砖增高的方法。当楼层高度超过 10 m 时,模板的立柱应选用长料,同一立柱的连接接头不宜超过 2 个。各排立柱应用水平杆纵横拉结,每高 2 m 拉结一次,使各排立柱形成一个整体,剪刀撑、水平杆的设置应符合设计要求。立柱间距应经设计计算,支撑立柱时,其间距应符合设计规定。

⑤模板及其支撑系统在安装过程中,必须设置临时固定设施,严防倾覆。

7.2.3　模板荷载与存放

①模板上的施工荷载应进行设计计算,在设计计算时,应考虑以下各种荷载效应组合:新浇混凝土自重、钢筋自重、施工人员及施工设备荷载、新浇筑的混凝土对模板的侧压力、倾倒混凝土时产生的荷载等,综合以上荷载得到设计模板上的施工荷载值。

②堆放在模板上的建筑材料要均匀,若荷载过于集中,会导致模板变形,影响构件质量。

③大模板采用立式存放,应采取支撑、围系、绑箍等防倾倒措施。长期存放的大模板,应用拉杆连接绑牢。没有支撑或自稳角不足的大模板,要存放在专门的堆放架上或卧倒平放,不应靠在其他模板或构件上。

④各种模板若露天存放,其下应垫高 30 cm 以上,以防止受潮。不论存放在室内或室外,

应按不同规格堆码整齐,用麻绳或镀锌铁丝系稳。模板堆放不得过高,以免倾倒,堆放地点应选择平稳之处。钢模板部件拆除后,临时堆放处离楼层边缘不应小于 1 m,堆放高度不得超过 1 m。楼梯边口、通道口、脚手架边缘等处不得堆放模板。

7.2.4 模板安装与验收

①2 m 以上高处支模或拆模要搭设脚手架,满铺架板,使操作人员有可靠的立足点。不准站在拉杆、支撑杆上操作,也不准在梁底模上行走操作。

②模板作业面的孔洞及临边必须设置牢固的盖板、防护栏杆、安全网或其他防坠落的防护设施,具体要求应符合《建筑施工高处作业安全技术规范》(JGJ 80—2016)的有关规定。

③整体现浇楼面底模支设完成后,为防止底模松动,一般应设专门的浇灌运输道进行混凝土运输和浇捣,不得在底模上用手推车或人力运输混凝土,可在底模上设置走道垫板,垫板应铺设平稳,垫板两端应用镀锌铁丝扎紧,牢固不松动。

④模板工程与其他工种进行上下立体交叉作业时,不得在同一垂直方向上操作。下层作业的位置,必须处于上层高度确定的可能坠落范围半径外。不符合以上条件时,应设置安全防护隔离层。

⑤大模板安装时,应先内后外,单面模板就位后用工具将其支撑牢固,双面模板就位后用拉杆和螺栓固定,未就位和未固定前不得摘钩。里外角模和临时悬挂的面板与大模板必须连接牢固,防止脱开和断裂坠落。

⑥在架空输电线路下面安装和拆除组合钢模板时,吊机起重臂、吊物、钢丝绳、外脚手架和操作人员等与架空线路的最小安全距离应符合有关要求。当不能满足最小安全距离要求时,要停电作业;不能停电时,应有隔离防护措施。

⑦模板工程应按楼层,用"模板分项工程质量检验评定表"和施工组织设计有关内容检查验收,班、组长和项目经理部施工负责人均应签字,手续齐全。验收内容包括"模板分项工程质量检验评定表"的保证项目、一般项目和允许偏差项目以及施工组织设计的有关内容。

案例分析

某演播中心舞台工程屋盖模板坍塌事故

南京市某演播中心舞台工程屋盖在浇筑混凝土过程中,模板支架发生倒塌。演播中心工程由某建筑集团上海分公司施工,大演播厅舞台屋盖梁底标高为+27.7 m,模板支架材料采用钢管脚手架及扣件,支架立杆最底部标高为-8.7 m,故支架总高度为36.4 m。在浇筑混凝土过程中模板支架发生倒塌,造成6人死亡,35人受伤。

1.事故原因分析

(1)技术方面

影响钢管支架的整体稳定性的主要因素有立杆间距、水平杆步距、立杆的接长、连墙件的竖向距离以及扣件的紧固程度。从现场实测情况看,以上诸因素完全失控。另外,由于大梁底模下的方木采取了顺梁长度方向铺设,因而上部荷载不能沿大梁两侧于较大范围内分布,造成荷载只集中在2~3排立杆上,立杆超载导致模板支架整体失稳。

(2)管理方面

大演播厅屋盖混凝土浇筑工程支模高度高(已达 36 m 以上),支撑重量大(主梁与次梁交点处最大荷载值达 6 t/m² 以上），模板支架采用了钢管脚手架及扣件（一般脚手架施工荷载仅为 300 kN/m²），如此高大的模板工程竟无计算，只凭经验随意搭设，且无人过问，是造成此次事故的主要原因。

从施工管理人员到操作人员都没认识到模板工程施工技术的关键，从而放松管理。加之安全监理的失职，经现场检查，无自检、互检、交接检查的原始资料，混凝土浇筑前对模板的承力支架无任何检验。上述各种原因酿成了此次事故的发生。

2.事故的结论和教训

（1）事故性质

本次事故属严重违章施工的责任事故。施工前，模板支架未经计算，支架搭设不符合规定，立杆间距、步距过大且不均匀，梁下支撑不合理，导致荷载集中，使立杆承载力严重不足，再加上模板支架与周边结构联系不足，加大了顶部晃动，造成整体失稳。

（2）主要责任

建筑集团上海分公司项目负责人应负违章指挥责任，未确认模板稳定情况便浇筑混凝土导致模板坍塌。

建筑集团主要负责人对分公司缺乏严格管理，对高架支模等技术性强、危险性大的工程不编方案、不经设计，施工单位技术主管部门也不审查、不过问，以致造成严重后果，应负全面管理责任。

7.3　模板拆除的安全技术

模板拆除前要进行安全技术交底，确保模板拆除过程的安全。现浇梁、板，尤其是挑梁、板底模的拆除，施工班组长应书面报告项目经理部施工负责人，梁板的混凝土强度达到规定要求时，报专业监理工程师批准后方能拆除。

7.3.1　拆模强度

①现浇或预制梁、板、柱混凝土模板拆除前，应有 7 d 和 28 d 龄期强度报告，达到强度要求后，再拆除模板。

②现浇结构的非承重模板（墙、柱、梁侧模）拆除时，混凝土强度不宜低于 2.5 MPa，以保证混凝土表面及棱角不受损坏，承重模板（底模）拆除时，混凝土强度应符合设计要求；当设计无具体要求时，应符合规范规定。现浇结构底模拆除时所需混凝土强度见表 7.1。

表 7.1　现浇结构拆模时所需混凝土强度

项次	构件类型	构件跨度/m	达到设计的混凝土立方体抗压强度标准值的百分率/%
1	板	≤2	≥50
		>2,≤8	≥75
		>8	100
2	梁、拱、壳	≤8	≥75
		>8	100
3	悬臂构件	—	100

③后张预应力混凝土结构或构件模板的拆除，侧模应在预应力张拉前拆除，其混凝土强度

达到侧模拆除条件即可。进行预应力张拉必须待混凝土强度达到设计规定值方可进行,底模必须在预应力张拉完毕时方能拆除。

7.3.2 拆模顺序

①模板拆除前,施工班组长应向项目经理部施工负责人口头报告,经同意后再拆除。

②拆除模板应按方案规定的程序进行,先支后拆,后支先拆,先拆非承重部分,后拆承重部分。框架结构的拆模顺序:首先拆除柱模板,然后拆除楼板底模板,再拆除梁侧模板,最后拆除梁底模板。

③拆除大跨度梁支撑柱时,先从跨中开始向两端对称进行;拆除薄壳模板时,从结构中心向四周均匀放松,向周边对称进行。

④当立柱水平拉杆超过两层时,应先拆两层以上的水平拉杆,最下一道水平杆与立柱模同时拆,以确保柱模稳定。

⑤大模板拆除前,要用起重机垂直吊牢,然后再进行拆除。

⑥模板拆除应按区域逐块进行,定型钢模拆除不得大面积撬落。

7.3.3 其他要求

①工作前,应检查所使用的工具是否牢固,扳手等工具必须用绳链系挂在身上,工作时思想要集中,防止钉子扎脚或从空中滑落。

②模板及其支撑系统拆除时,在拆除区域应设置警戒线,且应派专人监护,以防止落物伤人。应一次全部拆完,不得留有悬空模板,避免坠落伤人。

③拆除模板一般采用长撬杠,严禁操作人员站在正在拆除的模板下。在拆除楼板模板时,要注意防止整块模板掉下,尤其是用定型模板做平台模板时,更易发生模板突然全部掉下伤人的事故。

④严禁站在悬臂结构上敲拆底模;严禁在同一垂直平面上操作。

⑤模板、支撑要随拆随运,严禁随意抛掷,拆除后分类码放。

⑥在混凝土墙体、平板上有预留洞时,应在模板拆除后,随即在墙洞上做好安全护栏或用板将预留洞盖严。

阅读材料

高支模施工

在高支架模板工程(简称高支模)施工中要努力做到:一个中心,两个基本点,三条措施,进行四个强化,严把五关,掌握六个操作要点,实施七个在先,坚持八要,去除九个隐患,做到长久平安。

(1)一个中心

在混凝土楼板施工中,以荷载传递为中心,使立杆中心受力和传力,尽量减小偏心。

(2)两个基本点

第一,地面要坚实平整,立杆要竖直牢稳;第二,立杆的着力点部位要坚实、平整,应优先采用钢底座,并要防止浸水。

(3)三条措施

第一,高支模自身方案的构造设计要到位,要有足够的安全储备;第二,高支模与已有成型好的建筑结构之间的连接构造要设计周全;第三,要有必要的构造增强措施,以确保在构造上的牢稳可靠。

---

(4)进行四个强化

强化安全管理,强化技术交底,强化安全检查,强化相关施工工艺和相关工种之间的协调工作。

(5)严把五关

第一,要把好高支模材料和高支模产品关;第二,要把好高支模施工方案和施工工艺的设计审批关;第三,要把好高支模安装、拆卸的工艺关;第四,要把好高支模架设安装的检查验收关;第五,要把好高支模使用过程中的监察和动态控制关。

(6)掌握六个操作要点

第一,集中荷载最好能直接传递到竖向主支撑杆上,其偏心越小越好;第二,高支模要做到横平竖直,使不平度、不直度控制在误差范围内;第三,最上部的水平支撑要与竖向建筑结构顶或竖向支撑连接牢靠;第四,足够数量的斜拉杆和斜支撑是保证支撑整体稳定的重要设防;第五,支撑系统的根部或底部一定要平整、坚固、结实;第六,在特殊部位,要有安全设防和安全警示标牌。

(7)实施七个在先

第一,高支模施工方案要编制、制订、审查在先;第二,高支模施工方案在实施前,要技术交底在先;第三,开始搭设高支模时,初期检查在先;第四,架体搭设过程中,相关各方协调工作在先;第五,搭设完成后和投入使用前,要检查、验收、签字在先;第六,浇筑混凝土作业时,要确定浇筑顺序和注意事项在先;第七,拆除高支模之前,再次进行技术交底和注意事项在先。

(8)坚持八要

第一,要以人为本,爱护民工的生命,提高自我防范和安全保护能力;第二,要认真做好方案的研究和设计,方案中应有构造和节点详图等;第三,要按设计选用符合质量要求的材料,选用的工具要便于安装操作;第四,要精心架设支撑架和细心地拆卸,拆卸时间和拆卸方法要符合要求;第五,要有符合要求的安全防护,人员要穿戴符合要求的安全防护用品等;第六,要分阶段进行方案实施过程中的安全检查;第七,要控制浇筑混凝土的顺序和浇灌高度及振捣部位、深度、时间等;第八,要从抓源头做起,抓材料标准,抓产品标准,抓产品使用方法和工艺标准,抓架设方法标准和拆卸方法标准,抓安全技术标准和安全技术规程、规范,抓检查与验收的方法和标准。

(9)去除九个隐患,做到长久平安

第一,地基不密实,有不均匀沉降;如果是楼板时,承载力较小等。第二,立杆底端与底板之间有空隙,垫板劈裂、破损严重等。第三,底层横杆与底板之间距离较大时,不按要求设扫地杆,扣接时跳着扣。第四,立杆接长时,采用扣件搭接且接长部位设在同一高度内,扣得不紧等。第五,立杆上端横杆之间的距离较大,或立杆上端的悬臂长度过长等。第六,梁底模板的水平支撑梁支得有松有紧,支得不实。第七,立杆材质不符合要求。第八,可调底托、顶托的丝杠过长,插入立杆内长度过短、支承螺母过小等。第九,集中浇筑混凝土,多台振动器集中在一个地区内进行振捣作业等。

小　结

本项目主要讲授了以下几个方面的内容:

1. 模板工程的安全基本要求;

2. 模板安装的安全技术;

3. 模板拆除的安全技术。

通过本项目的学习,掌握模板工程搭设和拆除的安全技术与相关要求,确保模板工程搭设和拆除施工过程的安全。

思考题

1. 试述模板安装的安全技术与要求。
2. 试述模板拆除的安全技术与要求。

实　训

根据《建筑施工安全检查标准》(JGJ 59—2011)中"模板支架检查评分表"对一模板工程进行检查和评分。

(1)分组要求:每6~8人一组。

(2)资料要求:选取一模板工程施工的影像及图文验收资料。

(3)学习要求:根据对模板工程施工资料的阅读和分析,利用《建筑施工安全检查标准》(JGJ 59—2011)中"模板支架检查评分表"对该模板工程进行检查和评分。

项目 8 高处作业安全防护

【内容简介】

1.安全防护用品;

2.高处作业安全技术;

3.高处作业安全防护。

【学习目标】

1.熟悉高处作业的安全技术;

2.掌握临边作业的防护措施;

3.掌握洞口作业的防护措施;

4.了解垂直防坠物防护的安全要求。

【能力培养】

1.能正确佩戴和使用安全帽、安全带,正确安装安全网,做好"四口""五临边"的防护;

2.能根据《建筑施工安全检查标准》(JGJ 59—2011)中"高处作业安全检查评分表"组织高处作业安全检查和评分。

引言

随着我国城市化进程的不断发展,土地资源日益紧缺,高层超高层建筑物日趋增多,如上海中心大厦,总高 632 m,是超高层摩天大楼的代表;高耸构筑物不断涌现,如广州电视塔,塔身主体 450 m,总高度达 600 m;深基坑工程也随之增多,武汉绿地中心的基坑为亚洲最大的基坑工程。

由于建筑物向更高更深发展,使得建筑工程施工高处作业越来越多,高处坠落事故发生的频率加大,已居建筑工程安全事故的首位,占建筑工程安全事故总数的40%左右,而临边坠落、洞口坠落、悬空坠落和架上坠落占到了高处坠落事故的近90%。

为降低高处作业安全事故发生的频率,确保高处作业的安全,需要研究和制订针对高处作业的安全技术措施。当进行新工艺、新技术、新材料和新结构的高处作业施工时(图8.1),必须制订保证安全的施工方案,并提供相关安全技术措施(图8.2)。

图 8.1　高处作业施工现场

图 8.2　高处作业安全防护

8.1　安全防护用品

　　建筑施工现场是高危险性的作业场所,所有进入施工现场的人员必须戴安全帽,高处作业必须系安全带,建筑临边洞口等必须按规定架设安全网。事实证明,安全帽、安全带、安全网是减少和防止高处坠落、物体打击这类事故发生的重要保障措施。建筑工人称安全帽、安全带、安全网为救命"三宝"。目前,这3种防护用品都有产品标准,使用时也应选择符合建筑施工要求的产品。

8.1.1　安全帽

　　①进入施工现场者必须戴安全帽。施工现场的安全帽应分色佩戴。

　　②正确使用安全帽,不准使用缺衬及破损的安全帽。戴帽前先检查外壳是否破损,有无合格帽衬,帽带是否齐全,调整好帽箍、帽衬(4~5 cm),系好帽带。如果不符合要求应立即更换。

　　③安全帽应符合国家标准,并选用经有关部门检验合格的安全帽。

8.1.2　安全带

　　①建筑施工中的攀登作业、独立悬空作业,如搭设脚手架,吊装混凝土构件、钢构件及设备等都属于高处作业,操作人员都应系安全带。

　　②选用经有关部门检验合格的安全带,并保证在使用有效期内(3~5 年)。

　　③使用安全带时要注意:

　　a.安全带严禁打结、续接。

　　b.使用中,要可靠地挂在牢固的地方,高挂低用,且要防止摆动,安全带上的各种部件不得任意拆掉,避免明火和刺割。在无法直接挂设安全带的地方,应设置挂安全带的安全拉绳、安全栏杆等。

　　c.安全带使用两年以后,使用单位应按购进批量的大小,选择一定比例的数量,作一次抽检,用 80 kg 的砂袋做自由落体试验,若未破断可继续使用,但抽检的样带应更换新的挂绳才能使用;若试验不合格,购进的这批安全带就应报废。

d.安全带外观有破损或出现异味时,应立即更换。

8.1.3　安全网

建筑工地使用的安全网,按形式及其作用可分为平网和立网两种。平网是指其安装平面平行于水平面,主要用来承接坠落的人和物;立网是指其安装平面垂直于水平面,主要用来阻止人和物的坠落。

1)安全网的构造和材料

制作安全网的材料,要求其比重小、强度高、耐磨性好、延伸率大和耐久性强。此外,还应有一定的耐气候性能,受潮受湿后其强度下降不太大。目前,制作安全网的材料以化学纤维为主。同一张安全网上所有的网绳都要采用同一材料,所有材料的湿干强力比不得低于75%。通常,大多采用维纶和尼龙等合成化纤作网绳。由于丙纶性能不稳定,禁止使用。此外,只要符合国际有关规定的要求,也可采用棉、麻、棕等植物材料作原料。不论用何种材料,每张安全平网的质量一般不宜超过 15 kg,并应能承受至少 800 N 的冲击力。

2)密目式安全网试验要求

密目式安全网的目数为在网上任意一处 10 cm×10 cm＝100 cm² 的面积上,大于 2 000 目。施工单位采购后,可以做现场试验,除外观、尺寸、质量、目数等检查以外,还要做以下两项试验:

（1）贯穿试验

将 1.8 m×6 m 的安全网与地面成 30°夹角放好,四边拉直固定。在网中心上方 3 m 的地方,用一根 48×3.5 的 5 kg 重的钢管,自由落下,网不贯穿,即为合格;网贯穿,即为不合格。

（2）冲击试验

将密目式安全网水平放置,四边拉紧固定。在网中心上方 1.5 m 处,将一个 100 kg 重的砂袋自由落下,网边撕裂的长度小于 200 mm,即为合格。

3)安全网搭设与使用要求

施工现场的安全网防护已经从用大网眼的平网作水平防护的敞开式防护,以及用栏杆或小网眼立网作防护的半封闭式防护,发展成为对在建工程外围及外脚手架外侧的全封闭式防护。安全网的搭设和使用应满足下列要求:

①高处作业点下方必须设安全网。凡无外架防护的施工,必须在高度 4~6 m 处设一层水平投影外挑宽度不小于 6 m 的固定的安全网,每隔 4 层楼再设一道固定的安全网,并同时设一道随墙体逐层上升的安全网。

②施工现场应积极使用密目式安全网,架子外侧、楼层临边等处用密目式安全网封闭栏杆,安全网放在杆件内侧。

③单层悬挑架一般只搭设一层脚手板为作业层,故须在紧贴脚手板下部挂一道平网作防护层,当在脚手板下挂平网有困难时,也可沿外挑斜立杆的密目网内侧斜挂一道平网,作为人员坠落的防护层。

④单层悬挑架包括防护栏杆及斜立杆部分,全部用密目网封严;多层悬挑架上搭设的脚手架,用密目网封严;架体外侧用密目网封严。

⑤密目网用于立网防护,水平防护时必须采用平网,当需采用平网进行防护时,严禁使用密目式安全立网代替平网使用。

⑥安全网搭设应牢固、严密,完整有效,易于拆卸。安全网的支撑架应具有足够的强度和稳定性。密目式安全立网搭设时每个开眼环扣应穿入系绳,系绳应绑扎在支撑架上,间距不得大于 450 mm。相邻密目网间应紧密结合或重叠。当立网用于龙门架、物料提升架及井架的封闭防护时,四周边绳应与支撑架贴紧,边绳的断裂张力不得小于 3 kN,系绳应绑在支撑架上,间距不得大于 750 mm。

⑦用于电梯井、钢结构和框架结构及构筑物封闭防护的平网应符合下列规定:

a.平网每个系结点上的边绳应与支撑架靠紧,边绳的断裂张力不得小于 7 kN,系绳沿网边均匀分布。

b.钢结构厂房和框架结构及构筑物在作业层下部应搭设平网,落地式支撑架应采用脚手钢管,悬挑式平网支撑架应采用直径不小于 9.3 mm 的钢丝绳。

c.电梯井内平网网体与井壁的空隙不得大于 25 mm。安全网拉结应牢固。

⑧安全网必须有产品生产许可证和质量合格证,不准使用无证不合格产品。不使用破损的安全网,若有破损、老化应及时更换。

案例分析

"临边"坠落事故

某建筑集团上海分公司的建筑工地上,工人孔某、曹某等 3 人在附房三楼拆除模板与排架,孔某在拆除三楼东侧临边排架时,因单独操作,在操作中又严重违章,不系安全带,不慎被钢管带动坠地,经抢救无效死亡。

1.事故原因分析

(1)直接原因

现场安全防护不到位,二楼无安全网防护;单人在三楼临边部位作业,无辅助人员配合操作;作业时未系安全带。

(2)间接原因

现场管理松懈,安全管理人员业务知识不强,工作不到位;操作人员缺少防护知识,冒险蛮干;安全交底针对性不强,安全教育不够。

2.事故的结论和教训

这起事故主要是由于作业人员违章操作造成的,但作为事故责任单位的某建筑公司也负有一定的责任。从现场情况来看,现场防护不到位,特别是临边缺少防护栏杆和安全网。东侧因地形及工程施工原因,暂时无法搭设外脚手架,当三楼安全网拆除后,应立即在二楼搭设安全网,防止人员或物体坠落。现场作业人员缺少防护知识,冒险蛮干,虽然制订了安全技术措施,但针对性不强,监督不严。现场管理松懈,工作不到位。特别应提出的是该项目部安全管理不严,用工混乱,对外没有签订安全承包协议并缺少安全教育。

3.事故的防范措施

要加强临边防护栏杆的设置和增设安全网,重点部位切忌单人操作,需加强监护;要加强安全教育工作,增强施工人员的自我防范意识。

8.2　高处作业安全技术

8.2.1　高处作业的概念

根据《建筑施工高处作业安全技术规范》(JGJ 80—2016)规定:凡在坠落高度基准面 2 m 以上(含 2 m),有可能坠落的高处进行的作业均称为高处作业。

这里只说可能坠落的底面高度大于或等于 2 m,也就是不论在单层、多层或高层建筑物作业,即使是在平地,只要作业处的侧面有可能导致人员坠落的坑、井、洞或空间,其高度达到 2 m 及其以上,就属于高处作业。之所以将高低差距标准定为 2 m,因为一般情况下,当人在 2 m 以上的高度坠落时,就很可能会造成重伤、残废甚至死亡。

8.2.2　高处作业的等级

作业高度是指作业面所处的高度至最低着落点的垂直距离。高处作业根据作业高度不同可分为 4 个等级,不同等级的高处作业其坠落半径也不相同,见表 8.1。坠落半径是指在坠落高度基准面上,坠落着落点至经坠落点的垂线和坠落高度基准面的交点之间的距离。

表 8.1　高处作业等级划分

作业高度 h/m	高处作业等级	坠落半径 R/m
$2 \leq h < 5$	一级	2
$5 \leq h < 15$	二级	3
$15 \leq h < 30$	三级	4
$h \geq 30$	特级	5

8.2.3　高处作业安全技术

①进行高处作业时,必须使用脚手架、平台、梯子、防护围栏、挡脚板、安全带和安全网等。作业前,应认真检查所用的安全设施是否牢固、可靠。

②从事高处作业的人员应接受高处作业安全知识教育;特殊高处作业人员应持证上岗,上岗前应依据有关规定进行专门的安全技术交底。采用新工艺、新技术、新材料和新设备的,应按规定对作业人员进行相关安全技术教育。

③高处作业人员应经过体检,合格后方可上岗。施工单位应为作业人员提供合格的安全帽、安全带等必备的个人安全防护用具,作业人员应按规定正确佩戴和使用。

④施工单位应按类别有针对性地将各类安全警示标志悬挂于施工现场各相应部位,夜间应设红灯示警。

⑤高处作业所用工具、材料等严禁投掷,上下立体交叉作业确有需要时,中间须设隔离设施。

⑥高处作业应设置可靠扶梯,作业人员应沿着扶梯上下,不得沿着立杆与栏杆攀登。

⑦雨雪天应采取防滑措施,当风速在 10.8 m/s 以上和雷电、暴雨、大雾等气候条件下,不得进行露天高处作业。

⑧高处作业的上下应设置联系信号或通信装置,并指定专人负责。

⑨高处作业前,工程项目部应组织有关部门对安全防护设施进行验收,经验收合格签字后方可作业。需要临时拆除或变动安全设施的,应经项目技术负责人审批签字,并组织有关部门验收,经验收合格签字后方可实施。

知识窗

高处作业的类型

通常情况下,高处作业可分为一般高处作业和特殊高处作业两种,其中特殊高处作业共 8 类,一般高处作业指的是除特殊高处作业以外的高处作业。

特殊高处作业分类如下:

①在阵风风力六级以上的情况下进行的高处作业,称为强风高处作业。

②在高温或低温环境下进行的高处作业,称为异温高处作业。

③降雪时进行的高处作业,称为雪天高处作业。

④降雨时进行的高处作业,称为雨天高处作业。

⑤室外完全采用人工照明时的高处作业,称为夜间高处作业。

⑥在接近或接触带电体条件下进行的高处作业,称为带电高处作业。

⑦在无立足点或无牢靠立足点的条件下进行的高处作业,称为悬空高处作业。

⑧对突然发生的各种灾害事故进行抢救的高处作业,称为抢救高处作业。

建筑施工中的高处作业主要包括临边作业、洞口作业、攀登作业、悬空作业、交叉作业 5 种基本类型。

①临边作业:在工作面边沿无围护设施或围护设施高度低于 800 mm 的高处作业,包括楼板边、楼梯段边、屋面边、阳台边以及各类坑、沟、槽等边沿的高处作业。

②洞口作业:在地面、楼面、屋面和墙面等有可能使人和物坠落,其坠落高度大于或等于 2 m 的开口处的高处作业。

③攀登作业:借助建筑结构或脚手架上的登高设施或采用梯子或其他登高设施在攀登条件下进行的高处作业。

④悬空作业:在周边无任何防护设施或防护设施不能满足防护要求的临空状态下进行的高处作业。

⑤交叉作业:在施工现场的垂直空间呈贯通状态下,凡有可能造成人员或物体坠落的,并处于坠落半径范围内的上下左右不同层面的立体作业。

8.3　高处作业安全防护

8.3.1　临边作业安全防护

在建筑工程施工中,当作业工作面的边缘没有围护设施或围护设施的高度低于 80 cm 时,这类作业被称为临边作业。在施工过程中,要求临边作业必须设置防护栏杆、挡脚板或挂设防护立网等安全防护措施。

1)防护措施设置场合

①楼板边、楼梯段边、屋面边、阳台边以及各类坑、沟、槽等边沿,为建筑施工中通常所说的"五临边",应采取相应的安全防护措施。

②分层施工的楼梯口必须设防护栏杆;顶层楼梯口应随工程结构的进度安装正式栏杆或临时栏杆;楼梯休息平台上尚未堵砌的洞口边也应设防护栏杆。

③井架与施工用的电梯和脚手架与建筑物通道的两边,各种垂直运输接料平台等,除两侧设置防护栏杆外,平台口还应设置安全门或活动防护栏杆;地面通道上部应装设安全防护棚;双笼井架通道中间,应予分隔封闭。

2)防护措施设置要求

①防护栏杆的材料应按规范标准的要求选择,选材时除需满足力学条件外,还应符合构造上的要求,应紧固而不动摇,能够承受突然冲击,阻挡人员在可能状态下的下跌和防止物料的坠落,还要有一定的耐久性。

②防护栏杆是由栏杆立柱和上中两道横杆组成,上栏杆离地高度为 1.0~1.2 m,称为扶手,中栏杆离地高度为 0.5~0.6 m(参见图 6.4)。坡度大于 1∶2.2 的屋面,防护栏杆应高于 1.5 m。

③防护栏杆必须自上而下用安全立网封闭。

④防护栏杆的横杆不应有悬臂,以免坠落时横杆头撞击伤人。

⑤栏杆的下部必须加设挡脚板,高度不小于 180 mm。

⑥除经设计计算外,横杆长度大于 2 m,必须加设栏杆立柱。

⑦栏杆立柱的固定及其与横杆的连接,其整体构造应使防护栏杆的上栏杆任何位置都能经受住任何方向的 1 000 N 外力。当栏杆所处位置有发生人群拥挤、车辆冲击或物件碰撞等可能时,应加大横杆截面或加密柱距。栏杆立柱的固定应符合下列要求:

a.当在基坑四周固定时,可采用钢管并打入地面 50~70 cm 深。钢管离边口的距离不应小于 50 cm。当基坑周边采用板桩时,钢管可打在板桩外侧。

b.当在混凝土楼面、屋面或墙面固定时,可用预埋件与钢管或钢筋焊牢。采用竹、木栏杆时,可在预埋件上焊接 30 cm 长 L 50×5 角钢,其上下各钻一孔,然后用 10 mm 螺栓与竹竿件、木杆件拴牢。

c.当在砖或砌块等砌体上固定时,可预先砌入规格相适应的 80×6 弯转扁钢作预埋铁的混凝土块,然后用上述方法固定。

8.3.2 洞口作业安全防护

施工现场,在地面、楼面、屋面和墙面等有可能使人和物料坠落,其坠落高度大于或等于2 m的开口处的高处作业称为洞口作业。通常所说的"四口"指的是楼梯口、电梯口、预留洞口、通道口。洞口作业即是在这"四口"旁进行的作业。

在水平方向的楼面、屋面、平台等上面短边小于25 cm(大于2.5 cm)的称为孔,但也必须覆盖(应设坚实盖板并能防止挪动移位);短边尺寸等于或大于25 cm的称为洞。在垂直于楼面、地面的垂直面上,高度小于75 cm的称为孔;高度大于或等于75 cm,宽度大于45 cm的均称为洞。凡深度在2 m及2 m以上的桩孔、人孔、沟槽与管道等孔洞边沿上的高处作业都属于洞口作业范围。

1)防护设施设置场合

①各种板与墙的洞口,按其大小和性质分别设置牢固的盖板、防护栏杆、安全网或其他防坠落的防护设施。

②电梯井口,根据具体情况设高度不低于1.2 m防护栏或固定栅门与工具式栅门,电梯井内每隔两层或最多10 m设一道安全平网(安全平网上的建筑垃圾应及时清除),也可按当地习惯,在井口设固定的格栅或采取砌筑坚实的矮墙等措施。

③钢管桩、钻孔桩等桩孔口,柱基、条基等上口,未填土的坑、槽口,以及天窗和化粪池等处,都应作为洞口,并采取符合规范的防护措施。

④施工现场与场地通道附近的各类洞口与深度在2 m及其以上的敞口等处设置防护设施与安全标志,夜间还应设红灯示警。

⑤物料提升机上料口,应装设有联锁装置的安全门,同时采用断绳保护装置或安全停靠装置;通道口走道板应平行于建筑物满铺并固定牢靠,两侧边应设置符合要求的防护栏杆和挡脚板,并用密目式安全网封闭两侧。

2)防护措施设置要求

洞口作业时根据具体情况采取设置防护栏杆、加盖件、张挂安全网与装栅门等措施(图8.3)。

①楼板面的洞口,可用竹、木等作盖板,盖住洞口。盖板须能保持四周搁置均衡,并有固定其位置的措施。

②短边小于25 cm(大于2.5 cm)的孔,应设坚实盖板并能防止挪动移位。

③25 cm×25 cm~50 cm×50 cm的洞口,应设置固定盖板,保持四周搁置均衡,并有固定其位置的措施。

④短边边长为50~150 cm的洞口,必须设置以扣件扣接钢管而成的网格,并在其上满铺竹笆或脚手板;也可采用贯穿于混凝土板内的钢筋构成防护网,钢筋网格间距不得大于20 cm。

⑤1.5 m×1.5 m以上的洞口,四周必须搭设围护架,并设双道防护栏杆,洞口中间支挂水平安全网,网的四周拴挂牢固、严密。

⑥墙面等处的竖向洞口,凡落地的洞口应加装开关式、工具式或固定式的防护门,门栅网格的间距不应大于 15 cm,也可采用防护栏杆,下设挡脚板。低于 80 cm 的竖向洞口,应加设 1.2 m 高的临时护栏。

⑦下边沿至楼板或底面低于 80 cm 的窗台等竖向的洞口,如侧边落差大于或等于 2 m,应加设 1.2 m 高的临时护栏。

⑧洞口应按规定设置照明装置的安全标志。

图 8.3　洞口与临边防护

图 8.4　垂直防坠物防护

8.3.3　垂直防坠物防护

随着城镇建设的发展,新建和改造项目增多,使建筑物的密集程度增加,建筑施工场地越来越小,有时与周边居民或行人共用通道,高处作业对所建建(构)筑物下方的作业人员和路过人员的安全产生直接威胁,还有在下方有高压线路、房屋等情形存在。在编制施工组织设计时,应针对环境要求做相应的硬防护设施,防止上方施工坠物对下方人员和设施安全的影响。

硬防护设施,应根据下方的保护范围大小确定硬防护架的宽度;应经过必要的计算,设计其骨架的组合和悬吊绳(杆)的拉力;设在底层的硬防护棚架,应做成双层,两层之间的距离不应小于 700 mm,并应满铺 50 mm 厚木板,用于遮挡作业人员和过路人员的场区通道,上方还应增加防雨措施。对于高层建筑,还应在首层硬防护上方每隔 4 层增加一道水平防护,临近操作层的下一层必须有一道水平防护;需通过车辆的防护通道,高度必须在 4.5 m 以上,并设置限高警示标志和不可停留标志。

建筑物一侧有道路时,也可搭设成门架式安全通道,即通道两侧为立杆支撑,通道上方设两层顶盖,两层顶盖之间的距离一般为 700 mm(图 8.4);与悬挂式硬防护的做法一样,靠建筑物一侧应设硬质隔离挡板,以免侧向掉物,造成对人员、车辆的安全损害。

不论悬挂式硬防护还是门架式安全通道的上方边缘,均设置高度不小于 1.2 m 的防护栏杆并满挂安全网,栏杆下部应有高度不低于 400 mm 的挡脚板。

案例分析

"洞口"坠落事故

施工人员在某建筑工地楼层面上施工。工人潘某在没有征得班长邵某同意的情况下,擅自停工离岗,但潘某没有从原来上班时上楼的北楼梯下楼,而把南楼梯的预留洞口误作为楼梯,从该洞口摔至底层地面。事发后,潘某被立即送医院抢救,但因伤势过重,经抢救无效死亡。该事故造成直接经济损失6.8万元,间接经济损失3万元。

1.事故原因分析

(1)直接原因

违反规范规定,未对预留洞口作可靠防护。原1.2 m宽的洞口,防护时应当设置网格,而该工地只是用盖板防护,且班前被人抽去部分盖板,留下了40 cm×25 cm的洞口。

(2)间接原因

工地安全检查及班组作业前对作业环境的检查不仔细,未能及时发现洞口防护出现的漏洞,因而未能及时采取纠正措施。另外,潘某安全意识淡薄,擅自离岗,且未戴安全帽作业,是造成此次事故的间接原因。

2.事故的结论和教训

这起事故反映出该施工企业在安全生产管理上存在漏洞,说明该企业平时对职工的教育不够,纪律不严,管理人员及作业班组工人的安全意识不强,对不戴安全帽作业的现象未能纠正,没有按照规范要求实施防护,也未能检查发现和解除施工动态过程中出现的新隐患。

3.事故的防范措施

为防止同类事故的发生,应采取以下防范措施:

①认真执行《建筑施工高处作业安全技术规范》(JGJ 80—2016)中关于洞口、临边防护方面的规定。

②施工生产管理人员加强对安全生产各项法律、法规的学习,提高安全生产中的责任意识,正确采取各种防护措施,减少安全生产中的随意行为。

③针对临时劳务人员流动频繁、安全意识淡薄等特点,加强安全生产知识教育,做好安全生产三级教育和平时教育工作,使他们掌握本工种的安全生产操作规程,提高安全生产意识,增强自我保护能力。

小　结

本项目主要讲授了以下几个方面的内容:

1. 安全防护用品安全帽、安全带、安全网;

2. 高处作业安全技术;

3. 临边、洞口等高处作业的安全防护要求。

通过本项目的学习,了解高处作业的安全技术与相关要求,重点掌握临边和洞口作业的安全技术措施,确保高处作业施工过程的安全。

思考题

1. 高处作业的定义是什么？高处作业如何分级？
2. 何为临边和洞口作业？它们的主要防护措施有哪些？
3. 试述安全"三宝"的使用要求。

实　训

根据《建筑施工安全检查标准》(JGJ 59—2011)中"高处作业检查评分表"对一在建工程项目的高处作业进行检查和评分。

(1)分组要求：每 6~8 人一组。

(2)资料要求：选取一在建工程项目的某一楼层。

(3)学习要求：在技术人员的指导下,对该项目楼层的临边、洞口进行检查和评分。

项目 9 拆除工程安全技术

【内容简介】

1.拆除工程安全专项施工方案；

2.拆除工程的安全技术。

【学习目标】

1.熟悉拆除工程安全专项施工方案编制的内容；

2.掌握拆除工程安全施工的一般要求；

3.掌握拆除工程安全技术措施。

【能力培养】

1.能阅读和参与编写、审查拆除工程专项施工方案，能提出自己的见解和意见；

2.能编制拆除工程安全施工交底资料，组织拆除工程安全技术交底活动，并能记录和收集拆除工程安全技术交底活动的有关安全管理档案资料。

引言

随着我国城市现代化建设的加快，旧建筑拆除工程也日益增多。拆除物的结构也从砖木结构发展到了混合结构、框架结构、板式结构等，从房屋拆除发展到烟囱、水塔、桥梁、码头等建筑物或构筑物的拆除。因而建(构)筑物的拆除施工近年来已形成一种行业趋势。拆除工程是指对已经建成或部分建成的建筑物进行拆除的工程(图 9.1、图 9.2)。

图 9.1 机械拆除施工现场

图 9.2 爆破拆除施工现场

9.1 拆除工程安全专项施工方案

拆除工程安全专项施工方案是指导拆除工程施工准备和施工全过程的技术文件,应由负责该项目拆除工程的项目总工程师组织有关技术、生产、安全、材料、机械、保卫等部门人员进行编制,报上级主管部门审批后执行。编制安全专项施工方案要从实际出发,在确保人身和财产安全的前提下,选择经济合理且扰民小的拆除方案,进行科学的组织,以实现安全、经济、进度快、扰民小的目标。

9.1.1 安全专项施工方案编制的依据

①拟被拆除的建(构)筑物的竣工图,包括结构、水、电、设备及室外管线;

②施工现场勘察所得的资料和信息;

③与拆除工程有关的施工验收规范、安全技术规范、安全操作规程和国家、地方有关安全技术规定;

④国家和地方有关拆除工程安全保卫的规定以及具体实施单位的技术装备条件等。

9.1.2 安全专项施工方案编制的内容

(1)被拆除建筑和周围环境的简介

着重介绍被拆除建筑物的结构类型,各部分构件的受力情况,填充墙、隔断墙、装修做法、水、电、暖气、燃气设备情况,周围房屋、道路、管线等有关情况,并用平面图表示。

(2)施工准备工作计划

①施工准备工作计划包括:技术组织、现场、设备器材、劳动力等,均应按计划落实到人;同时,把领导组织机构名单和分工情况明确列出。

②详细叙述拆除方面的全部内容,采用控制爆破拆除的还要详细说明起爆与爆破的方法、安全距离、警戒范围、保护方法、破坏情况、倒塌方向与范围以及安全技术措施。

(3)施工布置和进度计划

①施工队伍选择:施工拆除作业人员是工程质量、进度、安全、文明施工的最直接的保证者,公司选择专业施工队的原则为:具有良好的质量、安全意识;具有较高的技术等级;具有相关工程施工经验。

②拆除人员培训:在拆除前,项目部应组织施工人员认真学习施工组织设计、安全技术交底和有关的安全操作规程,施工人员必须遵守有关规定,不得违章冒险作业。

③施工计划和人员安排:项目部根据拆除施工计划,确定各施工段劳动力日平均数,进行人员平衡调配,合理地划分施工区域,确保工程需要。

(4)现场施工平面图

施工平面图应包括以下内容:

①被拆除建筑物和周围建筑,地上、地下的各种管线,障碍物,道路的平面布置和尺寸;

②起重吊装设备的开行路线和运输道路;

③危险材料临时库房的位置、尺寸和做法;

④各种机械、设备材料以及拆除后的建筑材料、垃圾堆设的位置;

⑤被拆除建筑物倾倒方向的范围、警戒区的范围,应标明位置和尺寸;

⑥标明施工中的水、电、办公、安全设施、消火栓平面位置及尺寸。

（5）安全技术措施

针对所选用的拆除方法和现场情况，编制全面的安全技术措施。

9.1.3 拆除工程安全施工的一般要求

①拆除工程在开工前，应组织技术人员和工人学习安全操作规程及拆除工程施工组织设计。施工单位项目经理必须对拆除工程的安全生产负全面领导责任。项目经理部应按有关规定设专职安全员检查落实各项安全技术措施。

②拆除工程的施工，应在项目负责人的统一指挥和监督下进行。项目负责人根据施工组织设计和安全技术规程向参加拆除的施工人员进行详细的安全技术交底。

③进入施工现场的人员，必须配戴安全帽。拆除区周围应设立围栏，挂警示牌，并派专人监护，严禁无关人员逗留。在恶劣的气候条件下，严禁进行拆除作业。

④施工单位必须落实防火安全责任制，制订相应的消防安全措施，建立义务消防组织，明确责任人，负责施工现场的日常防火安全管理工作。

⑤拆除施工采用的脚手架、安全网，必须由专业人员按设计方案搭设，验收合格后方可使用。

⑥拆除工程在施工前，应将电线、输气管道、上下水采暖管道等干线，通往该建筑物的支线切断或迁移。

⑦拆除建筑物，严禁立体交叉作业，水平作业各工位间应有一定的安全距离。当拆除某一部分时应防止其他部分倒塌。

⑧拆除过程中，现场照明不得使用被拆除建筑物中的配电线，应另外设置配电线路。临时用电必须按照《施工现场临时用电安全技术规范》（JGJ 46—2005）执行。作业人员使用手持机具时，严禁超负荷或带故障运转。

⑨拆除建筑物一般不采取推倒方法，遇有特殊情况采用推倒方法时，应遵守下列规定：

a.砍切墙根的深度不能超过墙厚的1/3，墙的厚度小于两块半砖时，不得进行掏掘；

b.为了防止墙壁向掏掘方向倾倒，在掏掘前要用支撑撑牢；

c.建筑物推倒前，应发出信号，待所有人离开被拆物高度2倍以上的距离后方可进行；

d.在建筑物推倒范围内有其他建筑物时，严禁采取推倒方法。

⑩楼内的施工垃圾，应采用封闭的垃圾道或垃圾袋运下。在高处进行拆除工程，应设置溜放槽，以使散碎废料顺槽溜下；拆下较大的沉重材料，应用吊绳或者起重机械及时吊下运走，禁止向下抛扔，拆卸下来的各种材料要及时清理。

⑪拆除易踩碎的石棉瓦等轻型结构屋面时，严禁施工人员直接踩踏，应加盖垫板再进行拆除作业，以防止高空坠落。

⑫施工过程中，当发生重大险情或生产安全事故时，应及时启动应急救援预案排除险情、组织抢救、保护事故现场，并向有关部门报告。

拆除工程简介

1.拆除工程分类

①按拆除的标的物不同，分为民用建筑的拆除、工业厂房的拆除、地基基础的拆除、机械设备的拆除、

工业管道的拆除、电气线路的拆除、施工设施的拆除等。

②按拆除的程度不同,分为全部拆除和部分拆除(或称为局部拆除)。

③按拆下来的建筑构件和材料的利用程度不同,分为毁坏性拆除和拆卸拆除。

④按拆除建筑物和拆除物的空间位置不同,分为地上拆除和地下拆除。

⑤按拆除的方式不同,分为人工拆除、机械拆除、爆破拆除、静力破碎等。

2.拆除工程施工特点

①作业流动性大。

②作业人员素质要求低。

③潜在危险大:无原图纸,制订拆除方案困难,易产生判断错误;由于加层改建,改变了原承载系统的受力状态,在拆除中往往因拆除了某一构件造成原建筑物和构筑物的力学平衡体系受到破坏,而造成部分构件产生倾覆,进而造成人员伤亡。

④对周围环境的污染。

⑤露天作业。

9.2　拆除工程的安全技术

9.2.1　人工拆除

①人工拆除施工应从上至下逐层拆除,并应分段进行,不得垂直交叉作业。当框架结构采用人工拆除施工时,应按楼板、次梁、主梁、结构柱的顺序依次进行。

②当进行人工拆除作业时,水平构件上严禁人员聚集或集中堆放物料,作业人员应在稳定的结构或脚手架上操作。

③当人工拆除建筑墙体时,严禁采用底部掏掘或推倒的方法。

④当拆除建筑的栏杆、楼梯、楼板等构件时,应与建筑结构整体拆除进度相配合,不得先行拆除。建筑的承重梁柱,应在其所承载的全部构件拆除后,再进行拆除。

⑤当拆除梁或悬挑构件时,应采取有效的控制下落措施。

⑥当采用牵引方式拆除结构柱时,应沿结构柱底部剔凿出钢筋,定向牵引后,保留牵引方向同侧的钢筋,切断结构柱其他钢筋后再进行后续作业。

⑦当拆除管道或容器时,必须查清残留物的性质,并应采取相应措施,方可进行拆除施工。

⑧拆除现场使用的小型机具,严禁超负荷或带故障运转。

⑨对人工拆除施工作业面的孔洞,应采取防护措施。

9.2.2　机械拆除

①对拆除施工使用的机械设备,应符合施工组织设计要求,严禁超载作业或任意扩大使用范围。供机械设备停放、作业的场地应具有足够的承载力。

②当采用机械拆除建筑时,应从上至下逐层拆除,并应分段进行;应先拆除非承重结构,再拆除承重结构。

③当采用机械拆除建筑时,机械设备前端工作装置的作业高度应超过拟拆除物的高度。

④对拆除作业中较大尺寸的构件或沉重物料,应采用起重机具及时吊运。

⑤拆除作业的起重机司机，必须执行吊装操作规程。信号指挥人员应按现行国家标准《起重吊运指挥信号》（GB 5082）的规定执行。

⑥当拆除作业采用双机同时起吊同一构件时，每台起重机载荷不得超过允许载荷的80%，且应对第一吊次进行试吊作业，施工中两台起重机应同步作业。

⑦当拆除屋架等大型构件时，必须采用吊索具将构件锁定牢固，待起重机吊稳后，方可进行切割作业。吊运过程中，应采用辅助措施使被吊物处于稳定状态。

⑧当拆除桥梁时，应先拆除桥面系及附属结构，再拆除主体。

⑨当机械拆除需人工拆除配合时，人员与机械不得在同作业面上同时作业。

9.2.3 爆破拆除

①爆破拆除作业的分级和爆破器材的购买、运输、储存及爆破作业应按现行国家标准《爆破安全规程》（GB 6722—2014）执行。

②爆破拆除设计前，应对爆破对象进行勘测，对爆区影响范围内地上、地下建筑物、构筑物、管线等进行核实确认。

③爆破拆除的预拆除施工，不得影响建筑结构的安全和稳定。预拆除作业应在装药前全部完成，严禁预拆除与装药交叉作业。

④当采用爆破拆除时，爆破震动、空气冲击波、个别飞散物等有害效应的安全允许标准，应按现行国家标准《爆破安全规程》（GB 6722—2014）执行。

⑤对高大建筑物、构筑物的爆破拆除设计，应控制倒塌的触落地震动及爆破后坐、滚动、触地飞溅、前冲等危害，并应采取相应的安全技术措施。

⑥装药前应对每一个炮孔的位置、间距、排距和深度等进行验收；对验收不合格的炮孔，应按设计要求进行施工纠正或由爆破技术负责人进行设计修改。

⑦当爆破拆除施工时，应按设计要求进行防护和覆盖，起爆前应由现场负责人检查验收；防护材料应有一定的重量和抗冲击能力，应透气、易于悬挂并便于连接固定。

⑧爆破拆除可采用电力起爆网路、导爆管起爆网路或电子雷管起爆网路。电力起爆网路的电阻和起爆电源功率应满足设计要求；导爆管起爆网路应采用复式交叉闭合网路；当爆区附近有高压输电线和电信发射台等装置时，不宜采用电力起爆网路。装药前，应对爆破器材进行性能检测。试验爆破和起爆网路模拟试验应在安全场所进行。

⑨爆破拆除应设置安全警戒，安全警戒的范围应符合设计要求。爆破后应对盲炮、爆堆、爆破拆除效果以及对周围环境的影响等进行检查，发现问题应及时处理。

9.2.4 静力破碎拆除

①对建筑物、构筑物的整体拆除或承重构件拆除，均不得采用静力破碎的方法拆除。

②当采用静力破碎剂作业时，施工人员必须佩戴防护手套和防护眼镜。

③孔内注入破碎剂后，作业人员应保持安全距离，严禁在注孔区域行走或停留。

④静力破碎剂严禁与其他材料混放，应存放在干燥场所，不得受潮。

⑤当静力破碎作业发生异常情况时，必须立即停止作业，查清原因，并应采取相应安全措施后，方可继续施工。

案例分析

某待拆墙体坍塌事故

某四层砖混结构住房,因拓改整治要进行拆除,大部分结构拆除后,只余下一道砖墙未拆。在待拆期间,遇到暴风雨天气,墙体坍塌,该坍塌墙体又压垮了邻近的一围墙,这两道墙之间的通道是一处自由集贸市场,造成13人死亡、7人重伤、10人轻伤的重大安全事故。

1.事故原因分析

(1)技术方面

由于该建筑原拆除方法错误,导致只剩下一道单面墙,从而形成了不稳定结构,且在停工期间又未采取任何加固措施。这道墙高12 m、长10 m、厚240 mm,用红砖砌筑,墙体的高厚比$\beta=50$,是国家标准《砌体结构设计规范》(GB 50003—2011)规定允许高厚比β的3倍,墙体过于细长,其稳定性远远不能满足规范的要求。在当时大雨和风力等偶然因素作用下,使得长细比过大且迎风面积较大的墙体丧失稳定而发生坍塌。

(2)管理方面

拆除人在拆除房屋过程中没有制订拆房的施工方案,拆除过程中未考虑剩余墙体的稳定性,对剩余墙体也未采取任何安全保护措施,给墙体坍塌创造了先决条件。

在建筑物未拆除完毕暂时停工过程中,作业区没有设置警戒区和明显的危险标志,放任群众在危险区域进行集市贸易,因此造成多人伤亡事故。

此次事故首先是施工单位缺少最基本的生产管理程序,对待拆除工作极端的不负责任,未制订方案随意拆除;其次是对拆除作业现场未设警戒区,使无关人员进入,导致事故损失扩大。

2.事故的结论和教训

这是一起违章指挥导致的伤亡事故,拆除前没有规定拆除施工方案和安全防护措施。实际拆除时,又违反了基本拆除程序,不应该把所有横墙拆完,只留下一堵孤立的、细长的墙体,形成隐患。停工期间,又没有及时采取固定防护措施和对作业区域进行围圈。技术上的错误、管理上的失误导致了事故的发生。

案例分析

青岛市市北区都昌路1号"11·13"拆除工程坍塌事故

2014年11月13日,青岛市市北区都昌路1号拆除工地发生一起坍塌事故,造成1人死亡。该拆除工程建筑面积14 000 m²,楼房主体分别为3,4,6层的砖混框架楼,于2014年11月4日开始实施拆除。事故发生地点位于该工地东南侧正在拆除的一座6层楼下,楼体坍塌后被砸中的挖掘机位于该楼的东北侧。事故发生前,死者李某操作挖掘机进行拆除工作。

1.事故原因分析

(1)直接原因

挖掘机操作人员(死者)违规作业,未按照《建筑拆除工程安全技术规范》(JGJ 147)规定从上至下,逐层分段进行,而是直接拆除底部支撑柱子,导致坍塌的楼体砸中挖掘机驾驶室,造成死亡。

(2)间接原因

①非法组织拆除施工。签订拆除施工合同前,拆除工程建设单位未与具备施工资质的公司有效对接,未核对签订合同所用公章的真实性,将该拆除工程发包给了不具备相应资质的个人(唐某私刻了公司的公章)。

②隐患排查治理不到位。建设单位未安排专人负责监测被拆除建筑的结构状态,导致被拆除建筑出现不稳定状态的趋势时,没有停止作业并采取有效措施消除隐患;未采取有效管理措施及时发现李某的违规作业行为。

③安全培训、交底不到位。建设单位未对李某等从业人员进行安全培训,未对拆除施工这一危险作业进行书面安全技术交底。

2.事故的结论和处理情况

该起事故是由于安全管理、安全培训不到位,违规作业、非法施工导致的一般生产安全责任事故。

建设单位安全培训不到位、隐患排查治理不到位;把拆除工程发包给了不具备相应资质的个人;拆除作业前,未把施工单位资质等级证明、拆除施工组织方案等相关资料报建设行政主管部门或其他有关部门备案,对事故发生负有责任并依法处罚。

唐某未取得资质证书承揽拆除工程,并私刻使用公司公章,对唐某依法立案查处。

3.事故防范和整改建议

①严格拆除施工的审批、备案程序,依照国家、省、市法律法规规定,进一步完善拆除施工监督管理的各项制度,加大对非法施工、非法发包的查处力度。

②深入查找在作业现场管理上存在的监管不到位问题。特别是应针对现场人员的不安全行为不能被及时发现和制止的问题,查找在现场安全监管上存在的管理不到位的环节。

③认真抓好职工严格遵守操作规程的教育。反违章、反违纪,杜绝作业中的陋习,真正体现、落实好人在安全生产中的主导作用、主导地位和主导责任。

小　结

本项目主要讲授了以下两个方面的内容:

1. 拆除工程安全专项施工方案的编制;

2. 拆除工程的安全技术。

通过本项目的学习,了解拆除工程的安全技术与相关要求,重点掌握机械拆除和爆破拆除工程的相关安全技术,以确保拆除工程施工过程的安全。

思考题

1. 拆除工程专项施工方案应包括哪些内容?

2. 简述爆破拆除的安全技术措施。

单元 3

施工机械与用电管理

项目 10　垂直运输机械

【内容简介】

1.塔式起重机的安全管理；

2.物料提升机的安全管理；

3.施工升降机的安全管理；

4.起重吊装安全技术。

【学习目标】

1.熟悉塔式起重机、物料提升机、施工升降机及起重吊装专项施工方案编制的相关知识；

2.掌握塔式起重机、物料提升机、施工升降机安装、使用及拆除的安全技术要求；

3.熟悉常用的起重吊装机械，掌握起重吊装安全管理知识。

【能力培养】

1.能阅读和参与编写、审查塔式起重机、物料提升机与施工升降机专项施工方案，并提出自己的意见和建议；

2.能阅读和参与编写、审查起重吊装专项施工方案，并提出自己的意见和建议；

3.能根据《建筑施工安全检查标准》(JGJ 59—2011)中"塔式起重机、物料提升机、施工升降机及起重吊装安全检查评分表"，对起重吊装组织安全检查和评分。

引言

　　垂直运输机械在建筑施工中承担着施工现场垂直(有时包括水平)方向运输材料、机具、设备及人员的重要任务。垂直运输机械的安全技术是建筑工程安全管理中必不可少的重要环节。垂直运输机械的种类较多，一般常用的有塔式起重机(图10.1)、物料提升机、施工升降机(图10.2)等，它们都是起重吊装作业中不可缺少的施工机械。

图 10.1　塔式起重机工作现场

图 10.2　施工升降机工作现场

10.1　塔式起重机

塔式起重机又称塔吊或塔机。多层和高层建筑施工过程中,利用塔式起重机完成物料提升越来越广泛。塔式起重机的行走方式有行走式和固定式之分,旋转方式有下旋式和上旋式两种,起重臂也有活动臂杆变幅和小车变幅的不同。目前,最常用的是固定式上旋转小车变幅塔式起重机,该机稳定性好、作业幅度大、安全程度高。

塔式起重机机身高,稳定性能比较差,且其安装和拆除频繁,技术要求也较高,这就要求机械操作人员、安装和拆卸人员、机械管理人员等必须全面掌握塔式起重机的技术性能,从思想上引起高度重视,采取的措施、方法得当,正确掌握安装、拆除和操作的技能,保证塔式起重机的正常运行,确保安全生产。

10.1.1　安全装置

（1）起重力矩限制器

起重力矩限制器的作用是防止塔式起重机超载,避免塔式起重机由于严重超载而引起塔式起重机的倾覆或折臂等恶性事故。安装力矩限制器后,当发生超重或作业半径过大而导致力矩超过塔吊的技术性能时,即自动切断起升或变幅动力源,并发出报警信号,防止发生事故。

（2）起重量限制器

起重量限制器的作用是防止塔式起重机的吊物重量超过最大额定荷载,避免发生机械损坏事故。当荷载达到额定起重量的 90% 时,发出报警信号;当起重量超过额定起重量时,切断上升的电源,但可作下降运动。

（3）起升高度限制器

起升高度限制器的作用是限制吊钩接触到起重臂头部或载重小车之前,或是下降到最低点（地面或地面以下若干米）以前,使起升机构自动断电并停止工作。

（4）幅度限位器

动臂式塔式起重机的幅度限位器的作用是防止臂架在变幅时,变幅到仰角极限位置时切断变幅机构的电源,使其停止工作。同时还设有机械止挡,以防臂架因起幅中的惯性而后翻。

小车运行变幅式塔式起重机的幅度限位器用来防止运行小车超过最大或最小幅度的两个

极限位置。一般小车变幅限位器是安装在臂架小车运行轨道的前后两端,用行程开关实现控制。

（5）行走限制器

行走限制器是行走式塔式起重机的轨道两端距端头钢轨不小于 1 m 处,所设的止挡缓冲装置。当安装在台车架上或底架上的行车开关碰到轨道两端的止挡块时,切断电源,防止塔式起重机出轨造成事故。

（6）回转限制器

回转限制器是安装在塔式起重机上限制其回转角度的装置。有些上回转的塔式起重机安装了回转不能超过 270°和 360°的限制器,防止电源线扭断,造成事故。

（7）吊钩保险装置

吊钩保险装置是安装在吊钩挂绳处的一种防止起重千斤绳由于角度过大或挂钩不妥时,或者工作时重物下降被阻碍,但吊钩仍继续下降而造成起吊千斤绳脱钩,吊物坠落事故的装置。吊钩保险一般采用机械卡环式,用弹簧来控制挡板,防止索具在开口处脱出。

（8）卷筒保险装置

卷筒保险装置主要用于防止传动机构发生故障时,造成钢丝绳不能在卷筒上顺排,以致越过卷筒端部凸缘,发生咬绳等事故。

（9）风速仪

风速仪能自动记录风速,当超过六级风速以上时自动报警,使操作司机及时采取必要的防范措施,如停止作业、放下吊物等。

（10）夹轨钳

夹轨钳装设在台车金属结构上,用以夹紧钢轨,防止塔式起重机在大风情况下被风吹动而行走造成塔式起重机出轨倾翻事故。

10.1.2　安装与拆卸管理

1）施工方案

特种设备(塔式起重机、井架、龙门架、施工升降机等)的安拆必须编制具有针对性的施工方案,内容应包括工程概况、施工现场情况、安装前的准备工作及注意事项、安装与拆卸的具体顺序和方法、安装和指挥人员组织、安全技术要求及安全措施等。

2）装拆企业

①装拆塔式起重机的企业必须具备装拆作业的资质,并按照装拆塔式起重机资质的等级进行对应塔式起重机的装拆。

②进行塔式起重机装拆的施工企业必须在施工前编制专项的装拆安全施工组织设计,明确装拆工艺要求,并经过企业技术主管领导的审批。

③施工企业必须建立塔式起重机的装拆专业班组,配有起重工(装拆工)、电工、起重指挥、塔式起重机操纵司机和维修钳工等,根据制订的安全作业措施,由专业队(组)在队(组)长统一指导下进行,并要有相关技术和安全人员在场监护。

④装拆前,必须向全体作业人员进行装拆方案和安全操作技术的书面和口头交底,并履行签字手续。

3）装拆人员

①装拆塔式起重机属特种作业,参加塔式起重机装拆的人员必须经过专业培训考核,持特种作业操作证才能上岗。

②装拆人员必须严格按照塔式起重机的装拆方案和操作规程中的有关规定、程序进行装拆。

③装拆作业人员应严格遵守施工现场安全生产的有关制度,正确使用劳保用品。

4）交付使用

①安装调试完毕必须进行自检、试车及验收,按照检验项目和要求注明检验结果。检验项目包括特种设备主体结构组合、安全装置、起重钢丝绳与卷筒、吊物平台篮或吊钩、制动器、减速器、电气线路、配重块、空载试验、额定载荷试验、110%的载荷试验、经调试后各部位运转情况、检验结果等。塔式起重机验收合格后,才能交付使用。

②使用前必须制定特种设备管理制度,包括设备经理的岗位职责、起重机管理员的岗位职责、起重机安全管理制度、起重机驾驶员岗位职责、起重机械安全操作规程、起重机械事故应急措施及救援预案、起重机械安装与拆除安全操作规程等。

10.1.3　安全使用与管理

①起重机司机属特种作业人员,必须经过专门培训取得操作证。起重机司机学习的塔型应与实际操纵的塔型一致。起重机司机必须严格执行操作规程,上班前例行保养检查,空载运转检查行走、回转、起重、变幅等各机构的制动器、安全限位、防护装置等,确认正常后方可作业。

②指挥人员必须经过专门培训取得指挥证。高塔作业应结合现场实际改用旗语或对讲机进行指挥。起重机的塔身上不得悬挂标语牌。

③旋臂式起重机的任何部位及被吊物边缘与 10 kV 以下架空线路边线的最小水平距离不得小于 2 m;塔式起重机活动范围应避开高压供电线路,相距应不小于 6 m。当塔吊与架空线路之间小于安全距离时,必须采取防护措施,并悬挂醒目的警告标志牌。

④起重机轨道应进行接地、接零保护。起重机的保护接零和接地线必须分开。起重机电缆不允许拖地行走,应装设具有张紧装置的电缆卷筒,并设置灵敏、可靠的卷线器。

⑤夜间施工时,应装设 36 V 彩色灯泡(或红色灯泡)警示。当起重机作业半径在架空线路上方经过时,线路的上方也应有防护措施。

⑥两台或两台以上塔式起重机靠近作业时,应保证两塔式起重机之间的最小防碰安全距离满足表 10.1 的要求。

表 10.1　两塔式起重机之间的最小防碰安全距离

塔式起重机的间距	最小防碰安全距离/m
两塔式起重机任何部位的水平距离	5
两塔式起重机水平臂架的距离	6
高低位塔式起重机的垂直距离	2

⑦因施工场地作业条件限制,不能满足塔式起重机作业安全管理的要求时,应同时采取有关组织措施和技术措施,例如:对作业及行走路线进行规定,由专设的监护人员进行监督执行;采取设置限位装置、缩短臂杆、升高(下降)塔身等措施,防止误操作起重机而造成超越规定的

作业范围,发生碰撞事故。

塔式起重机的技术性能

1.工作幅度

起重吊钩中心与塔式起重机旋转中心的水平距离用 R 表示,单位为 m。工作幅度与吊臂长度 L 和仰角 α 有关:$R=L\cos\alpha+e$,式中 e 为起重臂铰销中心线与塔式起重机旋转中心线的水平距离,如图 10.3 所示。工作幅度包含两个参数:最大工作幅度和最小工作幅度。

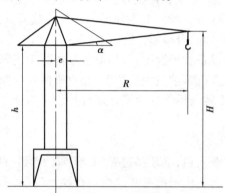

图 10.3 塔式起重机主要参数示意图

2.起重量

塔式起重机所能起吊的重量通常有额定起重量和最大起重量两种。额定起重量是指塔式起重机在各种工况下安全作业允许起吊的最大重量(不包括吊钩重量),用 Q 表示,单位为 t。最大额定起重量是指起重臂在最小幅度时所允许起吊的最大重量。

3.起重臂仰角

动臂式塔式起重机的起重臂起升后,与其水平中心线的夹角用 α 表示,单位为度(°)。起重臂仰角一般为 0°~60°。

4.起升高度

地面或轨面到吊钩中心的距离。当吊钩需放到地面以下吊取重物时,则地面以下深度称为下放深度,总起升高度等于起升高度加上下放深度。起升高度用 H 表示,单位为 m。

5.起重力矩

起重量与其相应的工作幅度的乘积,用 M 表示,单位为 kN·m,则 $M=QR$。起重力矩综合了起重量和幅度两大因素,是塔式起重机起重性能的反映,也是衡量塔式起重机起重能力的重要参数。

6.工作速度

①起升速度是指起重吊钩上升或下降的速度,单位为 m/min。

②变幅速度是指塔式起重机处于空载,风速小于 3 m/s 时,吊钩从最大幅度到最小幅度的平均线速度,单位为 m/min。

③回转速度是指塔式起重机处于空载,风速小于 3 m/s 时,吊钩处于起重臂最大幅度和最大高度时的稳定回转速度,单位为 r/min。

④行走速度是指塔式起重机处于空载,风速小于 3 m/s 时,起重臂平行于轨道方向稳定运行的速度,单位为 m/min。

案例分析

沈阳市某工程塔式起重机倾覆事故

沈阳市某花园5号工地,需拆除一台QTG40塔式起重机。此塔式起重机产权拥有者李某,将塔式起重机的拆除工程承包给沈阳市建筑公司机运站维修安装电工石某,石某私招5名工人进行拆卸。当拆卸第十一个标准节降到地面后,在塔式起重机未进行调整平衡力矩的情况下,司机徐某违章作出回转动作和变幅小车向内运行的动作,并调整顶升套架滚轮与塔式起重机之间的间隙。此时另一个安装工人开动了液压顶升系统进行顶升,液压油管突然爆裂,平衡臂折断后砸向塔身后部,造成塔身剧烈晃动,致使顶升套架严重变形,失去支撑能力,继而塔式起重机起重臂、平衡臂、顶升套架、回转机构、塔顶等部件整体坠落,塔身折断。在顶升套架作业的人员,除1人幸免外,其余4人3死1伤,酿成悲剧。

1.事故原因分析

(1)技术方面

在塔式起重机未进行调配平衡力矩的情况下,司机违章作出回转动作和变幅小车向内运行的动作,造成起重臂与配重臂的前后力矩不平衡。此时另一个安装工人开动了液压顶升系统进行顶升,在塔式起重机力矩不平衡的情况下顶升作业,加大了塔身的不稳定性,导致液压油管突然爆裂,平衡臂折断后砸向塔身后部,造成塔身剧烈晃动,致使顶升套架严重变形,失去支撑能力,继而塔式起重机起重臂、平衡臂、顶升套架、回转机构、塔顶等部件整体坠落,塔身折断。这是此次事故的技术原因。

(2)管理方面

按照规定,安装和拆除塔式起重机应由具有相应资质条件的施工单位承担,并设指挥人员,作业前应编制方案。而该项工程的操作人员无专业知识,没有完成这一特种作业的能力,野蛮操作,严重违反操作规程;加之现场无监管、无指挥,致使司机与操纵顶升机构的人员同时违章操作。这是此次事故的管理原因。

2.事故的结论和教训

这是一起严重违法和违章引起的事故:

①产权者无视法规将任务承包给无能力、无资质的个人,应负主要责任。

②施工组织者严重违法,盲目组织人员进行作业,应负主要责任。

③操作者无专业知识,野蛮操作,两人同时违章,酿成事故,致使身亡,教训惨痛。

④现场无监督管理和指挥协调,管理混乱,各工种操作随意,工程管理人员应负管理责任。

上述4种危险因素同时存在使这起事故的发生成为必然,教训十分深刻。

10.2 物料提升机

物料提升机包括井式提升架(简称"井架",图10.4)、龙门式提升架(简称"龙门架",图10.5)、塔式提升架(简称"塔架")和独杆升降台等。

物料提升机的共同特点如下:

①提升设备采用卷扬机,卷扬机设于架体外。

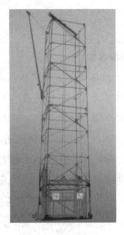

图 10.4 井架

图 10.5 龙门架

②安全设备一般有防冒顶、防坐冲和停层等保险装置,只允许用于物料提升,不得载运人员。

③用于 10 层以下时,多采用缆风绳固定;用于超过 10 层的高层建筑施工时,必须采取附墙方式固定,成为无缆风高层物料提升架,并可在顶部设液压顶升构造,实现井架或塔架标准节的自升接高。

物料提升机的制造分两种:一种是由专业的单位生产,另一种是由施工单位自制或改制。

使用专业单位生产的物料提升机时,产品必须通过有关部门组织鉴定,产品的合格证、使用说明书、产品铭牌等必须齐全。产品铭牌必须注明产品型号、规格、额定起重量、最大提升高度、出厂编号、制造单位等。

由施工单位自制或改制的物料提升机必须符合《龙门架及井架物料提升机安全技术规范》(JGJ 88—2010)中的规定,有设计计算书、制作图纸,并经企业技术负责人审核批准,同时必须编制使用说明书。使用说明书中应明确物料提升机的安装、拆卸工作程序及基础、附墙架、缆风绳的设计、设置等具体要求。

10.2.1 安全装置

(1)安全停靠装置

当吊篮运行到位时,安全停靠装置能可靠地将吊篮定位。此时起升钢丝绳不受力,该装置能承担吊篮自重、额定荷载及运卸料人员和装卸物料时的工作荷载。

(2)断绳保护装置

断绳保护装置就是当吊篮坠落情况发生时,装置动作,将吊篮卡在架体上,使吊篮不坠落,避免产生严重的事故。断绳保护装置能可靠地将下坠吊篮固定在架体上,使吊篮最大滑落行程在满载时不得超过 1 m。

(3)吊篮安全门

吊篮的上下料口处装设安全门,此门为自动开启型,当吊篮落地或停层时,安全门能自动打开,而在吊篮升降运行中此门处于关闭状态,成为一个四边都封闭的"吊篮",以防止所运载的物料从吊篮中滚落。

（4）上极限限位器

上极限限位器是为了防止司机误操作或机械、电气故障而引起吊篮上升高度失控造成事故而设置的安全装置。当吊篮上升达到极限位置时，限位器即行动作，切断电源，使吊篮只能下降，不能上升。

（5）下极限限位器

下极限限位器用于控制吊篮下降的最低极限位置。在吊篮下降到最低限定位置时，即吊篮下降至尚未碰到缓冲器之前，此限位器自动切断电源，并使吊篮在重新启动时只能上升，不能下降。

（6）缓冲器

缓冲器是设置在架体底部坑内，为缓解吊篮下坠或下极限限位器失灵时产生的冲击力的一种装置。该装置应能承受并吸收吊篮满载时和规定速度下所产生的相应冲击力。缓冲器可采用弹簧或弹性实体。

（7）超载限制器

超载限制器是为了保证提升机在额定载重量之内安全使用而设置。当荷载达到额定荷载时，即发出报警信号，提醒司机和运料人员注意；当荷载超过额定荷载时，应能切断电源，使吊篮不能启动。

（8）通信装置

由于架体高度较高，吊篮停靠楼层数较多，司机不能清楚地看到楼层上人员需要或分辨不清哪层楼面发出信号时，必须装设通信装置。通信装置必须是一个闭路的双向电气通信系统，司机能听到或看清每一站的需求联系，并能与每一站人员通话。

10.2.2 安装与拆卸管理

1）施工方案与资质管理

①安装或拆卸物料提升机前，安拆单位必须依照产品使用说明书编制专项安装或拆卸施工方案，明确相应的安全技术措施，以指导施工。

②专项安装或拆卸施工方案必须经企业技术负责人审核批准。方案的编制人员必须参加对装拆人员的安全技术交底，并履行签字手续。装拆人员必须持证上岗。

③物料提升机安装或拆卸过程中，必须指定监护人员进行监护，发现违反工作程序或专项施工方案要求的应立即指出，予以整改，并作好监护记录，留档存查。

④物料提升机采用租赁形式或由专业施工单位进行安装或拆卸时，其专项安装或拆卸施工方案及相应计算资料须经发包单位技术复审。总包单位对其安装或拆卸过程负有督促落实各项安全技术措施的义务。

⑤使用单位应根据物料提升机的类型，建立相关的管理制度、操作规程、检查维修制度，并将物料提升机的管理纳入设备管理范畴，不得对卷扬机和架体分开管理。

2）架体的安装

①安装架体时，应将基础地梁（或基础杆件）与基础（或预埋件）连接牢固。每安装两个标准节（一般不大于 8 m），应采取临时支撑或临时缆风绳固定，并进行初校正，在确认稳定时，方可继续作业。

②安装龙门架时，两边立柱应交替进行，每安装两节，除将单肢柱进行临时固定外，尚应将

两立柱在横向连成一体。

③利用建筑物内井道做架体时,各楼层进料口处的停靠门必须与司机操作处装设的层站标志灯进行联锁。阴暗处应装照明。

④架体各节点的螺栓必须紧固,螺栓应符合孔径要求,严禁扩孔和开孔,更不得漏装或以铅丝代替。

⑤缆风绳应选用直径不小于9.3 mm的圆股钢丝绳。高度在20 m(含20 m)以下时,缆风绳不少于1组(4~8根);高度在20~30 m时,缆风绳不少于2组。高架必须按要求设置附墙架,间距不大于9 m。

⑥缆风绳应在架体四角有横向缀件的同一水平面上对称设置,缆风绳与地面的夹角不应大于60°,其下端应与地锚可靠连接。

3)卷扬机的安装

①卷扬机应安装在平整坚实的位置上,宜远离危险作业区,视线良好。因施工条件限制,卷扬机的安装位置距施工作业区较近时,其操作棚的顶部应按《龙门架及井架物料提升机安全技术规范》(JGJ 88—2010)中防护棚的要求架设。

②固定卷扬机的锚杆应牢固可靠,不得以树木、电杆代替锚桩。

③当钢丝绳在卷筒中间位置时,架体底部的导向滑轮应与卷筒轴心垂直,否则应设置辅助导向滑轮,并用地梁、地锚、钢丝绳拴牢。

④钢丝绳在提升运动中应被架起,使其不拖于地面或被水浸泡。钢丝绳必须穿越主要干道时,应挖沟槽并加保护措施,严禁在钢丝绳穿行的区域内堆放物料。

4)架体的拆卸

①在拆除缆风绳或附墙架前,应先设置临时缆风绳或支撑,确保架体的自由高度不大于两个标准节(一般不大于8 m)。

②拆除龙门架的天梁前,应先分别对两立柱采取稳固措施,保证单柱的稳定。

③拆除作业宜在白天进行。夜间作业应有良好的照明。因故中断作业时,应采取临时稳固措施。严禁从高处向下抛掷物件。

10.2.3 安全使用与管理

①物料提升机安装后,应由主管部门组织有关人员按规范和设计要求进行检查验收,确定合格后发放使用证,方可交付使用。

②司机应经专门培训,人员要相对稳定,每班开机前,应对卷扬机、钢丝绳、地锚、缆风绳进行检查,并进行空车运行,确认安全装置安全可靠后方能投入工作。

③每月进行一次定期检查,由有关部门和人员参加,检查内容包括:金属结构有无开焊、锈蚀、永久变形;扣件、螺栓连接的紧固情况;提升机构磨损情况及钢丝绳的完好性;安全防护装置有无缺少、失灵和损坏;缆风绳、地锚、附墙架等有无松动;电气设备的接地或接零情况;断绳保护装置的灵敏度试验等。

④严禁人员攀登、穿越提升机架体和乘坐吊篮上下。

⑤物料在吊篮内应均匀分布,不得超出吊篮,严禁超载使用。

⑥设置灵敏可靠的联系信号装置,司机在通信联络信号不明时不得开机,作业中不论任何人发出紧急停车信号,均应立即执行。

⑦装设摇臂把杆的提升机,吊篮与摇臂把杆不得同时使用。

⑧提升机在工作状态下不得进行保养、维修、排除故障等工作,若要进行则应切断电源并在醒目处挂"有人检修,禁止合闸"的标志牌,必要时应设专人监护。

⑨作业结束时,司机应降下吊篮,切断电源,锁好控制电箱门,防止其他无证人员擅自启动提升机。

案例分析

上海市某建筑工程井架倒塌事故

上海市宝山区某建筑工程,项目经理安排架子工搭设井架,在既没有施工方案,也未向作业人员进行详细交底,且架子工无特种作业资格证的情况下开始作业。井架搭设高度为 32.5 m,仅在 18 m 处对角拴了一道缆风绳(直径为 6.5 mm 的钢丝绳)。因天气变化,风力达 7 级,温度下降,操作人员提出风太大不好搭设,但项目经理仍坚持一定要搭完。当井架组装到第 18 节(高度为 27 m)时,井架整体倾倒在二层楼面上,缆风绳被拉断,除造成井架上作业的 3 名人员死亡外,还造成楼面作业的 1 名工人死亡。本次事故共造成 4 人死亡。

1.事故原因分析

(1)技术方面

①井架缆风绳不符合规定。《龙门架及井架物料提升机安全技术规范》(JGJ 88—2010)规定,井架缆风绳应采用直径不小于 9.3 mm 的钢丝绳及每组缆风绳均匀设置不小于 4 根。而该井架缆风绳采用的是直径为 6.5 mm 的钢丝绳,其抗破断拉力尚达不到规定的 1/2,不能承受较大的风力;同时,规定每组 4 根,而该井架只在一对角设置 2 根,当风从另一对角刮来时,井架便失稳倒塌。

②井架安装不符合规定。井架安装过程中,组装架体没有采取临时固定措施,而仅仅依靠缆风绳,不能确保安装过程中的稳定性。该井架只在 18 m 高度处拴了缆风绳,当井架安装到第 18 节时高度已达 27 m,过大的悬臂且 18 m 处并没有采用附墙架刚性固定,仅靠缆风绳的弹性连接,造成悬臂处弯矩加大,并向下部延伸,破坏了井架的整体稳定性。而且井架安装未与基础预埋钢筋连接,当井架上部倾斜出现水平力时,底部不能抵抗倾覆力矩。

(2)管理方面

①井架设计制作后并未按规定进行验收,致使井架设计出现缆风绳过细等不符合规定的隐患。

②在井架搭设前,没按规定编制专项施工方案,作业前又没向作业人员讲明安装程序和应采取的稳定措施,致使安装过程违反规定造成架体失稳。

③该项目经理无相应资质,作业人员无上岗证,施工无方案,作业无交底,风力已达 7 级,仍违章指挥强令进行高处作业,一味追求进度而忽视安全技术措施。这种管理混乱、冒险蛮干引发事故是必然的。

④建设单位、监理单位对现场监督管理失控,违章作业及井架存有多处隐患等错误做法未得到制止、改正,使违章任意发展,导致事故发生。

2.事故的结论和教训

本次事故是一起施工现场管理混乱造成的责任事故,主要原因是由于现场施工负责人违章指挥造成。施工前,不编制方案,不进行交底;施工中,不进行检查,对错误不制止和改正以致形成隐患;遇大风恶劣气候违章指挥,不允许停止高处作业,又未采取可靠措施,无视法规,无视工人生命安全。本次事故主要责任人是项目经理,但企业的技术负责人和企业法人代表对施工现场管理不过问、不检查,应负管理不到位的责任。项目经理无相应资质却独自指挥生产,是造成此次事故的根本原因。

10.3　施工升降机

施工升降机是高层建筑施工中运送施工人员上下及建筑材料和工具设备必备的重要垂直运输设施。

施工升降机又称为施工电梯,是一种使工作笼(吊笼)沿导轨作垂直(或倾斜)运动的机械。其经常附着在建筑物的外侧,故也称为外用电梯。施工升降机的构造示意图如图 10.6 所示。

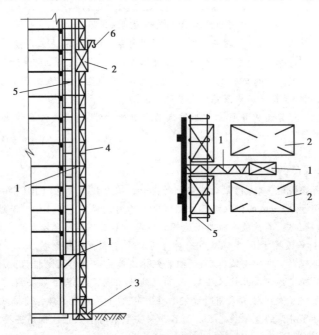

图 10.6　施工升降机示意图
1—附着装置;2—梯笼;3—缓冲机构;4—塔架;5—脚手架;6—小吊杆

10.3.1　安全装置

(1)限速器

限速器的作用是防止吊笼坠落。一般采用单向限速器,沿吊笼的下降方向起限速作用;也有双向限速器,可以沿吊笼的升降两个方向起限速作用。

(2)缓冲弹簧

缓冲弹簧的作用是当吊笼发生坠落事故时,保证吊笼和配重下降着地时呈柔性接触,减轻吊笼和配重着地时的冲击。一般情况下,每个吊笼对应的底架上装有两个圆锥卷弹簧,也有采用 4 个圆柱螺旋弹簧的。

(3)上、下限位器

上、下限位器是为了防止吊笼上、下时超过需停位置,因司机误操作或电气故障等原因继续上行或下降引发事故而设置的装置。该装置安装在吊轨架和吊笼上。

(4)上、下极限限位器

上、下极限限位器是在上、下限位器不起作用时,当吊笼运行超过限位开关和越程(限位开关与极限限位开关之间所规定的安全距离）后，能及时切断电源使吊笼停车。极限限位器安装在导轨器或吊笼上。

（5）安全钩

安全钩是安装在吊笼上部的重要也是最后一道安全装置，它能使吊笼上行到导轨架顶部时安全钩钩住导轨架，保证吊笼不发生倾翻坠落事故。

（6）急停开关

当吊笼在运行过程中发生各种原因的紧急情况时，司机能在任何时候按下急停开关，使吊笼停止运行。

（7）门联锁装置

施工升降机的吊笼门、底笼门均装有电气联锁开关，它们能有效地防止因吊笼或底笼门未关闭就启动运行而造成人员坠落和物料滚落等事故，只有当吊笼门和底笼门完全关闭时才能启动运行升降机。

（8）通信装置

由于司机的操作室位于吊笼内，无法知道各楼层的需求情况和分辨不清哪个层面发出信号，因此必须安装一个闭路的双向电气通信装置，使司机能听到或看到每一层的需求信号。

10.3.2　安装与拆卸管理

1）施工方案与资质管理

①安装与拆除作业必须由经当地建设行政主管部门认可、持有相应安拆资质证书的专业单位实施。专业单位根据现场工作条件及设备情况编制安拆施工方案，对作业人员进行分工和技术交底，确定指挥人员，划定安全警戒区域并设监护人员。

②安装与拆除作业的人员应由专业队伍中取得市级有关部门核发的资格证书的人员担任。参与安装与拆卸的人员，必须熟悉施工电梯的机械性能、结构特点，并具备熟练的操作技术和排除一般故障的能力，必须有强烈的安全意识。

③作业人员应明确分工，专人负责，统一指挥，严禁酒后作业。工作时须配戴安全帽、系安全带、穿防滑鞋，不得穿过于宽松的衣服，应穿工作服。

2）升降机的安装

①选定合适的安装位置，以保证电梯能最大限度地发挥其运送能力并满足现场的具体情况。应尽量使施工电梯离建筑物的距离达到最小允许值，以利于整机的稳定。

②基础所在位置的地质情况必须达到生产厂家要求的承载力，同时还要考虑建筑物附着点处所能承受的最大作用力，应在建筑物上留好附着预留孔。

③安装过程中利用起重设备吊装各个部件（标准节、吊笼、附着架等），安装安全装置（限位碰块、极限碰块、限位开关、防坠器等），并用经纬仪不断调整架体垂直度，以满足规范相关要求。

④安装完毕后，应反复试验，校验其动作的准确性和可靠度。

⑤将所有的滚轮、背轮间隙调整好，保证吊笼运行平稳。

⑥当所有安装工作结束后应检查各紧固件有无松动，是否达到了规定的拧紧力矩，然后进行载荷试验及吊笼坠落试验，并将安全器正确复位。

⑦雷雨天、雪天及风速超过 10 m/s 的恶劣天气时不能进行安装与拆卸作业。

⑧按照安全部门的规定,防坠器必须由具有相应资质的检测部门每两年检测一次。

3)安装验收

升降机每次安装后,施工企业应当组织有关职能部门和专业人员对升降机进行必要的试验和验收。确认合格后应向当地建设行政主管部门认定的检测机构申报,经专业检测机构检测合格后才能正式投入使用。

验收的内容包括:基础的承载力和稳定性,架体的垂直度,附墙距离,顶端的自由高度,电气及安全装置的灵敏度,进行空载及额定荷载的试验运行。如实记录检查测试结果和对不符合规定问题的改正结果,确认电梯各项指标均符合要求。

4)升降机的拆卸

升降机的拆卸是一项重要工作,必须由专业人员完成。拆卸前,必须对施工升降机进行一次全面的安全检查,进行吊笼模拟断绳试验。各项检查合格后,方可按照架设的逆过程(即先安装的后拆,后安装的先拆)进行施工升降机的拆卸。

10.3.3 安全使用与管理

①施工企业必须建立各类健全的施工升降机管理制度,落实专职机构和专职管理人员,明确各级安全使用和管理责任制。

②驾驶升降机的司机应是经有关行政主管部门培训合格的专职人员,严禁无证操作。

③司机应做好日常检查工作,即在电梯每班首次运行时,应分别作空载和满载试运行,将梯笼升高至离地面设计高度处停车,检查制动器的灵敏性和可靠性,确认正常后方可投入使用。

④建立和执行定期检查和维修保养制度,每周或每旬对升降机进行全面检查,对查出的隐患按"三定"原则落实整改。整改后须经有关人员复查确认符合安全要求后方能使用。

⑤梯笼乘人、载物时,应尽量使荷载均匀分布,严禁超载使用。每个吊笼顶平台上的作业人员、配备工具及待安装的部件总重不得超过 650 kg。

⑥升降机运行至最上层和最下层时,严禁以碰撞上、下限位开关来实现停车。

⑦司机因故离开吊笼及下班时,应将吊笼降至地面,切断总电源并锁上电箱门,以防止其他无证人员擅自开动吊笼。

⑧风力达 6 级以上,应停止使用升降机,并将吊笼降至地面。

⑨各停靠层的运料通道两侧必须有良好的防护。楼层门应处于常闭状态,其高度应符合规范要求,任何人不得擅自打开或将头伸出门外,当楼层门未关闭时,司机不得开动电梯。

⑩应确保通信装置的完好,司机应当在确认信号后方能开动升降机。作业中无论任何人在任何楼层发出紧急停车信号,司机都应当立即执行。

⑪升降机应按规定单独安装接地保护和避雷装置。

⑫严禁在升降机运行状态下进行维修保养工作。若需维修,必须切断电源并在醒目处挂上"有人检修,禁止合闸"的标志牌,并有专人监护。

知识窗

10.4　起重吊装安全技术

起重吊装包括结构吊装和设备吊装。起重吊装作业属高处危险作业，作业条件多变，专业性强，施工技术也比较复杂（图 10.7）。因此，应从施工作业各方面采取相应的安全技术措施，以保证起重吊装作业的安全。图 10.8 为履带式起重机倾倒事故现场。

图 10.7　起重吊装作业现场

图 10.8　履带式起重机倾倒事故现场

10.4.1　施工方案

施工前应根据工程实际编制专项施工方案。专项施工方案的内容包括:现场环境、工程概况、施工工艺、起重机械的选型依据、起重拔杆的设计计算、地锚设计、钢丝绳及索具的设计选用、地耐力及道路的要求、构件堆放就位图以及吊装过程中的各种安全防护措施及应急救援预案等。

专项施工方案必须针对工程状况和现场实际,具有指导性,并经上级技术部门审批确认符合要求。超规模的起重吊装作业,应组织专家对专项施工方案进行论证。

10.4.2　起重机械

①起重机械按施工方案要求选型,运到现场重新组装后应进行试运转和验收,确认符合要求并有记录、签字。

②起重机械应按规定安装荷载限制器及行程限位装置,荷载限制器、行程限位装置应灵敏可靠。安全装置应按说明书规定进行检查,符合要求后方可使用。

③起重拔杆的选用应符合作业工艺要求,拔杆的规格尺寸通过设计计算确定,其设计计算应按照有关规范标准进行并经上级技术部门审批。

④拔杆选用的材料、截面以及组装形式,必须按设计图纸要求进行,组装后应经有关部门检验确认符合要求,并应由责任人签字。

⑤拔杆与钢丝绳、滑轮、卷扬机等组合好后,应先进行检查、试吊,确认符合设计要求,并作好试吊记录。

10.4.3　钢丝绳与地锚

①钢丝绳的结构形式、规格、强度等应符合机型要求。钢丝绳在卷筒上要连接牢固并按顺序整齐排列,当钢丝绳全部放出时,筒上至少要留3圈以上。起重钢丝绳的磨损、断丝按《起重机械安全规程　第1部分:总则》(GB 6067.1—2010)的要求,定期检查、报废。

②拔杆滑轮及地面导向滑轮的选用应与钢丝绳的直径相适应,滑轮直径与钢丝绳直径的比值不应小于15;各组滑轮必须用钢丝绳牢靠固定,滑轮出现翼缘破损等缺陷时应及时更换。

③缆风绳使用的钢丝绳,其安全系数 K 应大于或等于3.5,规格应符合施工方案要求。缆风绳应与地锚牢固连接。

④地锚的埋设方法应经计算确定,地锚的位置及埋深应符合施工方案要求和拔杆作业时的实际角度。移动拔杆时,必须使用经过设计计算的正式地锚,不准随意拴在电线杆、树木和构件上。

10.4.4　吊点与索具

①根据重物的外形、重心及工艺要求选择吊点,并在方案中进行规定。吊点一般应与重物的重心在同一垂直线上,当采用几个吊点起吊时,应使各吊点的合力作用点在重物的重心位置,使重物在吊装过程中始终保持稳定位置。

②当构件无吊鼻需用钢丝绳捆绑时,必须对棱角处采取保护措施,防止切断钢丝。

③当索具采用编结连接时,编结长度不应小于 15 倍的绳径,且不应小于 300 mm;当采用绳夹连接时,绳夹规格应与钢丝绳相匹配,绳夹数量、间距应符合规范要求。

④吊索规格应互相匹配,机械性能应符合设计要求。钢丝绳做吊索时,其安全系数 $K = 6 \sim 8$。

10.4.5　作业人员

①起重机司机属特种作业人员,应经正式培训考核并取得合格证书。合格证书或培训内容必须与司机所驾驶起重机类型相符。

②起重机作业应设专职信号指挥和司索人员,一人不得同时兼顾信号指挥和司索作业。吊装作业若在高处,必须专门设置信号传递人员,以确保司机清晰、准确地看到和听到指挥信号。

③作业前应按规定进行技术交底,并应有交底记录。

10.4.6　作业环境

①起重机作业区路面的地耐力应符合该机说明书的要求,并应对相应的地耐力报告结果进行审查。作业道路应平整坚实,一般情况下,纵向坡度不大于 3‰,横向坡度不大于 1‰。起重机行驶或停放时,应与沟渠、基坑保持 5 m 以上距离,且不得停放在斜坡上。

②起重机与架空线路安全距离应符合规范要求。

10.4.7　起重吊装

①当多台起重机同时起吊一个构件时,必须随时掌握起重机起升的同步性,单机负载不得超过该机额定起重量的 80%。

②不得起吊埋于地下、粘在地面及其他物体上的重物。

③起重机作业时,任何人不应停留在起重臂下方,被吊物不应从人的正上方通过。

④起重机不能采用吊具运载人员;当吊运易散落物件时,应使用专用吊笼。

⑤起重机首次起吊或重物重量变换后首次起吊时,应先将重物吊离地面 200 ~ 300 mm 后停住,检查起重机的工作状态,在确认起重机稳定、制动可靠、重物吊挂平衡牢固后,方可继续起升。

10.4.8　高处作业

①起重吊装在高处作业时,应按规定设置安全措施,防止高处坠落。屋架吊装以前,应预先在下弦挂设安全网,吊装完毕后即将安全网铺设固定。

②吊装作业人员在高空移动和作业时必须系牢安全带,安全带悬挂点应可靠,并应高挂低用。

③作业人员上下应有专用爬梯或斜道,不允许攀爬脚手架或建筑物。爬梯的制作和设置应符合高处作业规范关于攀登作业的规定。

④应按规定设置高处作业平台,作业平台应有搭设方案,临边应设置防护栏杆和封挂密目网。平台强度、护栏高度应符合规范要求。

10.4.9　构件码放

①构件码放荷载应在作业面承载能力允许的范围内平稳堆放,底部按设计位置设置垫木。

②大型构件码放应有保证稳定的措施。如屋架、大梁等,除在底部设垫木外,还应在两侧加设支撑,或将几榀大梁用方木、铁丝连成一体,提高其稳定性,侧向支撑沿梁长度方向不得少于3道。墙板堆放架应经设计计算确定,并确保地面满足抗倾覆要求。

③构件码放高度应在规定的允许范围内。楼板堆放高度一般不应超过1.6 m,柱子叠放高度不超过2层,梁高不超过3层,大型屋面板、多孔板为6~8层,钢屋架不超过3层。各层的支撑垫木应在同一垂直线上,各堆放构件之间应留不小于0.7 m宽的通道。

10.4.10　警戒监护

①起重吊装作业前,应根据施工组织设计要求划定危险作业区域(警戒区),设置醒目的警示标志,防止无关人员进入。

②除设置标志外,还应视现场作业环境专门设置监护人员,防止高处作业或交叉作业时造成的落物伤人。

阅读材料

起重吊装常见的安全事故

1.事故类型

①组装吊车时,衔接销或螺栓未正确安装,导致吊臂松脱,砸伤人员。

②起重机作业前,平衡支腿未均衡伸出或支腿下垫板不够,造成吊装机械倾斜甚至翻车。

③吊装施工时,无人指挥,吊臂回转过快、吊钩过低,吊挂人员站在吊车作业回转半径内,吊钩晃动等砸伤吊挂人员。

④吊装过程中,吊臂离高压线太近,无专人指挥,导致材料碰上高压线,造成触电事故。

⑤临边吊装时,由于被吊物晃动幅度大,导致施工人员失去平衡而坠落。

⑥卡车上卸货时,吊挂人员站在车厢边沿指挥卸货,不慎踩空导致跌倒受伤。

⑦吊装机械常年失修,吊装时超载,吊臂突然折断坠落等造成安全事故。

⑧信号工酒后作业,指挥吊装时从高处坠落。

⑨吊装机械吊运物品时,施工人员违规站在被吊物上,坠落造成事故。

⑩强风天气吊装作业,很容易造成吊运构件晃动失控,碰到操作平台,导致工人跌落摔伤。

⑪吊装龙骨、钢筋等散状物时,由于晃动或捆绑不牢,在吊装过程中碰撞到已完成的建筑物,导致部分物品脱落,砸中下方人员。

⑫吊车卸料完成将钢丝绳抽出时,钢丝绳反弹打伤吊挂人员。

⑬吊装机械起吊整体构件时,由于吊点位置不正确,很容易造成摇晃和脱落,砸伤施工或指挥人员。

2.事故原因

①根据工程情况编制具有针对性的作业方案或虽有方案但过于简单而不能具体指导作业,且无企业技术负责人的审批。

②对选用的起重机械或起重拔杆没有进行检查和试吊,使用中无法满足起吊要求,若强行起吊必然发生事故。

③司机、指挥和起重工未经培训,无证上岗,不懂专业知识。

④钢丝绳选用不当或地锚埋设不合理。

⑤高处作业时无防护措施,造成人员的高处坠落或落物伤人。

⑥吊装作业时违章作业,不遵守"十不吊"的要求。

3.预防技术与措施

①吊装作业应根据施工现场的实际情况,编制有针对性的施工方案,并经上级主管部门审批同意后方能施工;作业前,应向作业人员进行安全技术交底。

②司机、指挥员和起重人员必须经过培训,经考核合格后方能上岗作业。高空作业时必须按高处作业的要求挂好安全带,并作好必要的防护工作。

③对吊装区域不安全因素和不安全的环境,要进行检查、清除或采取保护措施。如清除对输电线路的妨碍,如何确保与高压线路的安全距离;作业周围是否涉及主要通道、警戒线的范围、场地的平整度;作业中如遇大风怎样采取措施等,对不利条件都要准备好对策措施。

④做好吊装作业前的准备工作十分重要,如检查起吊用具和防护设施,对辅助用具的准备、检查,确定吊物回转半径范围、吊物的落点等。

⑤吊装中要熟悉和掌握捆绑技术,以及捆绑的要点。应根据形状找中心、吊点的数目和绑扎点,捆绑中要考虑吊索间的夹角;起吊过程中必须做到"十不吊"的规定。各地区对"十不吊"的理解和提法不一样,但绝大部分是保证起重吊装作业的安全要求,参与吊装作业的指挥员、司机要严格遵守。

⑥严禁任何人在已起吊的构件下停留或穿行,已吊起的构件不准长时间在空中停留。

⑦起重作业人员在吊装过程中要选择安全位置,防止吊物冲击、晃动、坠落伤人事故发生。

⑧起重指挥人员必须坚守岗位,准确、及时传递信号,司机要对指挥发的信号、吊物的捆绑情况、运行通道、起降的空间确认无误后才能进行操作。多人捆扎时,只能由一人负责指挥。

⑨采用桅杆吊装时,四周不准有障碍物,缆风绳不准跨越架空线,如相距过近时,必须要搭设防护架。

⑩起吊作业前,应对机械进行检查,安全装置要完好、灵敏。起吊满载或接近满载时,应先将吊物吊起离地 500 mm 处停机检查,检查起重设备的稳定性、制动器的可靠性、吊物的平稳性、绑扎的牢固性,确认无误后方可再行起吊。吊运中起降要平稳,不能忽快忽慢和突然制动。

⑪对自制或改装的起重机械、桅杆起重设备,在使用前,要认真检查和试验、鉴定,确认合格后方准使用。

小　结

本项目主要讲授了以下几个方面的内容:

1.塔式起重机安全管理;

2.物料提升机安全管理;

3.施工升降机安全管理;

4.起重吊装安全技术。

通过本项目的学习,掌握塔式起重机、物料提升机、施工升降机安装和使用及拆除的安全技术要求和安全管理知识;熟悉常用的起重吊装机械,掌握起重吊装安全管理知识,并能对其进行相应的检查,确保施工过程中垂直运输机械安装、使用及拆卸的安全。

思考题

1.简述塔式起重机、物料提升机及施工升降机安装和拆除的有关要求。

2.塔式起重机、物料提升机及施工升降机的安全使用有哪些要求?

3.起重吊装作业中,哪些人员应经正式专业培训、考试合格并取得特种作业人员操作证后持证上岗?

4.起重吊装常见的安全事故有哪些?

实　训

根据《建筑施工安全检查标准》(JGJ 59—2011)中"塔式起重机、物料提升机、施工升降机及起重吊装检查评分表"对一施工现场的垂直运输机械和起重吊装作业安全进行检查和评分。

(1)分组要求:每6~8人一组。

(2)资料要求:选取一施工工地,工地上应有塔式起重机、物料提升机、施工升降机等垂直运输机械,并正在进行起重吊装作业,提供该工地的相关资料。

(3)学习要求:根据对施工现场各垂直运输机械和起重吊装作业的参观,阅读起重吊装施工方案及相关资料,然后根据《建筑施工安全检查标准》(JGJ 59—2011)中"塔式起重机、物料提升机、施工升降机及起重吊装检查评分表"对各垂直运输机械和起重吊装作业进行检查和评分。

项目 11　常用施工机具

【内容简介】

1.木工机具；

2.钢筋加工机械；

3.搅拌机；

4.手持电动工具；

5.其他机具。

【学习目标】

1.了解施工中常用施工机具的种类；

2.熟悉常用施工机具的安全使用及安全防护知识。

【能力培养】

能根据《建筑施工安全检查标准》(JGJ 59—2011)中"施工机具安全检查评分表"，对施工机具组织安全检查和评分。

引言

建筑施工中除了必须用的大型垂直运输机械外，还会用到很多施工机具，包括木工的平刨（图11.1）、圆盘锯（图11.2），钢筋加工的机械，搅拌机，打桩机等。这些常用的施工机具在使用中存在一些安全隐患，必须加强对施工机具的安全管理，确保施工生产所使用的施工机具符合安全生产的要求。

图 11.1　平刨

图 11.2　圆盘锯

11.1 木工机具

木工机具种类繁多,这里仅介绍平刨和圆盘锯的安全技术,使用其他施工机具时,可参照类似情况考虑。

11.1.1 平刨

木工刨床是专门用来加工木料表面(如表面的整直、修光、刨平等)的机具。木工刨床分平刨床和压刨床两种。平刨床又分手压平刨床和直角平刨床;压刨床分单面压刨床、双面压刨床和四面刨床 3 种。目前平刨使用最为广泛。

1) 可能存在的安全隐患

①由于木质不均匀,其节疤或倒丝纹的硬度超过周围木质的几倍,刨削过程中碰到节疤时,其切削力也相应增加几倍,使得两手推压木料原有的平衡突然被打破,木料弹出或翻倒,若操作人员的两手仍按原来的方式施力,可能伸进刨口而被切去手指。

②加工的木料过短,木料长度小于 250 mm。

③传动部位无防护罩。

④操作人员违章操作或操作方法不正确。

2) 安全措施与要求

①平刨进入施工现场前,必须经过建筑安全管理部门验收,确认符合要求时,发给准用证或有验收手续方能使用。设备上必须挂合格牌。

②必须使用圆柱形刀轴,绝对禁止使用方轴。刨刀刃口伸出量不能超过外径 1.1 mm,刨口开口量不得超过规定值。

③手压平刨必须有安全防护装置(护手安全装置及传动部位防护罩),操作前应检查各机械部件及安全防护装置是否松动或失灵,并检查刨刃锋利程度,经试车 1~3 min 后才能进行正式工作,如刨刃已钝,应及时调换。

④刨削工件最短长度不得小于刨口开口量的 4 倍,在刨较短、较薄的木料时,应用推板去推压木料;长度不足 400 mm 或薄而窄的小料不得用手压刨。吃刀深度一般为 1~2 mm。

⑤刨削前,必须仔细检查木料有无节疤和铁钉,如有,须用冲头冲进去。操作时左手压住木料,右手均匀推进,不要猛推猛拉,切勿将手指按于木料侧面;刨料时,先刨大面当作标准面,然后再刨小面。两人同时操作时,须待其中一人将木料推过刨刃 150 mm 以外,另一人方可在对面接手。

⑥刨削过程中如感到木料振动太大,送料推力较大时,说明刨刀刃口已经磨损,必须停机更换锋利的刨刀。

⑦开机后切勿立即送料刨削,一定要等到刀轴运转平稳后方可进行刨削。操作人员衣袖要扎紧,不准戴手套。

⑧施工现场应设置木工平刨作业区,并搭设防护棚。若作业区位于塔吊作业范围之内,应搭设双层防坠棚,在施工组织设计中予以标识。同时,木工棚内须落实消防措施、安全操作规

程及其责任人。

⑨机械运转时,不得进行维修,更不得移动或拆除护手装置。

11.1.2　圆盘锯

圆盘锯又称为圆锯机,是应用很广的木工机具,由床身、工作台和锯轴组成。

1)可能存在的安全隐患

①圆锯片在装上锯床之前未校正中心,使得圆锯片在锯切木材时仅有一部分锯齿参加工作,工作锯齿因受力较大而变钝,容易引起木材飞掷。

②圆锯片有裂缝、凹凸、歪斜等缺陷,锯齿折断使得圆锯片在工作时发生撞击,引起木材飞掷及圆锯本身破裂等。

③传动皮带防护不严密。

④护手安全装置残损。

2)安全措施与要求

①圆盘锯进入施工现场前必须经过建筑安全管理部门验收,确认符合要求,发给准用证或有验收手续方能使用。设备上必须挂合格牌。

②操作前应检查机械是否完好,电器开关等是否良好,熔丝是否符合规格,并检查锯片是否有断、裂现象,装好防护罩,运转正常后方能投入使用。

③锯片必须平整,不准安装倒顺开关,锯口要适当,锯片要与主动轴匹配、紧牢,不得有连续断齿,裂纹长度不得超过 20 mm,有裂纹时应在其末端冲上裂孔,以阻止其裂纹进一步发展。锯片上方必须安装安全防护罩、挡板、松口刀,皮带传动处应有防护罩。

④操作时,操作人员应戴安全防护眼镜;站在锯片左面的位置,不应与锯片站在同一直线上,以防止木料弹出伤人。

⑤木料锯到接近端头时,应由下手拉料进锯,上手不得用手直接送料,应用木板推送。锯料时,不准将木料左右搬动或高抬;送料时不宜用力过猛,遇木节要减慢进锯速度,以防木节弹出伤人。

⑥锯短料时,应使用推棍,不准直接用手推进,进料速度不得过快,下手接料必须使用刨钩。剖短料时,料长不得小于锯片直径的 1.5 倍,料高不得大于锯片直径的 1/3。截料时,截面高度不准大于锯片直径的 1/3。

⑦锯线走偏时,应逐渐纠正,不准猛扳。锯片运转时间过长,温度过高时,应用水冷却,直径 600 mm 以上的锯片应喷水冷却。

⑧木料卡住锯片时,应立即停车处理。

⑨用电应符合规范要求,采用三级配电二级保护,三相五线保护接零系统,并定期进行检查,设置漏电保护器并确保有效。

⑩操作开关必须采用单向按钮开关。无人操作时须断开电源。

11.2 钢筋加工机械

11.2.1 钢筋加工机械的种类

钢筋工程包括钢筋基本加工(除锈、调直、切断、弯曲),钢筋冷加工,钢筋焊接、绑扎和安装等工序。在工业发达国家的现代化生产中,钢筋加工则由自动生产线连续完成。钢筋机械主要包括电动除锈机、机械调直机、钢筋切断机、钢筋弯曲机(图 11.3)、钢筋对焊机(图 11.4)、钢筋冷加工机具等。

图 11.3　钢筋弯曲机

图 11.4　钢筋对焊机

11.2.2 安全措施与要求

1)钢筋除锈机

①使用电动除锈机前,要检查钢丝刷固定螺丝有无松动,检查封闭式防护罩装置及排尘设备的完好情况,防止发生机械伤害。

②使用移动式除锈机,要注意检查电气设备的绝缘及接地是否良好。

③操作人员要将袖口扎紧,戴好口罩、手套等防护用品,特别要戴好安全防护眼镜,防止圆盘钢丝刷上的钢丝甩出伤人。

④送料时,操作人员要侧身操作,严禁除锈机的正前方站人;长料除锈时,需两人互相配合。

2)钢筋调直机

直径小于 12 mm 的盘状钢筋使用前,必须经过放圈、调直工序;局部曲折的直条钢筋也需调直后使用。这种工作一般利用卷扬机完成。工作量较大时,采用带有剪切机构的自动矫直机,不仅生产率高、体积小、劳动条件好,而且能够同时完成钢筋的清刷、矫直和剪切等工序,还能矫直高强度钢筋。钢筋调直机使用时应注意:

①用机械冷拉调直钢筋时,必须将钢筋卡紧,防止断折和脱扣。机械的前方必须设置铁板加以防护。

②机械开动后,人员应站在两侧 1.5 m 以外,不准靠近钢筋行走,防止钢筋断折或脱扣弹出伤人。

3)钢筋切断机

钢筋的切断方法视钢筋直径大小而定,直径 20 mm 以下的钢筋用手动机床切断,大直径的钢筋则必须用专用机械——钢筋切断机来切断。

钢筋切断机有固定刀片和活动刀片。活动刀片装在滑块上,靠偏心轮轴的转动获得往复运动,装在机床内部的曲轴连杆机构推动活动刀片切断钢筋。这种切断机的生产率约为每分钟切断 30 根,直径 40 mm 以下的钢筋均可切断。切割直径 12 mm 以下的钢筋时,每次可切 5 根。机械切断操作的安全要求如下:

①切断机切断钢筋时,断料的长度不得小于 1 m。一次切断的根数必须符合机械的性能,严禁超量切割。

②切断直径 12 mm 以上的钢筋时,需两人配合操作。人与钢筋要保持一定距离,并应把稳钢筋。

③断料时,料要握紧,在活动刀片向后退时将钢筋送进刀口,防止钢筋末端摆动或钢筋蹦出伤人。

④不要在活动刀片向前推进时向刀口送料,这样不能断准尺寸,还会发生机械或人身安全事故。

4) 钢筋弯曲机

①机械正式操作前,应检查机械各部件,并进行空载试运转,正常后方可正式操作。

②操作时,注意力要集中,要熟悉工作盘旋转的方向,钢筋放置要与挡架、工作盘旋转方向相配合,不能放反。

③操作时,钢筋必须放在插头的中下部,严禁弯曲超截面尺寸的钢筋,回转方向必须准确,手与插头的距离不得小于 200 mm。

④机械运行过程中,严禁更换芯轴、销子和变换角度等,不准加油和清扫。

⑤转盘换向必须待停机后再进行。

5) 钢筋对焊机

钢筋对焊的原理是利用对焊机产生的强电流,使钢筋两端在接触时产生热量,待钢筋端部出现熔融状态时,通过对焊机加压顶锻,将钢筋连接成一体。钢筋对焊适用于焊接直径为 10~40 mm 的 HPB300 级、HRB400 级钢筋。焊机操作的安全要求如下:

①焊工必须经过专门安全技术和防火知识培训,经考核合格,持证者方准独立操作;徒工操作必须有师傅带领指导,不准独立操作。

②焊工施焊时,必须穿戴白色工作服、工作帽、绝缘鞋、手套、面罩等,并要时刻预防电弧光伤害;要及时通知周围无关人员离开作业区,以防伤害眼睛。

③钢筋焊接工作房应采用防火材料搭建,焊接机械四周严禁堆放易燃物品,以免引起火灾。工作棚内应备有灭火器材。

④遇六级以上大风天气时,应停止高处作业;雨、雪天应停止露天作业;雨雪后,应先清除操作地点的积水或积雪,否则不准作业。

⑤进行大量焊接生产时,焊接变压器不得超负荷,变压器温度不得超过 60 ℃。为此,要特别注意遵守焊机暂载率规定,以免过分发热而损坏。

⑥焊接过程中,如焊机有不正常响声,变压器绝缘电阻过小,导线破裂、漏电等,应立即停止使用,进行检修。

⑦焊机断路器的接触点、电极（铜头）等要定期检修，冷却水管应保持畅通，不得漏水和超过规定温度。

知识窗

钢筋加工机械安全事故的预防措施

①钢筋加工机械使用前，必须经过调试，保证运转正常，并经建筑安全管理部门验收，确认符合要求，发给准用证或有验收手续后，方可正式使用。设备应挂上合格牌。

②钢筋机械应由专人使用和管理，安全操作规程应悬挂在墙上，明确责任人。

③施工用电必须符合规范要求，做好保护接零，配置相应的漏电保护器。

④钢筋冷作业区与对焊作业区必须有安全防护设施。

⑤钢筋机械各传动部位必须有防护装置。

⑥在塔吊作业范围内，钢筋作业区必须设置双层安全防坠棚。

11.3　搅拌机

11.3.1　搅拌机的分类

搅拌机是用于拌制砂浆及混凝土的施工机械，在建筑施工中的应用非常广泛。它以电为动力，机械传动方式有齿轮传动和皮带传动，以齿轮传动为主。搅拌机种类较多，根据用途不同分为砂浆搅拌机和混凝土搅拌机（也可用于拌制砂浆）两类；根据工作原理分为自落式（图11.5）和强制式（图11.6）两类。

图11.5　自落式搅拌机

图11.6　强制式搅拌机

11.3.2　搅拌机安全措施

1)可能存在的安全隐患

①临时施工用电不符合规范要求，缺少漏电保护或保护失效。

②机械设备在安装、防护装置上存在问题。

③施工人员违反操作规程。

2) 安全措施与要求

①搅拌机使用前,必须经过建筑安全管理部门验收,确认符合要求,发给准用证或有验收手续方能使用。设备应挂上合格牌。搅拌机安全操作规程应悬挂在墙上,明确设备责任人,定期进行安全检查、设备维修和保养。

②安装场地应平整、夯实,机械安装要平稳、牢固。

③各类搅拌机(除反转出料搅拌机外)均为单向旋转进行搅拌,接电源时应注意搅拌筒转向要与搅拌筒上的箭头方向一致。

④开机前,先检查电气设备的绝缘和接地(采用保护接地时)是否良好,传动部位皮带轮的保护罩是否完整。

⑤工作时,先启动机械进行试运转,待机械运转正常后再加料搅拌,要边加料边加水;遇中途停机、停电时,应立即将料卸出,不允许中途停机后再重载启动。

⑥砂浆搅拌机加料时,不准用脚踩或用铁锹、木棒在筒口往下拨、刮拌合料,工具不能碰撞搅拌叶,更不能在转动时把工具伸进料斗里扒浆。搅拌机料斗下方不准站人;停机时,起斗必须挂上安全钩。

⑦常温施工时,机械应安放在防雨棚内。若机械设置在塔吊运转作业范围内,必须搭设双层安全防坠棚。

⑧操作手柄应有保险装置,料斗应有保险挂钩。严禁非操作人员开动机械。

⑨作业后要进行全面冲洗,筒内料要出净,料斗降落到坑内最低处。

案例分析

某厂房搅拌机发生事故

某厂房正在进行抹灰施工,现场使用一台JGZ350型混凝土搅拌机用来拌制抹灰砂浆。抹灰工长文某趁搅拌机操纵工不在搅拌机旁,私自违章开启搅拌机,且在搅拌机运行过程中,将头伸进料口边查看搅拌机内的情况,被正在爬升的料斗夹其头部后,人跌落在料斗下,料斗着落后又压在文某的胸部,造成头部大量出血,抢救无效,当日死亡。

1. 事故原因分析

(1) 直接原因

身为抹灰工长的文某,安全意识不强,在搅拌机操纵工不在场的情况下,违章作业,擅自开启搅拌机,且在搅拌机运行过程中将头伸进料斗内,导致料斗夹到其头部,是造成本次事故的直接原因。

(2) 间接原因

①总包单位项目部对施工现场的安全治理不严,施工过程中的安全检查督促不力。

②分包单位对职工的安全教育不到位,安全技术交底未落到实处,导致抹灰工擅自开启搅拌机。

③施工现场劳动组织不合理,大量抹灰作业仅安排3名工人和1台搅拌机进行砂浆搅拌,造成抹灰工在现场停工待料。

④搅拌机操纵工为备料而不在搅拌机旁,给无操纵证人员违章作业创造了条件。

2. 事故预防及控制措施

①工程施工必须建立各级安全治理责任,施工现场各级治理人员和从业人员都应按照各自职责严格执行规章制度,杜绝违章作业的情况发生。

②施工现场的安全教育和安全技术交底不能仅仅放在口头,而应落到实处,要让每个施工从业人员都知道施工现场的安全生产纪律和各自工种的安全操纵规程。

③现场治理人员必须强化现场的安全检查力度,加强对施工危险源作业的监控,完善有关的安全防护设施。

④施工现场应合理组织劳动,根据现场实际工作量的情况配置和安排充足的人力、物力,保证施工的正常进行。

⑤施工作业人员也应进一步提升自我防范意识,明确自己的岗位和职责,不能擅自操作自己不熟悉或与自己工种无关的设备设施。

11.4 手持电动工具

在建筑施工中,手持电动工具常用于木材的锯割(图 11.7)、钻孔、刨光和磨光加工及混凝土浇筑过程中的振捣作业等(图 11.8)。

图 11.7 手持电锯

图 11.8 工人用振捣棒振捣混凝土

11.4.1 电动工具的分类

电动工具按其触电保护分为 I,II,III 类。

I 类工具在防止触电的保护方面不仅依靠基本绝缘,而且它还包含一个附加的安全预防措施,使可触及的可导电零件在基本绝缘损坏的事故中不成为带电体。

II 类工具在防止触电的保护方面不仅依靠基本绝缘,而且它还提供双重绝缘或加强绝缘的附加安全预防措施和没有保护接地或依赖安装条件的措施。

III 类工具在防止触电保护方面依靠由安全特低电压供电和在工具内部不会产生比安全特低电压高的高压。其电压一般为 36 V。

11.4.2 安全措施与要求

手持电动工具的安全隐患主要存在于电器方面,易发生触电事故。其相关安全措施与要求如下:

①手持电动工具使用前,必须经过建筑安全管理部门验收,确定符合要求,发给准用证或有验收手续方能使用。设备应挂上合格牌。

②一般场所选用 II 类手持式电动工具时,应装设额定动作电流不大于 15 mA,额定漏电动

作时间小于 0.1 s 的漏电保护器。采用 I 类(额定动作电流不大于 30 mA)手持电动工具时,还必须做保护接零,并按规定穿戴绝缘用品或站在绝缘垫上。

③手持电动工具的负荷线必须采用耐气候型的橡皮护套铜芯软电缆,并不得有接头。电源进线长度应控制在标准范围,以符合不同的使用要求。

④手持电动工具的外壳、手柄、负荷线、插头、开关等必须完好无损,使用前必须做空载试验,运转正常方可投入使用。

⑤电动工具使用中不得任意调换插头,更不能将导线直接插入插座内。当电动工具不用或需调换工作头时,应及时拔下插头,但不能拉着电源线拔插头。插插头时,开关应在断开位置,以防突然启动。

⑥使用电动工具的过程中要经常检查,如发现绝缘损坏、电源线或电缆护套破裂、接地线脱落、插头插座开裂、接触不良及断续运转等故障时,应立即修理,否则不得使用。

⑦电动工具不适宜在含有易燃、易爆或腐蚀性气体及潮湿等的特殊环境中使用,并应存放于干燥、清洁和没有腐蚀性气体的环境中。对于非金属壳体的电机、电器,存放和使用时应避免与汽油等溶剂接触。

⑧长期搁置未用的电动工具,使用前必须用 500 V 兆欧表测定绕阻与机壳之间的绝缘电阻值,应不得小于 7 MΩ,否则须进行干燥处理。

知识窗

使用混凝土振捣器的安全注意事项

使用混凝土振捣器的安全注意事项如下:

①插入式振捣器电动机电源上应安装漏电保护装置,熔断器选配应符合要求,接地应安全可靠。电动机未接地线或接地不良者应严禁开机使用。

②操作人员应掌握一般安全用电常识。操作振捣器作业时,应穿戴好胶鞋和绝缘橡皮手套。

③振捣器停止使用时,应立即关闭电动机。搬动振捣器时,应切断电源,以确保安全。不得用轮管或电缆线拖拉、扯动电动机。

④混凝土振捣器的电缆线上不得有裸露之处,电缆线必须放置于干燥、明亮处,不允许在电缆线上堆放其他物品,也不允许车辆在其上通行,更不许用电缆线吊挂振捣器等物。

⑤振捣器作业时,软管弯曲半径不得小于 50 cm,且软管不得有裂纹。

⑥振捣器启振时,必须由操作人员掌握,不得将启振的振捣棒平放在钢板或水泥板等坚硬物上,以免撞坏发生危险。

⑦严禁用混凝土振捣器的振捣棒撬钢筋和模板,或将其当锤子使用,操作时勿使振捣棒头夹到钢筋里或其他硬物而受到损坏。

⑧用绳拉平板振捣器时,拉绳应干燥绝缘,移动或转向时不得用脚踢电动机。振捣器与平板应保持紧固,电源线必须固定在平板上,电源开关应装在手把上。

⑨在一个物件上同时使用几台附着式振捣器工作时,所有振捣器的频率必须相同。

⑩混凝土振捣器作业后,必须做好清洗、保养工作。振捣器要安放在干燥处。

11.5　其他机具

11.5.1　打桩机械

桩基础是建筑物及构筑物的基础形式之一,当天然地基的强度不能满足设计要求时,往往采用桩基础。桩基础通常是由若干根单桩组成,在单桩的顶部用承台连接成一个整体构成。桩的施工机械种类繁多,配套设施也较多,施工安全问题主要涉及用电、机械、安全操作、空中坠物等诸多因素。

桩基工程施工所用的机械主要是打桩机械(简称桩机)。桩机一般由桩锤、桩架及动力装置组成。桩锤的作用是对桩施加冲击,将桩打入土中;桩架的作用是将桩吊到打桩位置,并在打入过程中引导桩的方向,保证桩沿着所要求的方向冲击;动力装置及辅助设备的作用是驱动桩锤,辅助打桩施工。这里简单介绍桩机的施工安全措施与要求。

①桩机使用前,必须经过建筑安全管理部门验收,确认符合要求,发给准用证或有验收手续方能使用。设备应挂上合格牌。打桩安全操作规程应上牌,并认真遵守,明确责任人。具体操作人员应经培训教育和考核合格,持证并经安全技术交底后方能上岗作业。

②打桩作业要有施工方案,桩机使用前应全面检查机械及相关部件,并进行空载试运转,严禁设备带"病"工作。

③各种桩机的行走道路必须平整坚实,以保证移动桩机时的安全。

④临时施工用电应符合规范要求,启动电压降一般不超过额定电压的10%,否则要加大导线截面。

⑤雨天施工时,电机应有防雨措施;遇到大风、大雾和大雨时,应停止施工。

⑥设备应定期进行安全检查和维修保养。

⑦打桩机应设有超高限位装置。高处检修时,不得向下乱丢物件。

11.5.2　翻斗车

①施工现场用于运料的翻斗车,在行驶前应检查锁紧装置,并将料斗锁牢,不得在行驶时掉斗。行驶时,应从一挡起步,不得用处于半结合状态的离合器来控制车速。上坡时若路面不良或坡度较大,应提前换入低挡行驶;下坡时严禁空挡滑行;转弯时应减速;急转弯时应换入低挡。翻斗制动时,应逐渐踏下制动踏板,并应避免紧急制动。停车时,应选择合适地点,不得在坡道上停车。冬季应采取防止车轮与地面冻结的措施。

②在坑沟边缘卸料时,应设置安全挡块,车辆接近坑边时应减速行驶,不得剧烈冲撞挡块。

③严禁料斗内载人,料斗不得在卸料情况下行驶或进行平地作业。

④内燃机运转或料斗内载荷时,严禁在车底下进行任何作业。

⑤操作人员离机时应将内燃机熄火,并摘挡拉紧手制动器。

⑥作业后应对车辆进行清洗,清除砂土及混凝土等黏结在料斗和车架上的污渍。

11.5.3　潜水泵

①潜水泵外壳必须做保护接零(接地),开关箱中装设漏电保护设施(15 mA×0.1 s),工作地点周围 30 m 水面以内不得有人、畜进入。

②潜水泵的保护装置应稳固灵敏。泵应放在坚固的篮筐里再放入水中,或在泵的四周设立坚固的防护围网,泵应直立于水中,水深不得小于 0.5 m,不得在含泥沙的混水中使用。泵放入水中或提出水面时,应先切断电源,严禁拉拽电缆或出水管。

11.5.4　气瓶

①焊接设备的各种气瓶均应有不同的安全色标,一般情况下,氧气瓶为天蓝色瓶配黑字,乙炔瓶为白色瓶配红字,氢气瓶为绿色瓶配红字,液化石油气瓶为银灰色瓶配红字。

②不同种类的气瓶,瓶与瓶之间的间距不小于 5 m,气瓶与明火距离不小于 10 m。当不满足安全距离要求时,应用非燃烧体或难燃烧体砌成的墙进行隔离防护。

③乙炔瓶使用或存放时只能直立,不能平放。乙炔瓶瓶体温度不能超过 40 ℃。

④施工现场的各种气瓶应集中存放在具有隔离措施的场所,存放环境应符合安全要求,管理人员应经培训,存放处有安全规定和标志。班组使用过程中的零散存放,不能存放在住宿区和靠近油料及火源的地方。存放区应配备灭火器材。氧气瓶与其他易燃气瓶(如乙炔瓶等)、油脂和其他易燃易爆物品应分别存放,且不得同车运输。

⑤使用和运输应随时检查气瓶防震圈的完好情况,为保护瓶阀,应装好气瓶防护帽。

⑥禁止敲击、碰撞气瓶,以免损伤和损坏气瓶。

⑦夏季要防止阳光暴晒;冬天瓶阀冻结时,宜用热水或其他安全的方式解冻,不准用明火烘烤,以免气瓶材质的机械特性变坏和气瓶内压增高。

⑧瓶内气体不能用尽,必须留有剩余压力。可燃气体和助燃气体的余压宜留 0.49 MPa (5 kgf/cm²) 左右,其他气体气瓶的余压可低一些。

⑨不得用电磁起重机搬运气瓶,以免失电时气瓶从高空坠落而致气瓶损坏和爆炸。

⑩盛装易起聚合反应气体的气瓶,不得置于有放射性射线的场所。

阅读材料

某单位施工机具管理制度

第一章　总则

第一条　为进一步加强施工机具管理,提高施工机具完好率、利用率,结合公司实际,制定本制度,为施工生产提供支撑和保障。

第二条　本制度施工机具包括施工所需要的各种设备和小型机具。

第三条　本制度适用于公司所属各单位的施工机具管理工作。

第二章　管理职责

第四条　资产设备管理中心是施工机具的归口管理部门,主要职责是:

(1)负责施工机具制度的编写,并对其实施运行情况进行监督检查。

(2)负责年度设备购置计划的编制,并上报工程建设公司规划计划部。

（3）负责施工机具的到货验收、安装调试。

（4）负责施工机具使用管理、维护保养,对使用保养情况进行监督和检查。

（5）负责编制年度设备修理计划,并对计划实施情况进行监督指导。

第五条 设备机具公司负责施工机具的日常使用管理、维修保养、监督和检查、配置工作。

第三章 供应方评价

第六条 施工机具由工程建设公司统一对供应方作出评价,进行选厂购置。

第四章 施工机具购置

第七条 公司所属相关单位根据施工生产需要,提出施工机具购置计划,填写"设备购置计划"与"小型机具购置计划",经本单位领导审批后上报资产设备管理中心。

第八条 经资产设备管理中心审核、公司领导审批后,将设备购置计划上报工程建设公司规划计划部。

第九条 资产设备管理中心配合工程建设公司对批复的购置计划进行实施。

第十条 施工机具到货后,资产设备管理中心组织相关单位现场验收,填写"设备验收记录表"。在设备安装、调试过程中出现问题,及时与厂家协商解决。

第五章 施工机具的配置

第十一条 各个施工单位根据施工需要向设备机具公司报需求计划,设备机具公司向各单位派遣设备。

第十二条 公司自有设备不能满足施工生产需要,可以外租施工机具时,施工单位可向公司生产协调部上报设备需求,经领导审批后办理相关租赁手续。

第六章 施工机具管理

第十三条 资产设备管理中心编制公司设备台账,设备机具公司建立本单位设备技术档案,设备管理人员及时填写,档案内容要填写齐全、准确。

第十四条 公司所属单位应建立健全设备使用与维护管理制度,制定设备操作、维护和保养规程。设备使用实行定人、定机、定岗制度,设备的操作及维护人员要按期做好设备的维护保养工作,严格执行"十字作业法"(即清洁、润滑、紧固、调整、防腐),并填写好设备运转记录,记录要齐全、准确、整洁。

第七章 施工机具监督与检查

第十五条 设备使用实行巡回检查制度。固定设备按规定时间间隔进行巡回检查,活动设备实行回场检查制度。回场检查站要配备专(兼)职检查人员。未设回场检查站的单位,应由兼职人员完成该项工作。公司设备管理人员每季度检查一次,设备机具公司设备管理人员每月检查一次。

第十六条 对检查情况填写"设备检查记录"。检查过程中发现的问题由检查人填写"设备检查问题整改通知单"并发给受检单位,受检单位对问题的产生原因进行分析并组织整改,整改完成后由检查人组织复查,并作好相关情况记录。

小 结

本项目重点讲授了以下几种施工机具:

1.木工机具;

2.钢筋加工机械;

3.搅拌机;

4.手持电动工具;

5.其他机具。

通过本项目的学习,了解施工中常用施工机具的种类,熟悉常用施工机具的安全技术与相关要求,确保施工机具使用过程的安全。

思考题

1.搅拌机的安全使用注意事项有哪些?

2.钢筋焊接机械的安全使用注意事项有哪些?

3.简述打桩机械的安全措施与要求。

4.手持电动工具分为哪几类?

5.简述手持电动工具的安全隐患、安全措施与要求。

实　训

根据《建筑施工安全检查标准》(JGJ 59—2011)中"施工机具检查评分表"对施工现场的施工机具进行检查和评分。

(1)分组要求:每6~8人一组。

(2)资料要求:选择设有各类施工机具的场所。

(3)学习要求:根据《建筑施工安全检查标准》(JGJ 59—2011)中"施工机具检查评分表"对现场的施工机具进行检查和评分。

项目 12　施工用电安全管理

【内容简介】

1.施工用电方案的编制；

2.施工现场临时用电设施及防护技术；

3.安全用电知识。

【学习目标】

1.了解施工现场临时用电的一般规定；

2.熟悉施工现场安全用电常识、安全用电防护技术、施工现场的防雷接地要求；

3.熟悉施工现场线路、配电箱与配电开关、配电室及自备电源的安全管理。

【能力培养】

能根据《建筑施工安全检查标准》(JGJ 59—2011)中"施工用电安全检查评分表"对施工用电组织安全检查和评分。

引言

随着国家基本建设的迅速发展,建设规模的不断扩大,施工现场的用电设备种类随之增多,使用范围也随之扩大。为了规范建设工程安全施工用电管理,提高安全用电管理水平,减少伤亡事故,保障人员生命财产安全,贯彻"安全第一,预防为主,综合治理"的方针,实现安全生产管理的标准化,必须制订施工安全用电管理的方法和措施,以求达到提高安全用电管理水平的目的。

12.1　施工用电方案

12.1.1　施工用电方案设计的基本原则

为保证施工现场临时用电的安全,要求施工用电设备数量在 5 台以下或设备总容量在 50 kW 以下时,制订符合规范要求的安全用电和电气防火措施;施工用电设备数量在 5 台以上或设备容量在 50 kW 及以上时,编制用电施工组织设计(施工用电方案),并由主管部门审核后实施。制订施工用电方案时应遵循一些基本原则。

1) **采用三级配电系统**

(1)一级配电设施(总配电箱)

一级配电设施起总切断、总保护、平衡用电设备相序和计量的作用。应配置具备熔断并起切断作用的总隔离开关;在隔离开关的下面应配置漏电保护装置,经过漏电保护后支开用电回路,也可在回路开关上加装漏电保护功能;根据用电设备容量,配置相应的互感器、电流表、电压表、电度计量表、零线接线排和地线接线排等。总配电箱外观和内部配置情况分别如图 12.1和图 12.2 所示。

图 12.1　总配电箱外观图　　　　　　　图 12.2　总配电箱内部配置图

(2)二级配电设施(分配电箱)

二级配电设施起分配电总切断的作用。应配置总隔离开关、各用电设备前端的二级回路开关、零线接线排和地线接线排等。分配电箱现场布置情况和内部配置分别如图 12.3 和图12.4 所示。

图 12.3　分配电箱现场布置图　　　　　　图 12.4　分配电箱内部配置图

(3)三级配电设施(开关箱)

三级配电设施起施工用电系统末端控制的作用,也就是单台用电设备的总控制,即一机一闸控制,应配置隔离开关、漏电保护开关和接零、接地装置。开关箱现场布置情况和内部配置分别如图 12.5 和图 12.6 所示。

2) **采用 TN-S 接零保护系统**

"T"表示电力系统中有一点(中性点)接地,"N"表示电气装置的外露可导电部分与电力系统的接地点(中性点)直接连接,"S"表示中性线和保护线是分开的。TN-S 系统是指电源系

图 12.5　开关箱现场布置图　　　　　图 12.6　开关箱内部配置图

统有一直接接地点,负荷设备的外漏导电部分通过保护导体连接到此接地点的系统,即采取接零保护的系统。TN-S 系统把工作零线 N 和专用保护接地线 PE 严格分开,系统正常运行时,专用保护接地线上没有电流,只是工作零线上有不平衡电流。PE 线对地没有电压,因此电气设备金属外壳接零保护是接在专用的保护线 PE 上,安全可靠。专用变压器供电 TN-S 接零保护系统如图 12.7 所示。

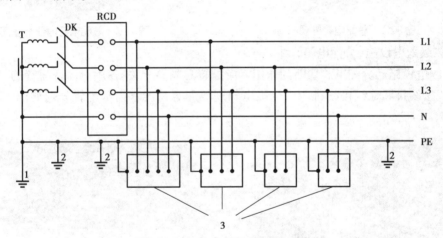

图 12.7　专用变压器供电 TN-S 接零保护系统示意图

1—工作接地;2—PE 线重复接地;3—电气设备金属外壳;L1,L2,L3—相线

N—工作零线;PE—保护零线;DK—总电源隔离开关;RCD—总漏电保护器;T—变压器

3)采用二级漏电保护系统

①总配电漏电保护起线路漏电保护与设备故障保护的作用。漏电保护设备如图 12.8 所示。

②二级漏电保护可以直接断开单台故障设备的电源。

12.1.2　施工用电方案设计的内容

施工用电方案设计的主要内容包括用电设计的原则,配电设计,用电设施管理和批准,施工用电工程的施工、检查和验收等。安全技术档案的建立、管理和内容等视作用电设计的延伸。具体设计内容包括:

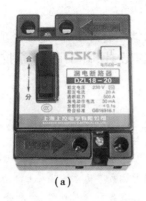

(a)　　　　　　　　　　　(b)

图 12.8　漏电保护器

①统计用电设备容量,进行负荷计算;

②确定电源进线,变电所或配电室、配电装置、用电设备位置及线路走向;

③选择变压器,设计配电系统;

④设计配电线路,选择导线或电缆;

⑤设计配电装置,选择电气元件;

⑥设计接地装置;

⑦绘制临时用电工程图纸,主要包括施工现场用电总平面图、配电装置布置图、配电系统接线图、接地装置设计图等;

⑧设计防雷装置,确定防护措施;

⑨制订安全用电措施和电气防火措施,施工现场安全用电管理责任制,临时用电工程的施工、验收和检查制度等。

12.1.3　施工现场临时用电的一般规定

考虑用电事故的发生概率与用电设计,设备的数量、种类、分布及负荷大小有关,施工现场临时用电一般应符合以下要求:

①各施工现场必须设置一名电气安全负责人,电气安全负责人应由技术好、责任心强的电气技术人员或工人担任,其责任是负责该现场日常安全用电管理。

②施工用电应定期检测。施工现场的一切电气线路、用电设备的安装和维护必须由持证电工负责,并严格执行施工组织设计的规定。

③施工现场视工程量的大小和工期长短,必须配备足够的(不少于 2 名)持有市、地级劳动安全监察部门核发电工证的电工。定期对施工现场电工和用电人员进行安全用电教育培训和技术交底。

④施工现场使用的大型机电设备,进场前应通知主管部门鉴定合格后才允许运进施工现场安装使用,严禁不符合安全要求的机电设备进入施工现场。

⑤一切移动式电动机具(如潜水泵、振动器、切割机、手持电动机等)机身必须写上编号,检测绝缘电阻,检查电缆外绝缘层、开关、插头及机身是否完整无损,并列表报主管部门检查合格后才允许使用。

⑥施工现场严禁使用明火电炉(包括电工室和办公室)、多用插座及分火灯头,220 V 的施

工照明灯具必须使用护套线。

⑦施工现场应设专人负责临时用电的安全技术档案管理工作,定期经项目负责人检验签字。临时用电安全技术档案应包括临时用电施工组织设计、临时用电安全技术交底、临时用电安全检测记录、电工维修工作记录等。

知识窗

接地与接零保护

1.接地

接地通常是用接地体与土壤接触来实现的,是将金属导体或导体系统埋入土中构成的一个接地体。工程上,接地体除专门埋设外,有时还利用兼作接地体的已有各种金属构件、金属井管、钢筋混凝土建(构)筑物的基础、非可燃物质用的金属管道和设备等,这种接地称为自然接地体。用作连接电气设备和接地体的导体,如电气设备上的接地螺栓、机械设备的金属构架,以及在正常情况下不载流的金属导线等称为接地线。接地体与接地线的总和称为接地装置。接地类别如下:

①工作接地:在电气系统中,因运行需要的接地(如三相供电系统中电源中性点的接地)称为工作接地。在工作接地的情况下,大地被作为一根导线,而且能够稳定设备导电部分对地电压。

②保护接地:在电力系统中,因漏电保护需要,将电气设备正常情况下不带电的金属外壳和机械设备的金属构件(架)接地,称为保护接地。

③重复接地:在中性点直接接地的电力系统中,为了保证接地的作用和效果,除在中性点处直接接地外,在中性线上的一处或多处再接地,称为重复接地。

④防雷接地:防雷装置(避雷针、避雷器、避雷线等)的接地,称为防雷接地。设置防雷接地的主要作用是预防雷击,将雷击电流泄入大地。

2.保护接零

保护接零(又称接零保护)就是在中性点接地的系统中,将电气设备在正常情况下不带电的金属部分与保护零线(PE线)作良好连接。

12.2 施工现场临时用电设施及防护技术

12.2.1 外电防护

在建工程不得在高低压线路下方施工、搭设作业棚和生活设施、堆放构件和材料等。在架空线路一侧施工时,在建工程(含脚手架)的外缘应与架空线路边线之间保持安全操作距离,最小安全操作距离见表12.1。

表 12.1　最小安全操作距离

外电线路电压/kV	<1	1~10	35~110	220	330~500
最小安全距离/m	4	6	8	10	15

注:①上下脚手架的斜道不宜设在有外电线路的一侧。

②起重机的任何部位或被吊物边缘与10 kV以下的架空线路边缘的最小距离不得小于2 m。

③施工现场开挖非热管道沟槽的边缘与埋地外电缆沟槽之间的距离不得小于0.5 m。

④施工现场不能满足规定的最小距离时,必须按现行行业规范规定搭设防护设施并设置警告标志。在架空线路一侧或上方搭设或拆除防护屏障等设施时,必须停电后作业,并设监护人员。

12.2.2　配电线路

①架空线路宜采用木杆或混凝土杆。混凝土杆不得露筋,不得有环向裂纹和扭曲;木杆不得腐朽,其梢径不得小于 130 mm。

②架空线路必须采用绝缘铜线或铝线,且必须经横担和绝缘子架设在专用电杆上。架空导线截面应满足计算负荷、线路末端电压偏移(不大于 5%)和机械强度要求。严禁将架空线路架设在树木或脚手架上。

③架空线路相序排列应符合下列规定:在同一横担架设时,面向负荷侧,从左起为 L1,N,L2,L3;与保护零线在同一横担架设时,面向负荷侧,从左起为 L1,N,L2,L3,PE;动力线、照明线在两个横担架设时,面向负荷侧,上层横担从左起为 L1,L2,L3,下层横担从左起为 L1,(L2,L3),N,PE;架空敷设挡距不应大于 35 m,线间距离不应小于 0.3 m。横担间最小垂直距离:高压与低压直线杆为 1.2 m,分支或转角杆为 1.0 m;低压与低压直线杆为 0.6 m,分支或转角杆为 0.3 m。

④施工用电电缆线路应采用埋地或架空敷设,不得沿地面明设;埋地敷设深度不应小于 0.6 m,并应在电缆上下各均匀铺设不少于 50 mm 的细砂后再铺设砖等硬质保护层;电缆线路穿越建筑物、道路等易受损伤的场所时,应另加防护套管;架空敷设时,应沿墙或电杆做绝缘固定,电缆最大弧垂处距地面不得小于 2.5 m。在建工程内的电缆线路应采用电缆埋地穿管引入,沿工程竖井、垂直孔洞等逐层固定,电缆水平敷设高度不应小于 1.8 m。

⑤架空线敷设高度应满足下列要求:距施工现场地面不小于 4 m;距机动车道不小于 6 m;距铁路轨道不小于 7.5 m;距暂设工程和地面堆放物顶端不小于 2.5 m;距交叉电力线路 0.4 kV 线路不小于 1.2 m,10 kV 线路不小于 2.5 m。

⑥照明线路的每一个单项回路上,灯具和插座数量不宜超过 25 个,并应装设熔断电流为 15 A 及以下的熔断保护器。

12.2.3　接地与防雷措施

人身触电事故一般分为两种情况:一是人体直接触及或过分靠近电气设备的带电部分;二是人体碰触平时不带电却因绝缘损坏而带电的金属外壳或金属架构。针对这两种人身触电情况,必须从电气设备本身采取措施,并从工作中采取妥善的保证人身安全的技术措施和组织措施,如搭设防护遮栏、栅栏等属于从电气设备本身采取的防止直接触电的安全技术措施。

1)保护接地和保护接零

电气设备的保护接地和保护接零是防止人身触电及绝缘损坏的电气设备引起的触电事故而采取的技术措施。接地和接零保护方式是否合理,关系到人身安全,影响供电系统的正常运行。因此,正确运用接地和接零保护是电气安全技术中的重要内容。

其中,保护零线应符合下列规定:保护零线应自专用变压器、发电机中性点处,或配电室、总配电箱进线处的中性线(N 线)上引出;保护零线的统一标志为绿/黄双色绝缘导线,任何情况下不得使用绿/黄双色线作负荷线;保护零线(PE 线)必须与工作零线(N 线)相隔离,严禁保护零线与工作零线混接、混用;保护零线上不得装设控制开关或熔断器;保护零线的截面不应小于对应工作零线截面;与电气设备相连接的保护零线应采用截面不小于 2.5 mm² 的多股绝缘铜线;保护零线的重复接地点不得少于 3 处,应分别设置在配电室或总配电箱处,以及配电线路的中间处和末端处。

2) **基本保护系统**

施工用电应采用中性点直接接地的 380/220 V 三相五线制低压电力系统,其保护方式应符合下列规定:施工现场由专用变压器供电时,应将变压器低压侧中性点直接接地,并采用 TN-S 接零保护系统;施工现场由专用发电机供电时,必须将发电机的中性点直接接地,并采用 TN-S 接零保护系统,且应独立设置;当施工现场直接由市电(电力部门变压器)等非专用变压器供电时,其基本接地、接零方式应与原有市电供电系统保持一致。在同一供电系统中,不得一部分设备做保护接零,另一部分设备做保护接地。

3) **接地电阻**

接地电阻包括接地线电阻、接地体本身的电阻及流散电阻。由于接地线和接地体本身的电阻很小(因导线较短,接地良好),可忽略不计,因此,一般认为接地电阻就是散流电阻,它的数值等于对地电压与接地电流之比。接地电阻可用冲击接地电阻、直接接地电阻和工频接地电阻,在用电设备保护中一般采用工频接地电阻。

电力变压器或发电机的工作接地电阻值不应大于 4 Ω。在 TN-S 接零保护系统中,重复接地应与保护零线连接,每处重复接地电阻值不应大于 10 Ω。

4) **施工现场的防雷保护**

多层与高层建筑施工应充分重视防雷保护。多层与高层建筑施工时,其四周的起重机、门式架、井字架、脚手架等突出建筑物很多,材料堆积也较多,一旦遭受雷击,不但对施工人员造成生命危险,而且容易引起火灾,造成严重事故。因此,多层与高层建筑施工期间,应注意采取以下防雷措施:

①建筑物四周、起重机的最上端必须装设避雷针,并应将起重机钢架连接于接地装置上。接地装置应尽可能利用永久性接地系统。如果是水平移动的塔式起重机,其地下钢轨必须可靠接到接地系统上。起重机上装设的避雷针应能保护整个起重机及其电力设备。

②沿建筑物四角和四边竖起的木、竹架子上,做数根避雷针并接到接地系统上,针长最少应高出木、竹架子 3.5 m,避雷针之间的间距以 24 m 为宜。对于钢脚手架,应注意连接可靠并要可靠接地。如施工阶段的建筑物中有突出高点,应如上述加装避雷针。雨期施工时,应随脚手架的接高加高避雷针。

③建筑工地的井字架、门式架等垂直运输架上,应将一侧的中间立杆接高(高出顶墙2 m)作为接闪器,并在该立杆下端设置接地线,同时应将卷扬机的金属外壳可靠接地。

④施工时,应按照正式设计图纸的要求先做完接地设备,同时注意跨步电压的问题。

⑤随时将每层楼的金属门窗(钢门窗、铝合金门窗)与现浇混凝土框架(剪力墙)的主筋可靠连接。在开始架设结构骨架时,应按图纸规定,随时将混凝土柱的主筋与接地装置连接,以防施工期间遭到雷击而破坏。

⑥随时将金属管道、电缆外皮在进入建筑物的进口处与接地设备连接,并应把电气设备的铁架及外壳连接在接地系统上。

⑦防雷装置的避雷针(接闪器)可采用直径为 20 的钢筋,长度为 1~2 m;当利用金属构架作引下线时,应保证构架之间的电气连接;防雷装置的冲击接地电阻值不得大于 30 Ω。

12.2.4　配电箱及开关箱

①施工现场应设总配电箱(或配电室),总配电箱以下设分配电箱,分配电箱以下设开关箱,开关箱以下是用电设备。开关箱应实行"一机一闸"制,不得设置分路开关。

②施工用电配电箱、开关箱中应装设电源隔离开关、短路保护器、过载保护器,其额定值和动作整定值应与其负荷相适应。总配电箱、开关箱中还应装设漏电保护器。

③漏电保护器的额定漏电动作参数选择应符合下列规定:

a.总配电箱内的漏电保护器,其额定漏电动作电流应大于 30 mA,额定漏电动作时间应大于 0.1 s,但其额定漏电动作电流 I 与额定漏电动作时间 t 的乘积不应大于 30 mA · s。

b.开关箱(末级)内的漏电保护器,其额定漏电动作电流不应大于 30 mA,额定漏电动作时间不应大于 0.1 s;使用于潮湿场所时,其额定漏电动作电流不应大于 15 mA,额定漏电动作时间不应大于 0.1 s。

④施工用电动力配电与照明配电宜分箱设置,当合置在同一箱内时,动力配电与照明配电应分路设置。

⑤施工用电配电箱、开关箱应采用铁板(厚度为 1.2~2.0 mm)或阻燃绝缘材料制作,不得使用木质配电箱、木质开关箱及木质电器安装板。

⑥施工用电配电箱、开关箱应装设在干燥、通风、无外来物体撞击的地方,其周围应有足够两人同时工作的空间和通道。

⑦施工用电移动式配电箱、开关箱应装设在坚固的支架上,严禁在地面上拖拉。

⑧加强对配电箱、开关箱的管理,防止误操作造成危害;所有配电箱、开关箱应在其箱门处标注编号、名称、用途和分路情况。

12.2.5　现场照明

①施工照明的室外灯具距地面不得低于 3 m,室内灯具距地面不得低于 2.4 m。

②一般场所,照明电压应为 220 V;隧道,人防工程,高温、有导电粉尘和狭窄场所,照明电压不应大于 36 V;潮湿和易触及照明线路场所,照明电压不应大于 24 V;特别潮湿、导电良好的地面、锅炉或金属容器内,照明电压不应大于 12 V。

③施工用电照明器具的形式和防护等级应与环境条件相适应。

④手持灯具应使用 36 V 以下电源供电;灯体与手柄应坚固、绝缘良好,并耐热和耐潮湿。

⑤施工照明使用 220 V 碘钨灯应固定安装,其高度不应低于 3 m,距易燃物不得小于

500 mm,并不得直接照射易燃物,不得将 220 V 碘钨灯用作移动照明。

⑥需要夜间或暗处施工的场所,必须配置应急照明电源。夜间可能影响行人、车辆、飞机等安全通行的施工部位或设施、设备,必须设置红色警戒照明。

12.2.6 配电室与配电装置

①闸具、熔断器参数应与设备容量匹配。手动开关电器只允许用于直接控制照明电路和容量不大于 5.5 kW 的动力电路,容量大于 5.5 kW 的动力电路应采用自动开关电器或降压启动装置控制。各种开关的额定值应与其控制用电设备的额定值相适应。更换熔断器的熔体时,严禁使用不符合原规格的熔体代替。

②配电室应靠近电源,并设在无灰尘、无蒸汽、无腐蚀介质及无振动的地方。成列的配电屏(盘)和控制屏(台)两端应与重复接地线及保护零线进行电气连接。

③配电屏(盘)周围的通道宽度应符合规定。配电室和控制室应能自然通风,并应采取防止雨雪和动物出入的措施。

④配电室的建筑物和构筑物的耐火等级应不低于三级,室内配备砂箱和绝缘灭火器;配电屏(盘)应装设有功、无功电度表,并分路装设电流、电压表;配电屏(盘)应装设短路、过负荷保护装置和漏电保护器;电流表与计费电度表不得共用一组电流互感器;配电屏(盘)上的各配电线路应编号,并标明用途标记;配电屏(盘)或配电线路维修时,应悬挂停电标志牌。停电、送电必须由专人负责。

⑤电压为 400/230 V 的自备发电机组及其控制室、配电室、修理室等,在保证电气安全距离和满足防火要求的情况下可合并设置;发电机组的排烟管道必须伸出室外;发电机组及其控制室、配电室内严禁存放储油桶;发电机组电源应与外电线路电源联锁,严禁并列运行;发电机组应采用三相四线制中性点直接接地系统,并须独立设置,其接地电阻不得大于 4 Ω。

案 例分析

汽车展销会布展现场触电事故

某广告公司负责布展汽车展销会期间,连日下雨,会展场地大量积水导致无法铺设地毯。为此,该公司负责人决定在场地打孔安装潜水泵排水。民工张某等人便使用外借的电镐进行打孔作业,当打完孔将潜水泵放置孔中准备排水时,发现没电了。负责人余某安排电工王某去配电箱检查原因,张某跟着前去,将手中电镐交给一旁的民工裴某。裴某手扶电镐赤脚站立积水中。王某用电笔检查配电箱,发现 B 相电源连接的空气开关输出端带电,便将电镐、潜水泵电源插座的相线由与 A 相电源相连的空气开关输出端更换到与 B 相电源相连的空气开关的输出端上,并合上与 B 相电源相连的空气开关送电。手扶电镐的裴某当即触电倒地,后经抢救无效死亡。

1.事故原因分析

(1)直接原因

①作业人员违规在潮湿环境中使用电镐。该电镐属于Ⅰ类手持电动工具,根据规定Ⅰ类手持电动工具不能在潮湿环境中使用。然而事发当天,该电镐用于排除连日降雨导致的地面积水,电镐暴露在雨

中使用,且未设置遮雨设施。

②当事人裴某安全意识淡薄,在自身未穿绝缘靴、未戴绝缘手套的情况下,手持电镐赤脚站在水里。

③电镐存在安全隐患。在现场勘察时专家对事故使用的电镐进行了技术鉴定,检测发现电镐内相线与零线错位连接,接地线路短路,无漏电保护功能。通电后接错的零线与金属外壳导通,造成电镐金属外壳带电。

④配电设备存在缺陷。开关箱无漏电保护器,且线路未按规定连接。

(2)间接原因

①安全管理制度不健全。该广告公司未建立安全生产责任制,未制定安全生产规章制度和安全操作规程。

②安全管理制度未落实。具体表现为:作业人员的安全教育未落实,作业人员的个人劳动防护用品未配备,所提供配电设备的安全防护功能不具备,特种作业人员未持证上岗。

③现场安全管理不到位。施工现场未配备与本单位所从事的生产经营活动相适应的安全生产管理人员,施工安全技术交底未落实,指派未取得电工作业操作证的人员从事电工作业。

2.事故防范和整改建议

①在安全技术上,各类电气设备在投入使用前应进行安全检测,保障设备的可靠性;配电设施采用漏电保护装置,临时用电线路采取多线制并要进行接零接地保护;潮湿环境下采用36 V以下安全电压,不允许使用Ⅰ类手持电动工具;强化绝缘措施,采用双重绝缘或加强绝缘的电气设备;作业人员应配备绝缘靴、绝缘手套等个人劳动防护用品;事故发生后要有相应的应急救援措施,最大限度地降低事故伤害。

②在完善管理制度上,依据现行的安全生产法律法规建立健全企业的安全生产管理制度,包括建立并完善安全生产责任制,组织制定相关规章制度和操作规程,编制生产安全事故应急预案并组织演练。针对临时用电作业,要建立用电设备定期检查制度,查找并排除存在的事故隐患,严把设备关,从物的状态上提高本质安全性。

③在优化现场管理上,应加强施工作业现场安全管理。对此应配备相应的安全生产管理人员,施工前进行安全技术交底,落实临时用电安全措施,监督作业人员正确佩戴个人劳动防护用品。针对临时雇佣人员较多的实际情况,要严把从业人员的资格审查关,严禁特种作业人员无证上岗。

④在教育培训上,加强对全员的安全教育和培训。依据安全生产法及相关规定要求公司主要负责人和安全管理人员参加有关安全生产管理培训,并取得相应证书。加强对公司员工的三级教育培训,提高作业人员的安全意识,从人的行为意识上提高本质安全性。此外,还应开展有针对性的安全生产教育培训工作,加强对特种作业人员的安全教育,规范操作,防止事故再次发生。

12.3　安全用电知识

安全用电知识主要包括以下内容:

①进入施工现场时,不要接触电线、供配电线路以及工地外围的供电线路;遇到地面有电线或电缆时,不要用脚踩踏,以免意外触电。

②看到"当心触电""禁止合闸""止步,高压危险"等标志牌时,要特别留意,以免触电。

③不要擅自触摸、乱动各种配电箱、开关箱、电气设备等,以免触电。

④不能用潮湿的手去扳开关或触摸电气设备的金属外壳。

⑤衣物或其他杂物不能挂在电线上。

⑥施工现场的生活照明应尽量使用荧光灯。使用灯泡时,不能紧挨着衣物、蚊帐、纸张、木屑等易燃物品,以免发生火灾。施工中使用手持行灯时,要用36 V以下的安全电压。

⑦使用电动工具以前要检查工具外壳、导线绝缘皮等,如有破损应立即请专职电工检修。

⑧电动工具的线不够长时,要使用电源拖板。

⑨使用振捣器、打夯机时,不要拖曳电缆,要有专人收放。操作者要戴绝缘手套、穿绝缘靴等防护用品。

⑩使用电焊机时要先检查拖把线的绝缘情况;电焊时要戴绝缘手套、穿绝缘靴等防护用品,不要直接用手去碰触正在焊接的工件。

⑪使用电锯等电动机械时,要有防护装置。

⑫电动机械的电缆不能随地拖放,如果无法架空只能放在地面时,要加盖板保护,防止电缆受到外界的损伤。

⑬开关箱周围不能堆放杂物。拉合闸刀时,旁边要有人监护。收工后,要锁好开关箱。

⑭使用电器时,如遇跳闸或熔丝熔断时,不要自行更换或合闸,要由专职电工进行检修。

阅读材料

安全用电十大禁令

①严禁私拉乱接电线;

②严禁指派无证电工管电;

③严禁金属外壳无接地(或接零)装置的用电设备投入运行;

④严禁在高压电线下修建楼房和排放易燃易爆物品;

⑤严禁私设电网;

⑥严禁带电修理电气设备;

⑦严禁带电移动电气设备;

⑧严禁随意停、送电;

⑨严禁用铝线、铁线、普通铜线代替保险丝,保险丝规格应与电气设备的容量相匹配,严禁随意换大或调小;

⑩严禁现场抢救触电者打强心针,抢救触电者首先应迅速拉断电源,然后进行正确的人工呼吸。

小 结

本项目主要讲授了以下几个方面的内容:

1.施工用电方案的编制;

2.施工现场临时用电设施及防护技术;

3.安全用电知识。

通过本项目的学习,了解施工现场安全用电常识、安全用电防护技术及相关要求,能够对施工用电安全进行检查评分,确保施工过程中的用电安全。

思考题

1.施工用电方案设计应包括哪些内容？

2.什么是保护接地？什么是保护接零？

3.施工用电的接地电阻是如何规定的？

4.何谓"三级配电"和"两级保护"？

5.进入施工现场应从哪些方面预防触电？

实　训

根据《建筑施工安全检查标准》(JGJ 59—2011)中"施工用电检查评分表"对一工程进行施工用电检查和评分。

(1)分组要求:每6~8人一组。

(2)资料要求:选择一施工现场。

(3)学习要求:根据《建筑施工安全检查标准》(JGJ 59—2011)中"施工用电检查评分表"对现场施工用电进行检查和评分。

单元 4

安全文明施工

项目 13   施工现场场容管理

【内容简介】

1.文明施工概述；

2.施工现场场容管理；

3.施工现场临时设施管理；

4.施工现场料具管理。

【学习目标】

1.掌握文明施工的主要内容；

2.熟悉施工现场场容管理的内容和要求；

3.熟悉施工现场临时设施和料具管理的有关要求。

【能力培养】

1.具有编制施工现场场容场貌和料具堆放方案的能力，能够对场容场貌及料具堆放进行检查验收；

2.能根据《建筑施工安全检查标准》(JGJ 59—2011)中"文明施工检查评分表"组织施工现场文明施工的检查和评分。

引言

施工现场安全文明施工是指在建设工程施工过程中以一定的组织机构为依托，建立文明施工管理系统，采取相应措施，在保证施工安全的前提下，保持施工现场良好的作业环境、卫生环境和工作秩序(图13.1)，避免对作业人员身心健康及周围环境产生不良影响的活动过程。

为保证安全文明施工，须对施工现场加强管理。施工现场管理的基本任务是根据生产管理的普遍规律和施工的特殊规律，以每一个具体工程(建筑物或构筑物)和相应的施工现场为对象，正确处理好施工过程中劳动力、劳动对象和劳动手段的相互关系及其在空间布置上和时间安排上的各种矛盾，做到人尽其才、物尽其用，又快、又好、又省、又安全地完成施工任务，为社会提供更多、更好的建筑产品。

图 13.1　文明施工工地现场

13.1　文明施工

文明施工是指工程建设实施阶段中,有序、规范、标准、整洁、科学的建设施工生产活动。

实现文明施工主要包括以下几个方面的工作:规范施工现场的场容,保持作业环境的整洁卫生;科学组织施工,使生产有序进行;减少施工对周围居民和环境的影响;保证职工的安全和身体健康;作好现场材料、机械、安全、技术、保卫、消防和生活卫生等方面的管理工作。

13.1.1　文明施工的意义

文明施工的意义主要体现在以下几个方面:

①文明施工能促进建筑企业综合管理水平的提高。保持良好的作业环境和秩序,对促进安全生产、加快施工进度、保证工程质量、降低工程成本、提高经济和社会效益有较大作用。文明施工涉及人、财、物各个方面,贯穿于施工全过程之中,一个工地的文明施工水平是该工地乃至所在建筑企业在工程项目施工现场的综合管理水平的体现。

②文明施工是适应现代化施工的客观要求。现代化施工需要采用先进的技术、工艺、材料、设备和科学的施工方案,需要严密组织、严格要求、标准化管理和高素质的职工。文明施工能适应现代化施工的要求,是实现优质、高效、低耗、安全、清洁、卫生的有效手段。

③文明施工有利于员工的身心健康,有利于培养和提高施工队伍的整体素质。文明施工可提高职工队伍的文化、技术和思想素质,培养尊重科学、遵守纪律、团结协作的大生产意识,促进建筑企业精神文明建设,从而可以促进施工队伍整体素质的提高。

④文明施工代表建筑企业的形象。良好的施工环境与施工秩序,可以得到社会的支持和信赖,提高建筑企业的知名度和市场竞争力。

13.1.2　文明施工专项方案

工程开工前,施工单位须将文明施工纳入施工组织设计,编制文明施工专项方案,制订相应的文明施工措施,并确保文明施工措施费的投入。

文明施工专项方案应由工程项目技术负责人组织人员编制,送施工单位技术部门的专业技术人员审核,报施工单位技术负责人审批,经项目总监理工程师(或建设单位项目负责人)审查同意后执行。文明施工专项方案一般包括以下内容:

①施工现场平面布置图,包括临时设施、现场交通、现场作业区、施工设备机具、安全通道、消防设施及通道的布置,成品、半成品、原材料的堆放等。大型工程施工中,平面布置图会受施工进程的影响而发生较大变动,可按基础、主体、装修三阶段进行施工平面布置图设计。

②施工现场围挡的设计。

③临时建筑物、构筑物、道路场地硬地化等单体的设计。

④现场污水排放、现场给水(含消防用水)系统设计。

⑤粉尘、噪声控制措施。

⑥现场卫生及安全保卫措施。

⑦施工区域内及周边地上建筑物、构筑物及地下管网的保护措施。

⑧制订并实施防高处坠落、物体打击、机械伤害、坍塌、触电、中毒、防台风、防雷、防汛、防火灾等应急救援预案(包括应急网络)。

13.1.3 文明施工的组织和制度管理

1)组织管理

文明施工是施工企业、建设单位、监理单位、材料供应单位等参建各方的共同目标和共同责任,建筑施工企业是文明施工的主体,也是主要责任者。

施工现场应成立以项目经理为第一责任人的文明施工管理组织。分包单位应服从总包单位的文明施工管理组织的统一管理,并接受监督检查。

2)制度管理

各项施工现场管理制度应有文明施工的规定,包括个人岗位责任制、经济责任制、安全检查制度、持证上岗制度、奖惩制度、竞赛制度和各项专业管理制度等。

加强和落实现场文明检查、考核及奖惩管理,以促进施工文明管理工作的提高。检查范围和内容应全面周到,包括生产区、生活区、场容场貌、环境文明及制度落实等内容。检查发现的问题应采取整改措施。

13.1.4 文明施工的基本要求

①施工现场主出入口必须醒目,并在明显的位置设"五牌一图"(工程概况牌、消防保卫牌、安全生产牌、文明施工牌、管理人员名单及监督电话牌、施工现场总平面图,见图13.2)。工程概况牌要标明工程规模、性质、用途、发包人、设计人、承包人、监理单位名称和开竣工日期、施工许可证批准文号等。

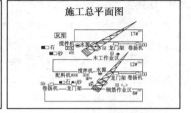

工程概况牌

工程名称	
建设单位	施工单位
设计单位	质监单位
监理单位	安监单位
结构层数	质量等级
建筑面积	工程总造价
开工日期	竣工日期
施工许可证号	联系电话

消防保卫牌

一、建立项目消防保卫领导小组和义务消防队，健全各项消防保卫制度，按施工组织设计布置现场消防工作。
二、施工现场必须设门卫，作业人员必须佩卡，凭照卡进出施工现场。
三、严格执行动火审批制度，未经批准，任何人不得在现场使用明火。
四、严格执行易燃、易爆物品的存放、保管和使用的有关规定，木工房和易燃品等场所必须配备足量的消防灭火器材。
五、严格执行《施工现场临时用电安全规范》，非电工严禁装接用电器具，拉设电线。
六、在建工地不准嬉闹宿舍，严禁非作业人员及家属留宿施工现场，职工宿舍必须设防火负责人，室内严禁吸烟，烟头必须丢入烟灰缸或容器内。
七、必须保证各消防通道、楼梯、走道及通向消火栓、水源等道路的畅通。
八、任何人不得随意移动或损坏现场设置的消防器材，发现火警，立即拨打119。

安全生产牌

一、进入施工现场，必须遵守安全生产规章制度。
二、进入施工区内，必须戴好安全帽，机械女工必须戴压发防护帽。
三、在建工程的"四口"、"五临边"，必须有防护措施。
四、现场内不准赤脚、高跟鞋、喇叭裤，严禁酒后作业。
五、高空作业必须系好安全带，施工现场必须按规范设置安全网，严禁皮鞋及带钉易滑鞋。
六、非操作人员严禁进入危险区内。
七、未经技术负责人批准，严禁任意拆卸架子围及安全装置。
八、严禁从高空抛掷材料、工具、砖石、砂浆、混凝土一切物件。
九、架设电线必须符合关规定、电气设备必须保护好接零。
十、施工现场的危险区域应有警戒标志，夜间要有照明示警。

文明施工牌

一、工地周边要进行围栏，出入口地面做到平整、整洁、卫生。
二、工地临时设施及外脚手架要牢固整齐，外架要使用密目式安全网封闭作业。
三、施工现场道路要硬化，道路畅通，材料堆放有序，场容场貌清洁，场内无积水。
四、建筑余土及垃圾不得往窗外抛撒，要集中堆放，及时清运，工地车辆进出街道不得带有泥土。
五、施工不准嬉戏、打架、斗殴和发生违法违纪行为。
六、工地、食堂、宿舍、厕所要做到整洁、卫生。
七、现场要制订防尘、防噪声等不扰民措施，临时排水要自成体系并保证畅通。
八、施工现场要经常进行"四害"工作，防止疾病，杜绝传染病传播。

管理人员名单及监督电话牌

管理人员	姓名	各工种负责人	姓名
项目经理		钢筋工	
项目技术负责人		木工班	
施工员		砼工班	
技术员		架子班	
安全员		砌墙抹灰班	
预算员		民工班	
材料员		机电班	
资料员		水电安装班	
施工单位电话		建设单位电话	

施工总平面图

图 13.2 施工现场"五牌一图"

②工地内要设立"两栏一报"（宣传栏、读报栏、黑板报，见图 13.3 和图 13.4），针对施工现场情况，适当更换内容，使其起到鼓舞士气、表扬先进的作用。

图 13.3 施工现场宣传栏、读报栏

图 13.4 黑板报、形象镜、安全着装示意图

③建立文明施工责任制，划分区域，明确管理负责人，实行挂牌制，施工现场的管理人员在施工现场应当佩戴证明其身份的证卡。

④应当作好施工现场安全保卫工作，采取必要的防盗措施，在现场周边设立围护设施。

⑤施工现场场地平整，道路坚实畅通，有排水措施；在适当位置设置花草等绿化植物，美化环境；基础、地下管道施工完后要及时回填平整、清除积土；现场施工临时水电要有专人管理，不得有长流水、常明灯。

⑥施工区域与宿舍区域严格分隔，并有门卫值班；场容场貌整齐、有序，材料区域堆放整齐，在施工区域和危险区域设置醒目安全警示标志。

⑦施工现场的临时设施，包括生产、生活、办公用房，仓库，料具场，管道以及照明、动力线路，要严格按照施工组织设计确定的施工平面图布置、搭设或埋设整齐，并符合卫生、通风、照明等要求。职工的膳食、饮水供应等应符合卫生要求。

⑧施工现场的各种安全设施和劳动保护器具，必须定期进行检查和维护，及时消除隐患，

保证其安全有效;有严格的成品保护措施,严禁损坏污染成品。

⑨应严格依照《中华人民共和国消防法》的规定,在施工现场建立和执行防火管理制度,设置符合消防要求的消防设施,并保持完好的备用状态。在容易发生火灾的地区施工,或者储存、使用易燃易爆器材时,应采取特殊的消防安全措施。

⑩严格遵守各地政府及有关部门制定的与施工现场场容场貌有关的法规。

知识窗

文明工地

为了推动建筑工地的文明施工,地方和建筑企业对各工地的文明施工情况进行检查、评定。对优秀的工地授予文明工地的称号。文明工地标准如下:

1.班子坚强

项目班子坚持两个文明一起抓的方针,重视创建文明工地工作,讲学习、讲政治、讲正气,工作勤奋,团结协作,廉洁奉公,作风民主,群众威信高,组织能力强。党组织的核心、堡垒作用发挥好,执行上级各项规定、制度认真,落实措施有力。

2.队伍过硬

思想过硬,日常学习教育落实,施工人员爱工地、讲道德、吃苦奉献思想树得牢;技术过硬,结合施工狠抓业务技术培训,施工人员能够熟练掌握本岗位的操作技能;作风纪律过硬,管理规章制度健全,施工人员服从命令,听从指挥,能打硬仗,无违法犯罪。

3.现场整洁

生活现场布置合理,设施齐全,伙房、澡堂、厕所干净卫生,宿舍整齐划一,会议室、图书室和娱乐体育活动场所布置有序;施工现场管理规范,标牌齐全,规格统一,机械设备、物资材料管理符合要求,场地经常整理,保持清洁。

4.鼓动有力

施工动员教育及时,标语口号响亮,劳动竞赛成效明显,党团员带头作用突出,施工人员生产积极性高,现场大干气氛浓烈。

5.工期保证

能优化施工组织设计,合理配置生产要素,完成实物工作量超计划,工程进度在参建单位中名列前茅,满足工期要求,业主满意。

6.产品优质

工程有明确的质量目标,有具体的分阶段规划,有健全的质量体系和严格的控制措施。认真落实质量标准,单位工程一次验评合格率100%,单位工程优良率铁路综合工程达85%以上,公路工程达80%以上,房建工程达40%以上,其他工程达行业(合同)规定水平。

7.安全达标

工地安全组织健全,制度完善,责任到人,教育常抓,检查认真,预防得力,安全防护符合施工规范标准,无因工死亡、重伤和重大机械设备事故,无火灾事故,无严重污染和扰民,无食物中毒和传染疾病。

8.效益显著

强化合同管理,严格成本控制,处处精打细算,勤俭节约,工程无超拨款,职工工资按时发放,能够超额完成承包利润指标。

13.2　施工现场场容管理

13.2.1　施工现场场容管理的意义和内容

1）场容管理的意义

施工现场的场容管理,实际上是根据施工组织设计的施工总平面图,对施工现场进行的管理,它是保持良好的施工现场秩序,保证交通道路和水电畅通,实现文明施工的前提。场容管理的好坏,不仅关系到工程质量的优劣,人工材料消耗的多少,而且还关系到生命财产的安全,因此场容管理体现了建筑工地管理水平和施工人员的精神状态。

2）场容管理的内容

施工现场场容管理的主要内容有:

①严格按照施工总平面图的规定建设各项临时设施,堆放大宗材料、成品、半成品及生产设备。

②审批各参建单位需用场地的申请,根据不同时间和不同需要,结合实际情况,在总平面图设计的基础上进行合理调整。

③贯彻当地政府关于场容管理的有关条例,实行场容管理责任制度,做到场容整齐、清洁、卫生、安全,交通畅通,防止污染。

3）常见的场容问题

开工之初,一般工地场容管理较好,随着工程铺开,由于控制不严,未按施工程序办事,场容逐渐乱起来。常见的场容问题有:

①随意弃土与取土,形成坑洼和堵塞道路。

②临时设施搭设杂乱无章。

③全场排水无统一规划,洗刷机械和混凝土养护排出的污水遍地流淌,道路积水,泥浆飞溅。

④材料进场不按规定场地堆放,某些材料、构件过早进场,造成场地拥塞,特别是预制构件不分层和不分类堆放,随地乱摆,大量损坏。

⑤施工余料残料清理不及时,日积月累,废物成堆。

⑥拆下的模板、支撑等周转材料任意堆放,甚至用来垫路铺沟,被埋入土中。

⑦管沟长期不回填,到处深沟壁垒,影响交通,危及安全。

⑧管道损坏,阀门不严,水流不断。

⑨乱接电源,乱拉电线。

13.2.2　施工现场场容管理的原则和方法

1）实行场容管理责任制度

按专业分工种实行场容管理责任制,把场容管理的目标进行分解,落实到有关专业和工种,是实行场容管理责任制的基本任务。例如:土方施工必须按指定地点堆土,谁挖土、谁负责;现场混凝土搅拌站、水泥库、砂石堆场的场容,由混凝土搅拌站人员管理;搅拌站前的道路清理、污水排放,由使用混凝土的单位负责;砌筑、抹灰用的砂浆搅拌机,水泥、砖、砂堆场和落地灰、余料的清理,由瓦工、抹灰工负责;模板、支撑及配件和钢木门窗的清理码放,由木工负责;钢筋及其半成品、余料的堆放,由钢筋工负责;脚手杆、跳板、扣件等的清理堆放,由架子工负责;水暖管材及配件的清理、归堆、码放,由管道工负责。

为了明确场容管理的责任,可以通过施工任务或承包合同落实到责任者。

2)进行动态管理

施工现场的情况是随着工程进展不断变化的,为了适应这种变化,不可避免地要经常对现场平面布置进行调整,但必须在总平面图的控制下,严格按照场容管理的各项规定,进行动态管理。

3)勤于检查,及时整改

场容管理检查工作要从工程施工开始直至竣工交验为止。检查结果要和各工种施工任务书的结算结合起来,凡是责任区内场容不符合规定的,不予结算,责令限期整改。

13.2.3 施工现场场容要求

1)现场围挡

①市区主要路段和市容景观道路及机场、码头、车站广场的工地,应设置高度不小于2.5 m的封闭围挡;一般路段的工地,应设置高度不小于1.8 m的封闭围挡(图13.5)。

②围挡须沿施工现场周边连续设置,不得留有缺口,做到坚固、平直、整洁、美观。

③围挡应采用砌体、金属板材等硬质材料,禁止使用彩条布、竹笆、石棉瓦、安全网等易变形材料。

④围挡应根据施工场地地质、周围环境、气象、材料等进行设计,确保围挡的稳定性、安全性。围挡禁止用于挡土、承重,禁止依靠围挡堆放物料、器具等。

⑤砌筑围墙厚度不得小于180 mm,应砌筑基础大放脚和墙柱,基础大放脚埋地深度不小于500 mm(在混凝土或沥青路上有坚实基础的除外),墙柱间距不大于4 m,墙顶应做压顶,墙面应采用砂浆批光抹平、涂料刷白。

⑥板材围挡底里侧应砌筑高300 mm、不小于180 mm厚砖墙护脚,外立压型钢板或镀锌钢板通过钢立柱与地面可靠固定,并刷上与周围环境协调的油漆和图案。围挡应横不留隙、竖不留缝,底部用直角扣牢。

⑦雨后、大风后以及春融季节应检查围挡的稳定性,发现问题及时处理。

(a)

(b)

图13.5 施工现场围挡

2）封闭管理

①施工现场应有一个以上的固定出入口，出入口应设置大门，大门高度一般不得低于 2 m（图 13.6）。

②大门处应设门卫室，实行人员出入登记、门卫人员职守管理制度及交接班制度，并应配备门卫职守人员，禁止无关人员进入施工现场。

③施工现场人员均应佩戴证明其身份的证卡，管理人员和施工作业人员应戴（穿）有颜色区别的安全帽（工作服）。

④施工现场出入口应标有企业名称或标志，并应设置车辆冲洗设施。

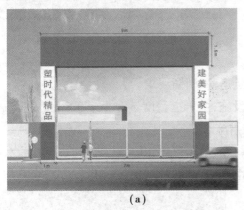
（a）

（b）

图 13.6 施工现场工地大门

3）施工场地

①施工现场的场地应当整平，清除障碍物，无坑洼和凹凸不平，雨季不积水，暖季应适当绿化（图 13.7）。

②施工现场应有防止扬尘的措施，应经常洒水，对粉尘源进行覆盖遮挡。

③施工现场应设置排水设施，且排水通畅，无积水。设置排水沟及沉淀池，不应有跑、冒、滴、漏等现象，现场废水不得直接排入市政污水管网和河流（图 13.8）。

④施工现场应有防止泥浆、污水、废水污染环境的措施。

⑤施工现场应设置专门的吸烟处，严禁随意吸烟。

⑥现场存放的油料、化学溶剂等应设有专门的库房，地面应进行防渗漏处理。禁止将有毒、有害废弃物作土方回填。

⑦施工现场应设置密闭式垃圾站，建筑垃圾、生活垃圾应分类存放，并及时清运出场；建筑物内外的零散碎料和垃圾渣土应及时清理。清运必须采用相应容器或管道运输，严禁凌空抛掷；现场严禁焚烧各类垃圾及有毒有害物质。

⑧楼梯踏步、休息平台、阳台等处不得堆放料具和杂物。

4）道路

①施工现场的主要道路及材料加工区地面应进行硬化处理。硬化材料可以采用混凝土、预制块或用石屑、焦渣、砂头等压实整平，保证不沉陷、不扬尘，防止泥土带入市政道路

图 13.7　施工场地绿化

图 13.8　施工场地排水设施

（图13.9）。

②施工现场道路应畅通,应有循环干道,满足运输、消防要求。

③路面应平整坚实,中间起拱,两侧设排水设施,主干道宽度不宜小于 3.5 m,载重汽车转弯半径不宜小于 15 m,如因条件限制,应当采取措施。

④道路布置要与现场的材料、构件、仓库等料场、吊车位置相协调;应尽可能利用永久性道路,或先建好永久性道路的路基,在土建工程结束之前再铺路面(图 13.10)。

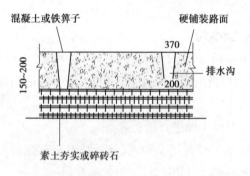

图 13.9　地面硬铺装示意图(单位:mm)

图 13.10　现场地面硬化施工

5)安全警示标志

安全警示标志是指提醒人们注意的各种标牌、文字、符号以及灯光等。一般来说,安全警示标志包括安全色和安全标志。安全色分为红、黄、蓝、绿 4 种颜色,分别表示禁止、警告、指令和提示。

安全标志分禁止标志(共 40 种)、警告标志(共 39 种)、指令标志(共 16 种)和提示标志(共 8 种),如图 13.11 所示。安全警示标志的图形、尺寸、颜色、文字说明和制作材料等,均应符合国家标准规定。

根据国家有关规定,施工现场入口处、施工起重机械、临时用电设施、脚手架、出入通道口、楼梯口、电梯井口、孔洞口、桥梁口、隧道口、基坑边沿、爆破物及有害危险气体和液体存放处等属于危险部位,应当设置明显的安全警示标志。

（a）禁止标志（红色）

（b）警告标志（黄色）

（c）指令标志（蓝色）

（d）提示标志（绿色）

图 13.11　《安全标志及其使用导则》（GB 2894—2008）中的示例标志

13.3　临时设施管理

临时设施是指施工期间临时搭建、租赁的各种设施。临时设施的种类主要有办公设施、生活设施、生产设施、辅助设施，包括道路、现场排水设施、围墙、大门、供水处、吸烟处等。

13.3.1　临时设施的选址

施工现场按照功能可划分为施工作业区、辅助作业区、材料堆放区和办公生活区。办公生活区内临时设施的选址首先应考虑与作业区相隔离，并保持一定的安全距离；其次，位置的周边环境必须具有安全性，例如，不得设置在高压线下，也不得设置在沟边、崖边、河流边、强风口处、高墙下以及滑坡、泥石流等灾害地质带上和山洪可能冲击到的区域。

保持安全距离是指办公生活区内的临时设施应设置在施工坠落半径和高压线防电距离之外。若建筑物高度为 2~5 m,其坠落半径为 2 m;高度为 30 m,其坠落半径为 5 m(参见表8.1),如因条件限制,办公生活区内临时设施设置在坠落半径区域内,则必须有防护措施。1 kV 以下裸露输电线的安全距离为 4 m,330~550 kV 的安全距离为 15 m(参见表12.1)。临时设施选址的基本要求是:

①临时设施布置在工地现场以外时,按照生产需要选择适当的位置,行政管理的办公室等应靠近工地或是工地现场出入口;

②临时设施布置在工地现场以内时,一般布置在现场的四周或集中于一侧;

③临时设施如混凝土搅拌站、钢筋加工厂、木材加工厂等,应全面分析比较再确定位置。

13.3.2 临时设施搭设的一般要求

①施工现场的办公区、生活区和施工区须分开设置,并采取有效隔离防护措施,保持安全距离;办公区、生活区的选址应符合安全要求;尚未竣工的建筑物内禁止用于办公或设置员工宿舍。

②施工现场临时用房应进行必要的结构计算,符合安全使用要求,所用材料应满足卫生、环保和消防要求。宜采用轻钢结构拼装活动板房,或使用砌体材料砌筑,搭建层数不得超过两层。严禁使用竹棚、油毡、石棉瓦等柔性材料搭建。装配式活动房屋应有产品合格证,应符合国家和本省的相关规定要求。

③临时用房应具备良好的防潮、防台风、通风、采光、保温、隔热等性能。墙壁应批光抹平刷白,顶棚应抹灰刷白或吊顶;办公室、宿舍、食堂等窗地面积比不应小于 1:8;厕所、淋浴间窗地面积比不应小于 1:10。

④临时设施内应按《施工现场临时用电安全技术规范》(JGJ 46—2005)要求架设用电线路,配线必须采用绝缘导线或电缆,应根据配线类型采用瓷瓶、瓷(塑料)夹、嵌绝缘槽、穿管或钢索敷设,过墙处应穿管保护,非埋地明敷干线距地面高度不得小于 2.5 m,低于 2.5 m 的必须采取穿管保护措施。室内配线必须有漏电保护、短路保护和过载保护,用电应做到"三级配电两级保护",未使用安全电压的灯具距地高度应不低于 2.4 m。

⑤生活区和施工区应设置饮水桶(或饮水器),供应符合卫生要求的饮用水,饮水器具应定期消毒。饮水桶(或饮水器)应加盖、上锁、有标志,并由专人负责管理。

13.3.3 临时设施的搭设和使用管理

1)办公室

办公室应建立卫生值日制度,保持卫生整洁、明亮美观,文件、图纸、用品、图表摆放整齐。办公用房的防火等级应符合规范要求。

2)职工宿舍

①宿舍应当通风、干燥,防止雨水、污水流入;应设置可开启式窗户,并设置外开门(图13.12)。

②宿舍内应保证有必要的生活空间,室内净高不得小于2.5 m,通道宽度不得小于0.9 m,每间宿舍居住人员不应超过16人,人均面积不应小于2.5 m²;宿舍应有专人负责管理,床头宜放置姓名卡;宿舍、休息室必须设置可开启式外窗,床铺不应超过2层,严禁使用通铺,床铺应高于地面0.3 m,人均床铺面积不得小于1.9 m×0.9 m,床铺间距不得小于0.3 m。

③宿舍内应设置生活用品专柜,有条件的宿舍宜设置生活用品储藏室;室内严禁存放施工材料、施工机具和其他杂物。

④宿舍在炎热季节应有防暑降温和防蚊虫叮咬措施,设有盖垃圾桶,不乱泼乱倒,保持卫生清洁;寒冷地区冬季宿舍应有保暖措施、防煤气中毒措施,火炉应统一设置和管理。

⑤宿舍周围应当搞好环境卫生,应设置垃圾桶、鞋柜或鞋架,生活区内应为作业人员提供晾晒衣物的场地;房屋外应道路平整,排水沟涵畅通,晚间有充足的照明。

⑥应制订宿舍管理使用责任制,轮流负责卫生和使用管理或安排专人管理。严禁私拉乱接电线,严禁使用电炉、电饭锅、热得快等大功率设备和使用明火。防火等级应符合规范要求。

图13.12　施工现场职工宿舍

图13.13　施工现场食堂

3)食堂

①食堂(图13.13)应选择在通风、干燥的位置,防止雨水、污水流入;应当保持环境卫生,远离厕所、垃圾站、有毒有害场所等污染源的地方,装修材料必须符合环保、消防要求。

②食堂应设置独立的制作间、储藏间;配备必要的排风设施和冷藏设施,安装纱门纱窗,室内不得有蚊蝇,门下方应设不低于0.2 m的防鼠挡板。

③食堂制作间灶台及其周边应贴瓷砖,瓷砖的高度不宜小于1.5 m;地面应做硬化和防滑处理,按规定设置污水排放设施。

④制作间的刀、盆、案板等炊具必须生熟分开,食品必须有遮盖,遮盖物品应有正反面标志,炊具宜存放在封闭的橱柜内;应有存放各种佐料和副食的密闭器皿,并应有标志,粮食存放台距墙和地面应大于0.2 m。

⑤食堂的燃气罐应单独设置存放间,存放间应通风良好并严禁存放其他物品。

⑥食堂外应设置密闭式垃圾桶,并应及时清运,保持清洁。

⑦应制订并在食堂张挂食堂卫生责任制,责任落实到人,加强管理。

4)厕所

①施工现场应保持卫生,不准随地大小便;应设置水冲式或移动式厕所,厕所地面应硬化,

门窗应齐全并通风良好;厕位宜设置门及搁板,搁板高度不应小于 0.9 m。

②厕所面积应根据施工现场作业人员的数量设置。高层建筑施工超过 8 层以后,每隔 4 层宜设置临时厕所。

③厕所应设置三级化粪池,化粪池必须进行抗渗处理,污水通过化粪池后方可接入市政污水管线。厕所应设专人负责,定期清扫、消毒,化粪池应及时清掏。

④厕所应设置洗手盆,厕所的进出口处应设有明显标志。

5) 淋浴间

①施工现场应设置男女淋浴间与更衣间,淋浴间地面应做防滑处理,淋浴喷头数量应按不少于住宿人员数量的 5%设置,排水、通风良好,寒冷季节应供应热水。更衣间应与淋浴间隔离,设置挂衣架、橱柜等。

②淋浴间照明器具应采用防水灯头、防水开关,并设置漏电保护装置。

③淋浴室应专人管理,经常清理,保持清洁。

13.4 料具管理

施工现场的料具管理属于生产领域物资使用过程的管理,是建筑施工企业物资管理的基本环节;同时,也是安全生产、文明施工的重要内容。

13.4.1 料具管理的概念及分类

料具是材料和工具的总称。材料是劳动对象,指人们为了获得某些物质财富在生产过程中以劳动作用其上的一些物品。按其在施工中的作用,可分为主要材料、辅助材料、周转材料等。工具是劳动资料,也称劳动手段,指人们用以改变或影响劳动对象的一切物质资料。

料具管理是指为了满足施工所需而对各种料具进行计划、供应、保管、使用、监督和调节等的总称。它包括流通(供应)和消费两个过程。

1) 现场材料管理

建筑工程施工现场是建筑材料(包括形成工程实体的主要材料、构配件以及有助于工程形成的其他材料)的消耗场所,现场材料管理在施工生产不同阶段有不同的管理内容。

①施工准备阶段现场材料管理工作的主要内容:了解工程概况,调查现场条件,计算材料用量,编制材料计划,确定供料时间和存放位置。

a.根据施工预算,提出材料需用量计划及构配件加工计划,做到品种、规格、数量准确。

b.根据施工组织设计确定的施工平面图,布置堆料场地,搭设仓库。堆料场地要平整、不积水,构件存放地点要夯实。仓库要符合防雨、防潮、防盗、防火要求。木料场必须有足够的防火设施。料场和仓库附近道路畅通,有回旋余地,便于进料和出料,雨季有排水措施。

c.根据施工组织设计确定的施工进度,考虑材料供应的间隔期,安排各种材料的进场次序和时间,组织材料分批分期进场,做到既能尽量少占用堆料场地和仓库,又能在确保生产正常进行的情况下,留有适当的储备。

②施工阶段现场材料管理工作的主要内容:进场材料验收,现场材料保管和使用。

材料管理人员应全面检查、验收入场材料,应特别注意规格、质量、数量等方面;还要妥善保管,减少损耗,严格按施工平面图计划的位置存放。

③施工收尾阶段现场材料管理工作的主要内容:保证施工材料的顺利转移,对施工中产生的建筑垃圾及时过筛、挑拣复用,随时处理不能利用的建筑垃圾。

2)工具管理

（1）工具的分类

按工具的价值和使用期限分为固定资产工具、低值易耗工具、消耗性工具;按工具的使用范围分为专用工具、通用工具;按工具的使用方式分为个人使用工具、班组共用工具。

（2）工具管理方法

大型工具和机械一般采用租赁办法,就是将大型工具集中在一个部门经营管理,对基层施工单位实行内部租赁,并独立核算。基层施工单位在使用前要提出计划,主管部门经平衡后,双方签订租赁合同,明确双方权利、义务和经济责任,规定奖罚界限。这样就可以适应大型工具专业性强、安全要求高的特点,使大型工具能够得到专业、经常的养护,确保安全生产。

小型工具和机械则可采取"定包"办法。小型工具是指不同工种班组配备使用的低值易耗工具和消耗工具。这部分工具对班组实行定包,特别是一些劳保用品,要发放到每个工人,并监督工人正确使用,让工人养成一个良好的习惯。

周转材料、模板、脚手架料管理,则可以按照现场材料的管理办法进行管理。

13.4.2　料具管理的一般要求

①施工现场外临时存放施工材料,必须经有关部门批准,并应按规定办理临时占地手续。

②施工现场内的施工材料必须严格按照平面图确定的场地码放,并设立标志牌。材料码放整齐,不得妨碍交通和影响市容,堆放散料时应进行围挡。

③施工现场各种料具应分规格码放整齐、稳固。预制圆孔板、大楼板、外墙板等大型构件和大模板存放时,场地应平整夯实,有排水措施,并设置围挡进行防护。

④施工现场的材料保管,应依据材料性能采取必要的防雨、防潮、防晒、防冻、防火、防爆、防损坏、防锈蚀等措施。贵重物品、易燃、易爆和有毒物品应及时入库,专库专管,加设明显标志,并建立严格的领退料手续。

⑤施工中使用的易燃易爆材料,严禁在结构内部存放,并严格以当日的需求量发放。

⑥施工现场应有用料计划,按计划进料,使材料不积压,减少退料;同时做到钢材、木材等料具合理使用,长料不短用,优材不劣用。

⑦材料进出现场应有查验制度和必要手续。

⑧施工现场剩余料具(包括容器)应及时回收,堆放整齐并及时清退。水泥库内外散落灰必须及时清用,水泥袋认真打包、回收。

⑨保证施工现场清洁卫生。搅拌机四周、拌料处及施工现场内无废弃砂浆和混凝土;运输道路和操作面落地料及时清;砂浆、混凝土倒运时,应用容器或铺垫板;浇筑混凝土时,应采取防撒落措施;砖、砂、石和其他散料应随用随清,不留料底;工人操作应做到活完

料净脚下清。

⑩施工现场应设垃圾站,及时集中分拣、回收、利用、清运。垃圾清运出现场必须到批准的消纳场地倾倒,严禁乱倒乱卸。

13.4.3 施工现场料具存放要求

1)大堆材料的存放要求

①机砖码放应成丁(每丁为200块)、成行,高度不超过1.5 m;加气混凝土块、空心砖等轻质砌块应成垛、成行,堆码高度不超过1.8 m(图13.14);耐火砖不得淋雨受潮;各种水泥方砖及平面瓦不得平放。

②砂、石、灰、陶粒等存放成堆,场地平整,不得混杂;色石渣要下垫上盖,分档存放。

图 13.14 加气混凝土块的存放 图 13.15 袋装水泥的存放

2)水泥的存放要求

①库内存放:水泥库要具备有效的防雨、防水、防潮措施;分品种、型号堆码整齐,离墙不小于10 cm,严禁靠墙;垛底架空垫高,保持通风防潮,垛高不超过10袋(图13.15);抄底使用,先进先出,库门上锁,专人管理。

②露天存放:临时露天存放必须具备可靠的盖、垫措施,下垫高度不低于30 cm,做到防水、防雨、防潮、防风。

③散灰存放:应存放在固定容器(散灰罐)内,没有固定容器时应设封闭的专库存放,并具备可靠的防雨、防水、防潮等措施。

④袋装粉煤灰、白灰粉应存放在料棚内,或码放整齐后搭盖以防雨淋。

3)钢材及金属材料的存放要求

①钢材及金属材料须按规格、品种、型号、长度分别挂牌堆放(图13.16),底垫不小于20 cm,做到防雨、防潮。

②有色金属、薄钢板、小口径薄壁管应存放在仓库或料棚内,不得露天存放。

③堆放要整齐,做到一头齐、一条线。盘条要靠码整齐,成品、半成品及剩余料应分类码放,不得混堆。

图 13.16　钢筋的存放

图 13.17　油漆涂料的存放

4) 油漆涂料及化工材料的存放要求

①油漆涂料及化工材料按品种、规格,存放在干燥、通风、阴凉的仓库内(图 13.17),严格与火源、电源隔离,温度应保持在 5~30 ℃。

②保持包装完整及密封,码放位置要平稳牢固,防止倾斜与碰撞;应先进先发,严格控制保存期;油漆应每月倒置一次,以防沉淀。

③应有严格的防火、防水措施,对于剧毒品、危险品(电石、氧气等)须设专库存放,并有明显标志。

5) 其他轻质装修材料的存放要求

①装修材料应分类码放整齐,底垫木不低于 10 cm,分层码放时高度不超过 1.8 m。

②应具备防水、防风措施,应进行围挡、上盖;石膏制品应存放在库房或料棚内,竖立码放。

6) 周转料具的存放要求

①周转料具应随拆、随整、随保养,码放整齐;各种扣件、配件集中堆放,并设围挡。

②钢支撑、钢跳板分层颠倒码放成方,高度不超过 1.8 m。

③组合钢模板应扣放(或顶层扣放);大模板应对面立放,倾斜角不小于 70°,大模板需要搭插放架时,插放架的两个侧面必须做剪刀撑;清扫模板或刷隔离剂时,必须将模板支撑牢固,两模板之间有不小于 60 cm 的走道。

阅读材料

施工现场检查评分记录表(现场管理部分)

施工单位:　　　　　工程名称:　　　　　年　月　日

序 号		检查项目	检查情况	标准分值	评定分值
1	现场状况	施工现场大门和围挡牢固整齐,符合要求		5	
2		临设工程牢固整齐,材质符合要求		5	
3		工地主要出入口有施工单位标牌		4	
4		大门内有"一图三板"		8	
5		现场运输道路平整、畅通,有排水措施		5	

续表

序　号		检查项目	检查情况	标准分值	评定分值
6	现场状况	料具和构配件码放整齐,符合要求		5	
7		楼梯、休息板、阳台不得堆放材料和杂物		5	
8		施工现场内无随地大小便痕迹		5	
9		建筑物内外零散碎料和垃圾渣土清理及时		5	
10		成品保护措施健全有效		5	
11		责任区分片包干,个人岗位责任制健全		4	
12		施工区和生活区域有明确的划分		4	
13	资料	施工组织编制、审批手续齐全,内容科学合理		10	
14		施工组织变更手续齐全,有原审批人签字		5	
15		流水段、工序流程、设备配置符合施工组织		5	
16		季节性施工方案和措施齐全、针对性强,切实可行		5	
17		施工平面布置符合规定,现场状况与图相符		10	
18		职工应知考核		5	
应得分		实得分	得分率	折合标准分值	

检查员签字:

说明:

评定方法:每个子项按"好""较好""合格""较差""差"五级评定。

①凡达到规程、规范、规定、标准,全面完好的评为"好",给予该项标准分值的100%。

②凡达到规程、规范、规定、标准,基本完好的评为"较好",给予该项标准分值的90%。

③凡符合规程、规范、规定、标准,达到合格要求的,评为"合格",给予该项标准分值的70%。

④凡基本符合规程、规范、规定、标准,但有一定缺陷,需改动后才能达到合格要求的,评为"较差",给予该项标准分值的50%。

⑤不符合规程、规范、规定、标准,有严重缺陷的,评为"差",给予该项标准分值的0%。

⑥缺项不评分,分子、分母都不计算。如发现有严重隐患或严重问题的项目,可视其严重程度,在零线下给予负5~10分的处理,并在检查汇总表的总分中酌情减5~20分。

小　结

本项目主要讲授了以下几个方面的内容：

1.文明施工的概念与要求；

2.施工现场的场容管理；

3.施工现场临时设施管理；

4.施工现场料具的管理。

通过本项目的学习，熟悉施工现场管理与文明施工的主要内容，具有编制施工现场、场容场貌与料具堆放方案的能力；能够对场容场貌及料具堆放进行检查验收，确保施工过程的安全文明。

思考题

1.简述文明施工的基本要求。

2.简述施工现场场容管理的原则和方法。

3.简述施工现场料具存放的要求。

实　训

根据《建筑施工安全检查标准》（JGJ 59—2011）中"文明施工检查评分表"对一施工工地现场进行检查和评分。

（1）分组要求：每6~8人一组。

（2）资料要求：选取一施工工地现场。

（3）学习要求：根据《建筑施工安全检查标准》（JGJ 59—2011）中"文明施工检查评分表"对该施工工地现场进行检查和评分。

项目 14 治安与环境管理

【内容简介】
1.施工现场的治安管理；
2.施工现场的环境管理；
3.环境卫生与防疫工作。

【学习目标】
1.了解治安保卫工作的主要内容和各项治安管理制度；
2.熟悉施工现场大气污染、施工噪声污染、水污染、固体废弃物污染和施工照明污染的防治；
3.熟悉施工现场环境卫生和防疫工作的要求。

【能力培养】
1.具有编制治安防范管理制度的能力；
2.具有对环境保护与环境卫生进行安全检查验收的能力。

引言

施工现场治安管理(图14.1)工作的内容,主要是在施工单位和项目部的领导下,充分发挥保卫部门的职能作用,广泛组织全体员工积极参与,依靠员工的力量,运用政治的、经济的、行政的、教育的、文化的和在公安机关配合下的法律手段,预防和惩罚违法犯罪行为,逐步限制和消除产生违法犯罪的土壤和条件,建立良好稳定的施工秩序,确保工程建设的顺利进行和安全文明施工。

环境保护是按照法律法规、各级主管部门和建筑企业的要求,保护和改善作业现场的环境,控制各种污染源对环境的污染和危害,使社会的经济发展与人类的生存环境相协调。以环境保护为目的的环境管理是施工项目管理的重要部分。建设工程项目环境管理的目的是保护生态环境,控制作业现场的各种粉尘(图14.2)、废水、废气、固体废弃物以及噪声、振动对环境的污染和危害,考虑能源节约和避免资源的浪费。

图 14.1 治安民警到施工现场走访

图 14.2 施工现场进行除尘处理

14.1　治安管理

治安管理就是为了维护施工现场正常的工作秩序,保障各项工作的顺利进行,保护企业财产和施工人员人身、财产的安全,预防和打击犯罪行为。

14.1.1　治安保卫工作的任务

施工企业对施工现场治安保卫工作实行统一管理。企业有关部门负责监督、检查、指导施工现场落实治安保卫责任制,进行业务指导。施工现场治安保卫工作的主要任务如下:

1)贯彻方针,学习教育

认真贯彻执行国家、地方和行业治安保卫工作的法律、法规和规章。施工企业要结合施工现场特点,对施工现场有关人员开展社会主义法制教育、敌情教育、保密教育和防盗、防火、防破坏、防治安灾害事故教育等治安保卫工作宣传教育,增强施工人员的法制观念和治安意识,提高警惕,动员和依靠群众积极同违法犯罪行为作斗争。

每月对职工进行一次治安教育,每季度召开一次治保会,定期组织保卫检查。根据法律、法规规定,协助公安机关对犯罪分子、劳动教养所外执行人员进行监督、考察和教育。

2)制定制度,落实措施

制定和完善各项工作制度,落实各项具体措施,以维护施工现场的治安秩序。

(1)治安保卫人员管理

施工企业要加强治安保卫队伍建设,提高治安保卫人员和值班守卫人员的素质,保持治安保卫人员的相对稳定。积极和当地公安机关结合,搞好企业治安保卫队伍建设。由施工企业提出申请,经公安机关批准,可以建立经济民警、专职治安保卫组织,为施工现场治安保卫工作提供可靠的人员保证。

施工现场聘用的专职、兼职保卫人员,要身体健康、品行良好、具有相应的法律知识和安全保卫知识;施工现场任命的保卫组织负责人,应当具有安全保卫工作经验和一定的组织管理、指挥能力;重要岗位保卫人员应当按照公安机关制定的保卫人员上岗标准,经过培训,取得上岗合格证书,方可从事保卫工作;有违法犯罪记录的人员,不得从事保卫工作。

已聘用、任命的保卫人员、保卫组织负责人,不符合条件的,施工企业应当安排对其进行培训,限期达到规定条件;经培训仍不符合条件的,施工企业应当及时另行聘用或任命符合条件的人员担任保卫人员、保卫组织负责人。

(2)治安保卫制度管理

施工企业应当制定和完善各项治安保卫工作制度,建立一个治安保卫管理体系。根据国家有关规定,结合施工现场实际,建立以下有关制度:

①门卫、值班、巡逻制度;

②现金、票证、物资、产品、商品、重要设备和仪器、文物等安全管理制度;

③易燃易爆物品、放射性物质、剧毒物品的生产、使用、运输、保管等安全管理制度;

④机密文件、图纸、资料的安全管理和保密制度;

⑤施工现场内部公共场所和集体宿舍的治安管理制度;

⑥治安保卫工作的检查、监督的考核、评比、奖惩制度;

⑦施工现场需要建立的其他治安保卫制度。

（3）治安保卫机构管理

施工现场的治安保卫工作，贯彻"依靠群众，预防为主，确保重点，打击犯罪，保障安全"的方针，坚持"谁主管、谁负责"的原则，实行综合治理，建立并落实治安保卫责任制，并纳入生产经营的目标管理中。治安保卫工作要因地制宜、自主管理，应纳入单位领导责任制。

治安保卫机构与其他机构合建的，治安保卫工作应当保持相对独立。现场应当设立专、兼职治安保卫人员。新建、改建、扩建的建设项目，建设施工现场应当同步规划防火、防盗、防破坏、防治安灾害事故等技术预防设施。重点建设项目的设计会审、竣工验收应当通知公安机关派人参加。重点建设项目的工程承包合同，应有工程治安保卫条款，明确建设施工现场的职责，落实工程治安保卫工作的经费和措施。

（4）重点部位防范管理

加强重点防范部位、贵重物品、危险物品等的安全管理。施工企业应当按照地方人民政府的有关规定正确划定施工现场的要害部门、部位；制定和落实要害部门、部位的各项治安保卫制度和措施，经常进行安全检查，消除隐患，堵塞漏洞；要害部门、部位的职工应当严格按照规定条件配备，经培训合格后方可上岗工作；要害部门、部位应当安装报警装置和其他技术防范装置。

（5）经费与设施管理

施工企业要为保卫组织配备必要的装备，并安排必要的业务经费；为施工现场配备安全技术防范设施和器材。

3）积极配合，组织活动

施工现场保卫组织是在施工企业领导和公安机关的监督、指导下，依照法律、法规规定的职责和权限，进行治安保卫工作。应积极配合当地公安机关组织的各项活动，加强治安信息工作，发现可疑情况、不安定事端及时报告公安、企业保卫部门；发生事故或案件，要保护刑事、治安案件和治安灾害事故现场，抢救受伤人员和物资，并及时向公安、企业保卫部门报告，协助公安机关、企业保卫部门做好侦破和处理工作；参加当地公安机关组织的治安联防、综合治理活动，协助公安机关查破刑事案件和查处治安案件、治安灾害事故。

4）其他治安保卫工作

做好法律、法规和规章规定的其他治安保卫工作，办理人民政府及其公安机关交办的其他治安保卫事项。

施工现场治安保卫工作还包括：内部各施工队伍的治安管理；调解、疏导施工现场内部纠纷，消除、化解不安定因素，维护施工现场的内部稳定；提高警惕，对职责范围内的地区多巡视、勤检查，及时发现和消除治安隐患；对公安机关指出的治安隐患和提出的改进建议，在规定的期限内解决，并将结果报告公安机关；对暂时难以解决的治安隐患，采取相应的安全措施；防止发生偷窃或治安灾害事故的发生。

14.1.2　治安保卫工作的落实

做好施工现场治安保卫工作，应从以下几个方面着手落实：

1）实行双向承诺，明确责权，规范治安承诺

①总承包企业的项目经理部配合当地派出所，向施工现场的所有施工队伍公开承诺检查、防范等各项工作内容，各项责任追究及赔偿办法。

②所有施工队伍向派出所承诺，依照施工现场治安保卫条例，落实防范措施的内容及自负

责任,互签治安承诺服务责任书,健全警方与企业主要责任人联席议事、赔偿责任金管理等制度,从而使双方各司其职,风险共担,责任共负。

通过签订双向治安承诺责任书,明确项目经理部和施工队伍的权利义务关系,促进监管防范措施的落实。项目经理部应将治安承诺责任书悬挂在施工现场门口,实行公开挂牌。

2) 专业保安驻场,阵地前移,落实治安承诺

驻场专业保安的任务是协助公司进行门卫值班、安全教育到调查、处理纠纷,从四防检查到各类案件的防范等,主要做到"两建一查一提高"。

(1)"两建"

"两建"是建立一套行之有效的安全管理制度;建立内保自治队伍,并负责相关培训工作。

(2)"一查"

"一查"是指驻场专业保安与内部干部每天对各环节安全生产情况进行一次检查,对施工现场内部及周边各类纠纷及时调查、处理,做到"三个及时,稳妥调处",即工地内部发生纠纷,责任区专业保安与内保干部及时赶到、及时调查、及时处理,不让纠纷久拖不决,不使纠纷扩大升级,保证不影响施工现场的正常生产经营。

(3)"一提高"

"一提高"是指聘请政法部门的领导和专家到场讲课,提高职工的法律意识。

3) 构筑防范网络,固本强基,拓展治安承诺

扎实的防范工作是治安的基础平台,要牢固树立"管理就是服务"的思想,加强对施工现场安全防范工作的检查,指导、督促各项防范措施落实。

①通过认真分析施工现场的治安环境,建立由点到线、由线到面的立体防控体系,做到人防、物防和技防相结合,增大防范力度,提高防范效益。

②重点狠抓不同施工队伍的"单位互防",即由项目部组织施工现场成立联合巡逻队开展护场安全保卫工作,重点加强对要害部位、重要机械和原材料生产的安全保卫和夜间巡逻。

4) 加强内保建设,群防群治,夯实治安承诺

治安保卫工作的实践告诉我们,要提高施工现场治安控制力,就必须加强以内保组织为核心的群防群治建设。

①加强内保组织建设。施工现场要建立保卫科,配齐、配强一名专职保卫科长,选取治安积极分子作为兼职内保员。保卫科定期召开会议研究解决工作中遇到的新情况、新问题,找出薄弱环节,有针对性地开展工作。

②加强规范化建设。保卫科要做到"八有",即有房子、有牌子、有章、有办公用品、有档案、有台账、有规章制度、有治安信息队伍。保卫科长与责任区民警合署办公,每月到派出所参加例会,总结汇报上月工作情况,接受新的工作部署和安排。

③发挥职能作用。内保组织要认真履行法制宣传、安全防范、调解纠纷和落实帮教等方面的职责,积极协助派出所做好预防和管理工作。

14.1.3　现场治安管理制度

①项目部由安全负责人挂帅,成立由管理人员、工地门卫以及工人代表参加的治安保卫工作领导小组,对工地的治安保卫工作全面负责。

②及时对进场职工进行登记造册,主动到公安外来人口管理部门申请领取暂住证,门卫值

班人员必须坚持日夜巡逻,积极配合公安部门做好本工地的治安联防工作。

③集体宿舍应做到定人定位,不得男女混居,杜绝聚众斗殴、赌博、嫖娼等违法事件发生,不准留宿身份不明的人员,外来人员留住工地必须经工地负责人同意,并登记备案,保证集体宿舍的安全。

④施工现场人员组成复杂,流动性较大,给施工现场管理工作带来诸多不利因素,考虑到治安和安全等问题,必须对暂住人员制定切实可行的管理制度,严格管理。

⑤成立治保组织或者配备专(兼)职治保人员,协助做好暂住人员管理工作。

⑥做好防火防盗等安全保卫工作,资金、危险品、贵重物品等必须妥善保管。

⑦经常对职工进行法律法制知识及道德教育,使广大职工知法、懂法,从而减少或避免违法案件的发生。

⑧严肃各项纪律制度,加强社会治安、综合治理工作,健全门卫制度和各项综合管理制度,增强门卫的责任心。门卫必须坚持对外来人员进行询问登记,身份不明者不准进入工地。

⑨夜间值班人员必须流动巡查,发现可疑情况,立即报告项目部进行处理。

⑩当班门卫一定要坚守岗位,不得在班中睡觉或做其他事情。

⑪发现违法乱纪行为,应及时予以劝阻和制止,对严重违法犯罪分子,应将其扭送或报告公安部门处理。

⑫夜间值班人员要作好夜间火情防范工作,一旦发现火情,立即发出警报,严重火情要及时报警。

⑬搞好警民联系,共同协作搞好社会治安工作。

⑭及时调解职工之间的矛盾和纠纷,防止矛盾激化,对严重违反治安管理制度人员进行严肃处理,确保全工程无刑事案件、无群体斗殴、无集体上访事件发生,以求一方平安,保证工程施工正常进行。

知识窗

门卫制度

1.门卫制度

门卫制度是治安保卫工作制度的重要组成部分。对施工现场门卫值班人员的要求如下:

①门卫必须履行自己的职责,24 小时轮流值班;

②外来人员进入工地,门卫必须进行询问检查和登记;

③进出工地的各种材料和物品必须经过门卫查验,并进行登记;

④职工带物品出门,必须由主管负责人向门卫说明或签发出门单;

⑤门前周围不准堆放建筑材料,保持门前清洁;

⑥礼貌待客,维护项目部和公司形象,发现可疑人员要密切注意动向,采取必要的防范措施,并及时向有关领导汇报;

⑦保持值班室清洁、卫生、安静,闲杂人员等不得在值班室逗留;

⑧保持现场大门内外的清洁卫生;

⑨上班时不得随便离岗,不无故与他人聊天,不做与保卫工作无关的事情,值夜班不准睡觉,按规定准时交接班,及时关闭大门;

⑩夜间值班必须流动巡查,要做好防火工作,发现可疑情况和火警必须及时发出警报。

2.出入制度

出入制度是门卫制度的重要组成部分,施工企业要根据企业和施工现场的特点明确具体要求,可操

作性要强,一方面加大宣传力度,要求施工人员积极遵守;另一方面要求门卫值班人员严格执行。出入制度主要内容有:

①规定主要出入口的通行时间;

②对施工场地内的一切建筑物资、设备的数量、规格进行查对,符合出门单的准予出门,凡是无出门单或者出门单不符的,门卫有权暂扣;

③节假日和下班以后,原则上不准物资出门,如生产急用,除了必须有出门单据外,经办人员必须出示本人证件,向值班门卫登记签名;

④个人携带物品进入大门,值班门卫认为有必要时,有权进行检查,不得拒绝;

⑤调整到其他工地住宿的施工人员,所携带的行李物品出门,必须有有关部门的出门手续,值班门卫才能放行;

⑥外来人员进施工现场联系工作、探亲访友,门卫必须先验明证件,进行登记后可以进入,夜间访友者必须在晚上 10:00 前离开;

⑦严禁与工程项目无关的人员进出工地。

14.2　环境管理

14.2.1　环境管理的特点与意义

1)建设工程项目环境管理的特点

（1）复杂性

建筑产品的固定性和生产的流动性决定了环境管理的复杂性。建筑产品生产过程中,生产人员、工具和设备总是在不断的流动,外加建筑产品受不同外部环境影响的因素多,使环境管理很复杂,稍有考虑不周就会出现问题。

（2）多样性

建筑产品生产过程的多样性和生产的单件性决定了环境管理的多样性。每一个建筑产品都要根据其特定要求进行施工,因此,对于每个建设工程项目都要根据其实际情况,制订健康安全管理计划,不可相互套用。

（3）协调性

建筑产品不能像其他许多工业产品一样可以分解为若干部分同时生产,而必须在同一固定场地按严格程序连续生产,上一道程序不完成,下一道程序不能进行,上一道工序生产的结果往往会被下一道工序所掩盖,而且每一道程序由不同的人员和单位来完成。因此,在环境管理中要求各单位和各专业人员横向配合和协调,共同注意产品生产过程接口部分的环境管理的协调性。

（4）不符合性

产品的委托性决定了环境管理的不符合性。建筑产品在建造前就确定了买主,按建设单位特定的要求委托进行生产建造。而建设工程市场在供大于求的情况下,业主经常会压低标价,造成产品的生产单位对健康安全管理的费用投入减少,使得不符合环境管理有关规定的现象时有发生。这就要求建设单位和生产组织必须重视对环保费用的投入,不可不符合环境管理的要求。

（5）持续性

产品生产的阶段性决定了环境管理的持续性。建设工程项目从立项到投产使用要经历5个阶段，即设计前的准备阶段（包括项目的可行性研究和立项）、设计阶段、施工阶段、使用前的准备阶段（包括竣工验收和试运行）、保修阶段。这5个阶段都要十分重视项目的安全和环境问题，持续不断地对项目各个阶段可能出现的安全和环境问题实施管理。否则，一旦在某个阶段出现环境问题，就会造成投资的巨大浪费，甚至造成工程项目建设的失败。

（6）经济性

产品的时代性和社会性决定了环境管理的经济性。建设工程产品是时代政治、经济、文化、风俗的历史记录，表现了不同时代的艺术风格和科学文化水平，反映了一定社会的、道德的、文化的、美学的艺术效果。建设工程产品是否适应可持续发展的要求，工程的规划、设计、施工质量的好坏，受益或受害的不仅仅是使用者，也是整个社会。因此，除了考虑各类建设工程的使用功能应相互协调外，还应考虑各类工程产品的时代性和社会性要求，其涉及的环境因素多种多样，应逐一加以评价和分析。

另外，建设工程不仅应考虑建造成本，还应考虑其寿命期内的使用成本。环境管理注重工程使用期内的成本，如能耗、水耗、维护、保养、改建更新的费用。并通过比较分析，判定工程是否符合经济要求，一般采用生命周期法可作为对其进行管理的参考。因此，环境管理的经济性体现在环境管理要求节约资源，并以减少资源消耗来降低环境污染，环境与资源二者是完全一致的。

2）建设工程项目环境管理的意义

①保护和改善施工环境是保证人们身体健康和社会文明的需要。采取专项措施防止粉尘、噪声和水污染，保护好作业现场及其周围的环境，是保证职工和相关人员身体健康，体现社会总体文明的一项利国利民的重要工作。

②保护和改善施工现场环境是消除对外干扰，保证施工顺利进行的需要。随着人们法制观念和自我保护意识的增强，尤其在城市中，施工扰民问题反映突出，应及时采取防治措施，减少对环境的污染和对市民的干扰，也是施工生产顺利进行的基本条件。

③保护和改善施工环境是现代化大生产的客观要求。现代化施工广泛应用新设备、新技术、新的生产工艺，对环境质量要求很高，如果粉尘、振动超标就可能损坏设备，影响功能发挥，使设备难以发挥作用。

④保护和改善施工环境是节约能源、保护人类生存环境、保证社会和建筑企业可持续发展的需要。人类社会即将面临环境污染和能源危机的挑战，为了保护子孙后代赖以生存的环境条件，每个公民和建筑企业都有责任和义务来保护环境。良好的环境和生存条件，也是建筑企业发展的基础和动力。

14.2.2　环境管理方案的落实

建筑企业应根据环境管理体系运行的要求，结合环境管理方案，对所有可能对环境产生影响的人员进行相应培训，主要内容有：

①环境方针程序和环境管理体系要求的重要性；

②个人工作对环境可能生产的影响；

③在实现环境保护要求方面的作用与职责；

④违反规定的运行程序和规定,产生的不良后果。

建筑企业要组织有关人员,通过定期或不定期的安全文明施工大检查来审核环境管理方案的执行情况,对环境管理体系的运行实施监督检查。

对项目安全文明施工大检查中发现的环境管理的不符合项,由主管部门开出不符合报告,项目技术部门根据不符合项分析产生的原因,制订纠正措施,交专业工程师负责落实实施。

对环境管理过程进行培训、检查、审核等所有工作都应进行记录。

14.2.3　污染的防治

施工现场的环境保护从各类污染的防治着手。

1)大气污染的防治

大气污染物的种类有数千种,已发现有危害作用的有 100 多种,其中大部分是有机物。大气污染物通常以气体状态和粒子状态存在于空气中。

施工现场空气污染的防治措施主要针对粒子状态污染物和气体状态污染物进行治理。

①施工现场的主要道路必须进行硬化处理,应指定专人定期洒水清扫,形成制度,防止道路扬尘(图 14.3);土方应集中堆放;裸露的场地和集中堆放的土方应采取覆盖、固化或绿化等措施。

②拆除建筑物或构筑物时,应采用隔离、洒水等降噪、降尘措施,并应在规定期限内将废弃物清理完毕。

③施工现场土方作业应采取防止扬尘措施。

④土方和建筑垃圾的运输必须采用封闭式运输车辆或采取覆盖措施;施工现场出口处应放置车辆冲洗设施,并应对驶出车辆进行清洁。

⑤施工现场的材料和大模板等存放场地必须平整坚实。对于水泥和其他易飞扬的细颗粒建筑材料的运输、储存,要注意遮盖、密封,应密闭存放或采取覆盖等措施;现场砂石等材料砌池堆放整齐并加以覆盖,定期洒水,运输和卸运时防止遗撒。

⑥大城市市区的建设工程已普及预拌混凝土和砂浆,施工现场混凝土、砂浆搅拌场所应采取封闭、降尘措施控制工地粉尘污染。

⑦施工现场垃圾渣土(图 14.4)要及时清理出现场。建筑物内垃圾的清运,必须采用相应容器或搭设专用封闭式垃圾道的方式清运运输,严禁凌空抛掷。严禁利用电梯井或在楼层上向下抛撒建筑垃圾。

图 14.3　施工现场的大气污染

图 14.4　施工现场的固体废物污染

⑧施工现场应设置密闭式垃圾站,施工垃圾、生活垃圾应分类存放,并应及时洒水降尘和清运出场。

⑨城区、旅游景点、疗养区、重点文物保护地及人口密集区的施工现场应使用清洁能源。如工地茶炉应尽量采用电热水器;若只能使用烧煤茶炉和锅炉时,应选用消烟除尘型茶炉和锅炉;大灶应选用消烟节能回风炉灶,使烟尘降至允许排放的范围为止。

⑩施工现场的机械设备、车辆的尾气排放应符合国家环保排放标准的要求。

⑪施工现场严禁焚烧油毡、橡胶、塑料、皮革、树叶、枯草、各种包装物等各类废弃物以及其他会产生有毒、有害烟尘和恶臭气体的物质。

⑫建筑物外围立面应采用密目式安全网,降低楼层内风的流速,阻挡灰尘进入施工现场周围的环境。

2)施工噪声污染的防治

噪声是指对人的生活和工作造成不良影响的声音,是影响与危害非常广泛的环境污染问题。噪声可以干扰人的睡眠与工作,影响人的心理状态与情绪,造成人的听力损失,甚至引起许多疾病。此外,噪声对人们的对话干扰也是相当大的。

建筑施工噪声是噪声的一种,如打桩机、推土机、混凝土搅拌机等发出的声音都属于施工噪声。建筑施工噪声具有普遍性和突发性。

对于建筑施工噪声污染的防治,应从生产技术和管理法规两个方面入手来采取有效的措施。

(1)从生产技术方面控制噪声

噪声控制技术可从声源控制、传播途径、接收者防护等方面来考虑。

①声源控制。从声源上降低噪声,这是防止噪声污染的最根本措施。施工现场应采用先进施工机械、改进施工工艺、维护施工设备,从声源上降低噪声;现场应按照《建筑施工场界环境噪声排放标准》(GB 12523—2011)制订降噪措施。

②传播途径的控制。在传播途径上控制噪声的方法主要有以下几种:

a.吸声:利用吸声材料(大多由多孔材料制成)或由吸声结构形成的共振结构(金属或木质薄板钻孔制成的空腔体)吸收声能,降低噪声。

b.隔声:应用隔声结构,阻碍噪声向空间传播,将接收者与噪声声源分隔。隔声结构包括隔声室、隔声罩、隔声屏障、隔声墙等。工程施工时的外脚手架采用全封闭密目绿色安全网进行全部封闭,使其外观整洁,并且有效地减少噪声,减少对周围环境及居民的影响;施工现场的强噪声机械(如搅拌机、电锯、电刨、砂轮机等)要设置封闭的机械棚,以减少强噪声的扩散。

c.消声:利用消声器阻止传播。允许气流通过的消声降噪是防治空气动力性噪声的主要装置,如对空气压缩机、内燃机产生的噪声等。

d.减振降噪:对来自振动引起的噪声,通过降低机械振动减小噪声。如将阻尼材料涂在振动源上,或改变振动源与其他刚性结构的连接方式等。

③接收者的防护。让处于噪声环境下的人员使用耳塞、耳罩等防护用品,减少相关人员在噪声环境中的暴露时间,以减轻噪声对人体的危害。

(2)从管理与法规方面控制噪声

①对强噪声作业控制,调整制定合理的作业时间。为有效控制施工单位夜晚连续作业(连续搅拌混凝土、支模板、浇筑混凝土等),应严格控制作业时间。当施工单位在居民稠密区

进行强噪声作业时,晚间作业不超过 22:00,早晨作业不早于 6:00,在特殊情况下应缩短施工作业时间。另外,昼间可以将施工作业时间与居民的休息时间错开,中午避免进行高噪声的施工作业。

根据国家标准《建筑施工场界环境噪声排放标准》(GB 12523—2011)的要求,建筑施工过程中场界环境噪声昼间不得超过 70 dB(A),夜间不得超过 55 dB(A)。施工现场因工艺等特殊条件,确需在夜间超噪声标准施工的,施工单位应尽量采取降低噪声措施,向工程所在地的环保部门申请,经环保部门批准、备案后方可施工,且应做好周边居民工作,公示施工期限,求得群众谅解。

②加强对施工现场的噪声监测。为了及时了解施工现场的噪声情况,掌握噪声值,应加强对施工现场环境噪声的长期监测。采用专人监测、专人管理的原则,严格按照《建筑施工场界环境噪声排放标准》(GB 12523—2011)进行测量,根据测量结果填写"施工场地噪声记录表",凡超过标准的,要及时对施工现场噪声超标的有关因素进行调整,力争达到施工噪声不扰民的目的。

③完善法规内容,提高法规的可操作性。我国的现行法规体系中,虽然规定了建筑施工场界环境噪声排放限值,以及一些防治与治理原则,但实施起来仍然有一定难度。可将经济补偿的内容纳入相关规定中,为处理施工噪声扰民诉讼案件提供经济赔偿依据。这无疑也会促进建筑施工有关各方积极采取噪声污染防治措施。

④加大环保观念的宣传与教育。加大在建筑业内外、全社会的环境保护宣传力度,提高作业人员、管理人员、社会居民、执法人员与部门的环境保护意识,全社会共同努力营造城市良性生态环境。

3) 水污染的防治

水污染物的主要来源有工业污染源(各种工业废水向自然水体的排放)、生活污染源(食物废渣、食油、粪便、合成洗涤剂、杀虫剂、病原微生物等)、农业污染源(化肥、农药等)。

施工现场废水和固体废物随水流流入水体部分,包括泥浆、水泥、油漆、各种油类、混凝土外加剂、重金属、酸碱盐、非金属无机毒物等,造成施工现场的水污染。施工现场水污染物的防治措施包括:

①施工现场应统一规划排水管线,建立污水、雨水排水系统,设置排水沟及沉淀池,施工污水经沉淀后方可排入市政污水管网或河流。

②禁止将有毒有害废弃物作土方回填,以免污染地下水和环境。

③施工现场搅拌站、混凝土泵的废水,现制水磨石的污水,电石(碳化钙)的污水必须经沉淀池沉淀合格后再排放,最好将沉淀水用于工地洒水降尘或采取措施回收利用。沉淀池要经常清理。

④施工现场的临时食堂,污水排放时可设置简易有效的隔油池,定期清理,防止污染;不得将食物加工废料、食物残渣等废弃物倒入下水道。

⑤中心城市施工现场的临时厕所可采用水冲式厕所,并应有防蝇、灭蛆措施,化粪池应采取防渗漏措施,防止污染水体和环境。现场厕所所产生的污水经过分解、沉淀后通过施工现场内的管线排入化粪池,与市政排污管网相接。

⑥食堂、盥洗室、淋浴间的下水管线应设置过滤网,并应与市政污水管线连接,保证排水通畅。

⑦现场存放油料和化学溶剂等物品应设有库房,地面进行防渗处理,如采用防渗混凝土地

面、铺油毡等措施。使用时,要采取防止油料跑、冒、滴、漏的措施,以免污染水体。废弃的油料和化学溶剂应集中处理,不得随意倾倒。

4) 固体废物污染的防治

固体废物是生产、建设、日常生活和其他活动中产生的固态、半固态废弃物质。固体废物是一个极其复杂的废物体系,按照其化学组成可分为有机废物和无机废物;按照其对环境和人类健康的危害程度可分为一般废物和危险废物。

施工工地上常见的固体废物有:建筑渣土,包括砖瓦、碎石、渣土、混凝土碎块、废钢铁、碎玻璃、废屑、废弃装饰材料等;废弃的散装建筑材料,包括散装水泥、石灰等;生活垃圾,包括炊厨废物、丢弃食品、废纸、生活用具、玻璃、陶瓷碎片、废电池、废旧日用品、废塑料制品、煤灰渣、废交通工具等;设备、材料等的废弃包装材料及粪便等。

固体废物处理的基本思想是采取资源化、减量化和无害化的处理,对固体废物产生的全过程进行控制。建筑工地固体废物的主要处理方法有:

①回收利用。回收利用是对固体废物进行资源化、减量化的重要手段之一。对建筑渣土可视其情况加以利用。废钢可按需要用做金属原材料。对废电池等废弃物应分散回收,集中处理。

②减量化处理。减量化是对已经产生的固体废物进行分选、破碎、压实浓缩、脱水等措施,减少其最终处置量,降低处理成本,减少对环境的污染。在减量化处理的过程中,也包括和其他处理技术相关的工艺方法,如焚烧、热解、堆肥等。

③焚烧技术。焚烧用于不适合再利用且不宜直接予以填埋处置的废物,尤其是对于受到病菌、病毒污染的物品,可用焚烧进行无害化处理。焚烧处理应使用符合环境要求的处理装置,注意避免对大气的二次污染。

④稳定和固化技术。利用水泥、沥青等胶结材料,将松散的废物包裹起来,减小废物的毒性和可迁移性,使得污染减少。

⑤填埋。填埋是固体废物处理的最终技术,经过无害化、减量化处理的废物残渣集中到填埋场进行处置。填埋场应利用天然或人工屏障,尽量使需处置的废物与周围的生态环境隔离,并注意废物的稳定性和长期安全性。

5) 施工照明污染的防治

随着城市建设的加快,人们的生活环境中出现了一种新的环境污染——光污染。光污染的危害日益严重,已成为危害人类的第五大污染。

光污染是一种新型的环境污染,泛指影响自然环境,对人类正常生活、工作、休息和娱乐带来不利影响,损害人们观察物体的能力,引起人体不适和损害人体健康的各种光。光污染具有极大的危害性,包括危害人体健康、生态破坏、增加交通事故、妨碍天文观测、给人们生活带来麻烦、浪费能源等。因此,必须采取相应的措施积极预防,包括建立相关法律法规、加强建设规划和管理手段。国际上一般把光污染分为3类,即白亮污染、人工白昼、彩光污染。

由于光污染不能通过分解、转化、稀释来消除,因此只能加强预防,以防为主,防治结合。这就需要弄清形成光污染的原因和条件,提出相应的防护措施和方法,并制定必要的法律和法规。

建筑工程施工照明污染也是光污染(图14.5)。减少施工照明污染的措施主要有:

①根据施工现场照明强度要求选用合理的灯具,"越亮越好"并不科学,也造成不必要的浪费。

②建筑工程应尽量多采用高品质、遮光性能好的荧光灯(图 14.6),其工作频率在 20 kHz 以上,使荧光灯的闪烁度大幅度下降,改善了视觉环境,有利于人体健康,少采用黑光灯、激光灯、探照灯、空中玫瑰灯等不利光源。这样即满足照明要求又不刺眼。

图 14.5　施工现场照明污染　　　　图 14.6　施工现场采用遮光性能好的荧光灯

③施工现场应采取遮蔽措施,限制电焊眩光、夜间施工照明光、具有强反光性建筑材料的反射光等污染光源外泄,使夜间照明只照射施工区域而不影响周围居民休息。

④施工现场大型照明灯应采用俯视角度,不应将直射光线射入空中。利用挡光、遮光板,或利用减光方法将投光灯产生的溢散光和干扰光降到最低限度。

⑤加强个人防护措施,对紫外线和红外线等这类看不见的辐射源,必须采取必要的防护措施,如电焊工要佩戴防护眼镜和防护面罩。光污染的防护镜有反射型防护镜、吸收型防护镜、反射-吸收型防护镜、光电型防护镜、变色微晶玻璃型防护镜等,可依据防护对象选择相应的防护镜。

⑥对有红外线和紫外线污染以及应用激光的场所,制定相应的卫生标准并采取必要的安全防护措施,注意张贴警告标志,禁止无关人员进入禁区内。

案例分析

噪声污染案例

居民们不堪忍受某工程建筑噪声,愤而向"环保 110"投诉。环保部门接到投诉后,进行了实地勘察和监测。该工程由某建筑公司承建,该建筑公司开工前,未向该市环境保护行政主管部门进行申报。环保部门到工地查处时,发现工地正在夜间施工,对此该建筑公司负责人申辩:他们并未在夜间大规模施工,只是混凝土浇筑因工艺的特殊需要,开始之后就无法中止,即便是夜间也不能停工。但是该建筑公司并没有办理相关的夜间开工手续。经环保部门监测,该工地昼间噪声为 70 dB,夜间噪声为 54 dB,未超过国家规定的建筑施工噪声源的噪声排放标准。于是环保部门进行了调解,并对该建筑公司未依法进行申报和办理夜间开工手续作出处罚。

但是,建筑工地的噪声污染并没有得到改善,广大居民依然处于噪声污染之中。在向律师事务所咨询以后,该小区 27 户居民以相邻权受到侵害为由向人民法院提起诉讼,要求法院判令被告停止噪声污染,赔偿损失。人民法院受理后,经过法庭调查认定某建筑公司排放的噪声尽管符合国家规定的建筑施工噪声源的噪声排放标准,但超过城市区域环境噪声标准中规定的区域标准限值,在事实上构成环境噪声污染,侵害了原告的相邻权。当时根据《民法通则》第八十三条的规定,判决被告采取措施,消除噪声污染,并赔偿原告精神损失费用。

14.3　环境卫生与防疫

建筑工程施工现场条件差,人员流动性强,做好环境卫生与防疫工作非常重要。为防止或最大限度地减少疾病事故和传染病的流行,应搞好环境卫生与防疫工作。

14.3.1　施工区卫生管理

为创造舒适的工作环境,养成良好的文明施工作风,保证职工身体健康,施工区域和生活区域应有明确划分,把施工区和生活区分成若干片,分片包干,建立责任区,从道路交通、消防器材、材料堆放到垃圾、厕所、厨房、宿舍、火炉、吸烟等都要有专人负责,做到责任落实到人(名单上墙),使文明施工、环境卫生工作保持经常化、制度化。

施工区卫生管理措施如下:

①施工现场要天天扫扫,保持整洁卫生,场地平整,各类物品堆放整齐,道路平坦畅通,无堆放物、散落物,做到无积水、无黑臭、无垃圾,有排水措施。生活垃圾与建筑垃圾要分别定点堆放,严禁混放,并应及时清运。

②施工现场严禁大小便,发现有随地大小便现象时要对责任区负责人进行处罚。施工区、生活区有明确划分,设置标志牌,标志牌上注明责任人姓名和管理范围。

③卫生区的平面图应按比例绘制,并注明责任区编号和负责人姓名。

④施工现场的零散材料和垃圾要及时清理,垃圾临时堆放不得超过3天,如违反本条规定要处罚工地负责人。

⑤楼内清理出的垃圾,要用容器或小推车,用塔式起重机或提升设备运下,严禁高空抛撒。

⑥施工现场的厕所,做到有顶、门窗齐全并有纱,坚持天天打扫,每周撒白灰或打一两次药,消灭蝇蛆,便坑须加盖。

⑦为了广大职工身体健康,施工现场必须设置保温桶(冬季)和开水(水杯自备),公用杯子必须采取消毒措施,茶水桶必须有盖并加锁。

⑧施工现场的卫生要定期进行检查,发现问题,限期改正。

14.3.2　生活区卫生管理

1)办公室卫生管理

①办公室的卫生由办公室全体人员轮流值班,负责打扫,排出值班表。

②值班人员负责打扫卫生、打水,作好来访记录,整理文具。文具应摆放整齐,做到窗明地净,无蝇、无鼠。

③冬季负责取暖炉的看火,落地炉灰及时清扫,炉灰按指定地点堆放,定期清理外运,防止发生火灾。

④未经许可一律禁止使用电炉及其他电加热器具。

2)宿舍卫生管理

①职工宿舍要有卫生管理制度,实行室长负责制,规定一周内每天卫生值日名单张贴上墙,做到天天有人打扫,保持室内窗明地净、通风良好。

②宿舍内各类物品应堆放整齐,不到处乱放,做到整齐、美观。

③宿舍内保持清洁卫生,清扫出的垃圾在指定的垃圾站堆放,并及时清理。

④生活废水应有污水池,二楼以上也要有水源及水池,做到卫生区内无污水、无污物,废水不得乱倒、乱流。

⑤夏季宿舍应有消暑和防蚊虫叮咬措施。冬季取暖炉的防煤气中毒设施必须齐全、有效,建立验收合格证制度,经验收合格后,发证方准使用。

⑥未经许可一律禁止使用电炉及其他用电加热器具。

14.3.3　食堂卫生管理

为加强建筑工地食堂管理,严防肠道传染病的发生,杜绝食物中毒,把关病从口入,各单位要加强对食堂的治理整顿。

根据《中华人民共和国食品卫生法》规定,依照食堂规模的大小、入伙人数的多少,应当有相应的食品原料处理、加工、储存等场所及必要的上、下水等卫生设施。要做到防尘、防蝇,与污染源(污水沟、厕所、垃圾箱等)应保持 30 m 以上的距离。食堂内外每天应清洗打扫,并保持内外环境的整洁。

1)食品卫生

(1)采购运输

①采购外地食品应向供货单位索取县以上食品卫生监督机构开具的检验合格证或检验单,必要时可请当地食品卫生监督机构进行复验。

②采购食品使用的车辆、容器要清洁卫生,做到生熟分开,防尘、防蝇、防雨、防晒。

③不得采购、制售腐败变质、霉变、生虫、有异味或《中华人民共和国食品卫生法》规定禁止生产经营的食品。

(2)储存保管

①根据《中华人民共和国食品卫生法》的规定,食品不得接触有毒物、不洁物,建筑工程使用的防冻盐(亚硝酸钠)等有毒有害物质,各施工单位要设专人专库存放,严禁亚硝酸盐和食盐同仓共储,要建立健全管理制度。

②储存食品要隔墙、离地,注意做到通风、防潮、防虫、防鼠。食堂内必须设置合格的密封熟食间,有条件的单位应设冷藏设备。主副食品、原料、半成品、成品要分开存放。

③盛放酱油、盐等副食调料要做到容器物见本色,加盖存放,清洁卫生。

④禁止用铝制品、非食用性塑料制品盛放熟菜。

(3)制售过程

①制作食品的原料要新鲜、卫生,做到不用、不卖腐败变质的食品,各种食品要烧熟煮透,以免食物中毒。

②制售过程及刀、墩、案板、盆、碗及其他盛器、筐、水池、抹布和冰箱等工具要严格做到生熟分开,售饭菜时要用工具销售直接入口的食品。

③未经卫生监督管理部门批准,工地食堂禁止供应生吃凉拌菜,以防肠道传染疾病。剩饭、菜要回锅彻底加热再食用,一旦发现变质,不得食用。

④共用食具要洗净消毒,防止交叉污染。应有上、下水洗手和餐具洗涤设备。

⑤盛放丢弃食物的桶(缸)必须有盖,并及时清运。

2）炊管人员卫生

①凡在岗位上的炊管人员，必须持有所在地区卫生防疫部门办理的健康证和岗位培训合格证，并且每年进行一次体检。

②凡患有痢疾、肝炎、伤寒、活动性肺结核、渗出性皮肤病以及其他有碍食品卫生的疾病，不得参加接触直接入口食品的制售及食品洗涤工作。

③民工炊管人员无健康证的不准上岗，否则予以经济处罚，责令关闭食堂，并追究有关领导的责任。

④炊管人员操作时必须穿戴好工作服、发帽，做到"三白"（白衣、白帽、白口罩），并保持清洁整齐，做到文明操作，不赤背、不光脚，禁止随地吐痰。

⑤炊管人员必须做好个人卫生，要坚持做到"四勤"（勤理发、勤洗澡、勤换衣、勤剪指甲）。

3）集体食堂发放卫生许可证验收标准

①新建、改建、扩建的集体食堂，在选址和设计时应符合卫生要求，远离有毒有害场所，30 m内不得有露天坑式厕所、暴露垃圾堆（站）和粪堆畜圈等污染源。

②需有与进餐人数相适应的餐厅、制作间和原料库等辅助用房。餐厅和制作间（含库房）建筑面积比例一般应为1∶1.5。其地面和墙裙的建筑材料，要用具有防鼠、防潮和便于洗刷的水泥等。有条件的食堂，制作间灶台及其周围要镶嵌白瓷砖，炉灶应有通风排烟设备。

③制作间应分为主食间、副食间、烧火间，有条件的可开设主食间、摘菜间、炒菜间、冷荤间、面点间，做到生与熟，原料与成品、半成品，食品与杂物、毒物（亚硝酸盐、农药、化肥等）严格分开。冷荤间应具备"五专"（专人、专室、专容器用具、专消毒、专冷藏）。

④主、副食应分开存放。易腐食品应有冷藏设备（冷藏库或冰箱）。

⑤食品加工机械、用具、炊具、容器应有防蝇、防尘设备。用具、容器和食用苫布要有生、熟及正、反面标记，防止食品污染。

⑥采购运输要有专用食品容器及专用车。

⑦食堂应有相应的更衣、消毒、盥洗、采光、照明、通风和防蝇、防尘设备，以及通畅的上、下水管道。

⑧餐厅设有洗碗池、残渣桶和洗手设备。

⑨公用餐具应有专用洗刷、消毒和存放设备。

⑩食堂炊管人员（包括合同工、临时工）必须按有关规定进行健康检查和卫生知识培训，并取得健康合格证和培训证。

⑪具有健全的卫生管理制度。单位领导要负责食堂管理工作，并将提高食品卫生质量、预防食物中毒列入岗位责任制的考核评奖条件中。

⑫集体食堂的经常性食品卫生检查工作，各单位要根据《中华人民共和国食品卫生法》有关规定和本地颁发的《饮食行业（集体食堂）食品卫生管理标准和要求》及《建筑工地食堂卫生管理标准和要求》进行管理检查。

4）职工饮水卫生规定

施工现场应供应开水，饮水器具要卫生。夏季要确保施工现场的凉开水或清凉饮料供应，暑伏天可增加绿豆汤，防止中暑脱水现象发生。

14.3.4　厕所卫生管理

①施工现场要按规定设置厕所。厕所的设置要在食堂 30 m 以外,屋顶墙壁要严密,门窗齐全有效,便槽内必须铺设瓷砖。

②厕所要有专人管理,应有化粪池,严禁将粪便直接排入下水道或河流沟渠中,露天粪池必须加盖。

③厕所定期清扫制度:厕所设专人天天冲洗打扫,做到无积垢、垃圾及明显臭味,并应有洗手水源;市区工地厕所要有水冲设施,保持厕所清洁卫生。

④厕所灭蝇蛆措施:厕所按规定采取冲水或加盖措施,定期打药或撒白灰粉,消灭蝇蛆。

小　结

本项目主要讲授了以下几个方面的内容:

1.施工现场的治安管理;

2.施工现场的环境管理;

3.环境卫生与防疫。

通过本项目的学习,了解治安保卫工作的主要内容、责任制和各项治安管理制度,熟悉施工现场大气污染、施工噪声污染、水污染、固体废弃物、建筑施工照明污染的防治,熟悉施工现场环境卫生与防疫管理要求,具有能够编制治安防范管理制度的能力和对环境保护与环境卫生进行安全检查验收的能力。

思考题

1.治安保卫工作有哪些内容?

2.施工现场治安管理的具体要求有哪些?

3.简述环境管理的特点。

4.简述建筑施工现场防治大气污染的措施。

5.简述建筑施工现场防治噪声污染的措施。

6.如何做好建筑施工现场环境卫生与防疫工作?

项目 15　消防安全管理

【内容简介】

1.消防安全职责；

2.消防设施的管理；

3.施工防火与灭火。

【学习目标】

1.了解消防安全管理的必要性,施工现场人员和组织的消防安全职责；

2.熟悉施工现场消防设施的布置要求；

3.熟悉施工现场防火的要求。

【能力培养】

1.具有对施工现场消防设施进行安全检查验收的能力；

2.具有扑救初期火灾的能力。

引言

消防安全是指控制能引起火灾、爆炸的因素,消除能导致人员伤亡或引起设备、财产破坏和损失的条件,为人们生产、经营、工作、生活活动创造一个不发生或少发生火灾的安全环境。

消防安全管理是指单位管理者和主管部门遵循经营管理活动规律和火灾发生的客观规律,依照有关规定,运用管理方法,通过管理职能合理有效地组合、利用各种资源以保证消防安全所进行的一系列活动。其主要目的是保护单位员工免遭火灾危害,保护财产不受火灾损失,促进单位改善消防安全环境,保障单位经营、建设的顺利发展。施工现场发生火灾及消防演习分别如图 15.1 和图 15.2 所示。

图 15.1　施工现场发生火灾

图 15.2　施工现场进行消防演习

15.1 消防安全职责

15.1.1 加强消防安全管理的必要性

加强施工现场消防安全管理的必要性主要体现在以下几个方面：

①可燃性临时建筑物多。在建设工程中，因受现场条件限制，仓库、食堂等临时性的易燃建筑物毗邻。

②施工现场可燃材料多。除了传统的油毡、木料、油漆等可燃性建材之外，还有许多施工人员不太熟悉的可燃材料，如聚苯乙烯泡沫塑料板、聚氨酯软质海绵、玻璃钢等。

③建筑施工手段的现代化、机械化，使施工离不开电源。卷扬机、起重机、搅拌机、对焊机、电焊机、聚光灯塔等大功率电气设备，其电源线的敷设大多是临时性的，电气绝缘层容易磨损，电气负荷容易超载，而且这些电气设备多是露天设置的，易使绝缘老化、漏电或遭受雷击，造成火灾。

④施工过程交叉作业多。施工工序相互交叉，火灾隐患不易被发现。

⑤装修过程险情多。在装修阶段或者工程竣工后的维护过程，因场地狭小、操作不便，建筑物的隐蔽部位较多，如果用火、用电、喷涂油漆等，不加小心就会酿成火灾。

⑥施工人员流动性较大。农民工多，安全文化程度不一，安全意识薄弱。

15.1.2 施工现场的消防安全组织

建立消防安全组织，明确各级消防安全管理职责，是确保施工现场消防安全的重要前提。施工现场消防安全组织包括：

①消防安全领导小组，负责施工现场的消防安全领导工作；

②消防安全保卫组（部），负责施工现场的日常消防安全管理工作；

③义务消防队，负责施工现场的日常消防安全检查、消防器材维护和初期火灾扑救工作。

15.1.3 消防安全组织人员的职责

1）消防安全负责人

项目消防安全负责人是工地防火安全的第一责任人，由项目经理担任，对项目工程生产经营过程中的消防工作负全面领导责任。其应履行以下职责：

①贯彻落实消防方针、政策、法规和各项规章制度，结合项目工程特点及施工全过程的情况，制订本项目各消防管理办法或提出要求，并监督实施。

②根据工程特点确定消防工作管理体制和人员，并确定各业务承包人的消防保卫责任和考核指标，支持、指导消防人员工作。

③组织落实施工组织设计中的消防措施，组织并监督项目施工中消防技术交底和设备、设施验收制度的实施。

④领导、组织施工现场定期的消防检查，发现消防工作中的问题，制订措施，及时解决。对上级提出的消防与管理方面的问题，要定时、定人、定措施予以整改。

⑤发生事故时作好现场保护与抢救工作，及时上报，组织、配合事故调查，认真落实制订的整改措施，吸取事故教训。

⑥对外包队伍加强消防安全管理,并对其进行评定。

⑦参加消防检查,对施工中存在的不安全因素,从技术方面提出整改意见和方法并予以清除。

⑧参加并配合火灾及重大未遂事故的调查,从技术上分析事故原因,提出防范措施和意见。

2) 消防安全管理人

施工现场应确定一名主要领导为消防安全管理人,具体负责施工现场的消防安全工作。消防安全管理应履行以下职责:

①制定并落实消防安全责任制和防火安全管理制度,组织编制火灾的应急预案和落实防火、灭火方案以及火灾发生时应急预案的实施。

②拟定项目经理部及义务消防队的消防工作计划。

③配备灭火器材,落实定期维护、保养措施,改善防火条件,开展消防安全检查和火灾隐患整改工作,及时消除火险隐患。

④管理本工地的义务消防队和灭火训练,组织灭火和应急疏散预案的实施和演练。

⑤组织开展员工消防知识、技能的宣传教育和培训,使职工懂得安全用火、用电和其他防火、灭火常识,增强职工消防意识和自防自救能力。

⑥组织火灾自救,保护火灾现场,协助火灾原因调查。

3) 消防安全管理人员

施工现场应配备专、兼职消防安全管理人员(如消防干部、消防主管等),负责施工现场的日常消防安全管理工作。消防安全管理人员应履行以下职责:

①认真贯彻消防工作方针,协助消防安全管理人制订防火安全方案和措施,并督促落实。

②定期进行防火安全检查,及时消除各种火险隐患,纠正违反消防法规、规章的行为,并向消防安全管理人报告,提出对违章人员的处理意见。

③指导防火工作,落实防火组织、防火制度和灭火准备,对职工进行防火宣传教育。

④组织参加本业务系统召集的会议,参加施工组织设计的审查工作,按时填报各种报表。

⑤对重大火险隐患及时提出消除措施的建议,填发火险隐患通知书,并报消防监督机关备案。

⑥组织义务消防队的业务学习和训练。

⑦发生火灾事故,立即报警和向上级报告,同时要积极组织扑救,保护火灾现场,配合事故的调查。

4) 工长

①认真执行上级有关消防安全生产规定,对所管辖班组的消防安全生产负直接领导责任。

②认真执行消防安全技术措施及安全操作规程,针对生产任务的特点,向班组进行书面消防安全技术交底,履行签字手续,并经常检查规程、措施、交底的执行情况,随时纠正现场及作业中的违章、违规行为。

③经常检查所管辖班组作业环境及各种设备的消防安全状况,发现问题及时纠正、解决。

④定期组织所管辖班组学习消防规章制度,开展消防安全教育活动,接受安全部门或人员的消防安全监督检查,及时解决提出的不安全问题。

⑤对分管工程项目应用的符合审批手续的新材料、新工艺、新技术,要组织作业工人进行消防安全技术培训;若在施工中发现问题,必须立即停止使用,并上报有关部门或领导。

5)班组长

①对本班组的消防工作负全面责任。认真贯彻执行各项消防规章制度及安全操作规程,认真落实消防安全技术交底,合理安排班组人员工作。

②熟悉本班组的火险危险性,遵守岗位防火责任制,定期检查班组作业现场消防状况,发现问题并及时解决。

③经常组织班组人员学习消防知识,监督班组人员正确使用个人劳动保护用品。对新调入的职工或变更工种的职工,在上岗之前进行防火安全教育。

④熟悉本班组消防器材的分布位置,加强管理,明确分工,发现问题及时反映,保证初期火灾的扑救。

⑤发生火灾事故,立即报警和向上级报告,组织本班组义务消防人员和职工扑救,保护火灾现场,积极协助有关部门调查火灾原因,查明责任者并提出改进意见。

6)班组工人

①认真学习和掌握消防知识,严格遵守各项防火规章制度。

②认真执行消防安全技术交底,不违章作业,服从指挥、管理;随时随地注意消防安全,积极主动地作好消防安全工作。对不利于消防安全的作业要积极提出意见,并有权拒绝违章指挥。

③发扬团结友爱精神,在消防安全生产方面做到相互帮助、互相监督,对新工人要积极传授消防保卫知识,维护一切消防设施和防护用具,做到正确使用,不损坏,不私自拆改、挪用。

④发现有险情立即向领导反映,避免事故发生。发现火灾应立即向有关部门报告火警,不谎报。

⑤发生火灾事故时,有参加、组织灭火工作的义务,并保护好现场,主动协助领导查清起火原因。

知识窗

义务消防队的职责

①热爱消防工作,遵守和贯彻有关消防制度,并向职工进行消防知识宣传,提高防火警惕。

②结合本职工作,班前、班后进行防火检查,发现不安全的问题及时解决,解决不了的应采取措施并向领导报告,发现违反防火制度者有权制止。

③经常维修、保养消防器材及设备,并根据本单位的实际情况需要报请领导添置各种消防器材。

④组织消防业务学习和技术操练,提高消防业务水平。

⑤组织队员轮流值勤。

⑥协助领导制定本单位灭火的应急预案。发生火灾立即启动应急预案,实施灭火与抢救工作。协助领导和有关部门保护现场,追查失火原因,提出改进措施。

15.2 消防设施管理

15.2.1 施工现场的平面布置

1）一般规定

①临时用房、临时设施的布置应满足现场防火、灭火及人员安全疏散的要求。

②施工现场出入口的设置应满足消防车通行的要求，并宜布置在不同方向，其数量不宜少于 2 个。当确有困难只能设置 1 个出入口时，应在施工现场内设置满足消防车通行的环形道路。

③施工现场临时办公、生活、生产、物料存贮等功能区宜相对独立布置，防火间距应符合防火间距的规定。

④固定动火作业场应布置在可燃材料堆场及其加工场、易燃易爆危险品库房等全年最小频率风向的上风侧，并宜布置在临时办公用房、宿舍、可燃材料库房、在建工程等全年最小频率风向的上风侧。

⑤易燃易爆危险品库房应远离明火作业区、人员密集区和建筑物相对集中区。

⑥可燃材料堆场及其加工场、易燃易爆危险品库房不应布置在架空电力线下。

2）防火间距

①易燃易爆危险品库房与在建工程的防火间距不应小于 15 期 m，可燃材料堆场及其加工场、固定动火作业场与在建工程的防火间距不应小于 10 m，其他临时用房、临时设施与在建工程的防火间距不应小于 6 m。

②施工现场主要临时用房、临时设施的防火间距不应小于表 15.1 的规定，当办公用房、宿舍成组布置时，其防火间距可适当减小，但应符合下列规定：

表 15.1　施工现场主要临时用房、临时设施的防火间距　　　　　单位：m

名称 \ 间距 \ 名称	办公用房、宿舍	发电机房、变配电房	可燃材料库房	厨房操作间、锅炉房	可燃材料堆场及其加工场	固定动火作业场	易燃易爆危险品库房
办公用房、宿舍	4	4	5	5	7	7	10
发电机房、变配电房	4	4	5	5	7	7	10
可燃材料库房	5	5	5	5	7	7	10
厨房操作间、锅炉房	5	5	5	5	7	7	10
可燃材料堆场及其加工场	7	7	7	7	7	10	10
固定动火作业场	7	7	7	7	10	10	12
易燃易爆危险品库房	10	10	10	10	10	12	12

注：①临时用房、临时设施的防火间距应按临时用房外墙外边线或堆场、作业场、作业棚边线间的最小距离计算，当临时用房外墙有突出可燃构件时，应从其突出可燃构件的外缘算起；

②两栋临时用房相邻较高一面的外墙为防火墙时，防火间距不限；

③本表未规定的，可按同等火灾危险性的临时用房、临时设施的防火间距确定。

a.每组临时用房的栋数不应超过 10 栋,组与组之间的防火间距不应小于 8 m;

b.组内临时用房之间的防火间距不应小于 3.5 m,当建筑构件燃烧性能等级为 A 级时,其防火间距可减少到 3 m。

3) 消防车道

①施工现场内应设置临时消防车道,临时消防车道与在建工程、临时用房、可燃材料堆场及其加工场的距离不宜小于 5 m,且不宜大于 40 m;施工现场周边道路满足消防车通行及灭火救援要求时,施工现场内可不设置临时消防车道。

②临时消防车道的设置应符合下列规定:

a.临时消防车道宜为环形,设置环形车道确有困难时,应在消防车道尽端设置尺寸不小于 12 m×12 m 的回车场;

b.临时消防车道的净宽度和净空高度均不应小于 4 m;

c.临时消防车道的右侧应设置消防车行进路线指示标识;

d.临时消防车道路基、路面及其下部设施应能承受消防车通行压力及工作荷载。

③下列建筑应设置环形临时消防车道,设置环形临时消防车道确有困难时,除应按规定设置回车场外,尚应设置临时消防救援场地:

a.建筑高度大于 24 m 的在建工程;

b.建筑工程单体占地面积大于 3 000 m² 的在建工程;

c.超过 10 栋,且成组布置的临时用房。

④临时消防救援场地的设置应符合下列规定:

a.临时消防救援场地应在在建工程装饰装修阶段设置;

b.临时消防救援场地应设置在成组布置的临时用房场地的长边一侧及在建工程的长边一侧;

c.临时救援场地宽度应满足消防车正常操作要求,且不应小于 6 m,与在建工程外脚手架的净距不宜小于 2 m,且不宜超过 6 m。

15.2.2　消防设施与器材的布置

根据灭火的需要,建筑施工现场必须配置相应种类、数量的消防器材、设备、设施,如消防水池(缸)(图 15.3)、消防梯、砂箱(池)、消火栓、消防桶、消防锹、消防钩(安全钩)及灭火器(图 15.4)等。

图 15.3　施工现场配备的消防水池

图 15.4　施工现场配备的灭火器

1)灭火器

施工现场灭火器配置应符合下列规定：

①灭火器的类型应与配备场所可能发生的火灾类型相匹配。

②灭火器的最低配置标准应符合表 15.2 的规定。

表 15.2　灭火器的最低配置标准

项目	固体物质火灾		液体或可溶化固体物质火灾、气体火灾	
	单具灭火器最小灭火级别	单位灭火级别最大保护面积 $/(m^2 \cdot A^{-1})$	单具灭火器最小灭火级别	单位灭火级别最大保护面积 $/(m^2 \cdot B^{-1})$
易燃易爆危险品存放及使用场所	3A	50	89B	0.5
固定动火作业场	3A	50	89B	0.5
临时动火作业点	2A	50	55B	0.5
可燃材料存放、加工及使用场所	2A	75	55B	1.0
厨房操作间、锅炉房	2A	75	55B	1.0
自备发电机房	2A	75	55B	1.0
变配电房	2A	75	55B	1.0
办公用房、宿舍	1A	100	—	—

③灭火器的配置数量应按现行国家标准《建筑灭火器配置设计规范》(GB 50140)的有关规定经计算确定,且每个场所的灭火器数量不应少于 2 具。

④灭火器的最大保护距离应符合表 15.3 的规定。

表 15.3　灭火器的最大保护距离　　　　　　　　　　　　　　　　单位:m

灭火器配置场所	固体物质火灾	液体或可溶化固体物质火灾、气体火灾
易燃易爆危险品存放及使用场所	15	9
固定动火作业场	15	9
临时动火作业点	10	6
可燃材料存放、加工及使用场所	20	12
厨房操作间、锅炉房	20	12
发电机房、变配电房	20	12
办公用房、宿舍等	25	—

2) 临时消防给水

①施工现场或其附近应设置稳定、可靠的水源,并应能满足施工现场临时消防用水的需要。消防水源可采用市政给水管网或天然水源。当采用天然水源时,应采取确保冰冻季节、枯水期最低水位时顺利取水的措施,并应满足临时消防用水量的要求。

②临时消防用水量应为临时室外消防用水量与临时室内消防用水量之和。

③临时室外消防用水量应按临时用房和在建工程的临时室外消防用水量的较大者确定,施工现场火灾次数可按同时发生 1 次确定。临时用房的临时室外消防用水量不应小于表 15.4 的规定,在建工程的临时室外消防用水量不应小于表 15.5 的规定。

表 15.4　临时用房的临时室外消防用水量

临时用房建筑面积之和	火灾延续时间 /h	消火栓用水量 /(L·s^{-1})	每支水枪最小流量 /(L·s^{-1})
1 000 m^2<面积≤5 000 m^2	1	10	5
面积>5 000 m^2		15	5

表 15.5　在建工程的临时室外消防用水量

在建工程(单体)体积	火灾延续时间 /h	消火栓用水量 /(L·s^{-1})	每支水枪最小流量 /(L·s^{-1})
10 000 m^3<体积≤30 000 m^3	1	15	5
体积>30 000 m^3	2	20	5

④建筑高度大于 24 m 或单体体积超过 30 000 m^3 的在建工程,应设置临时室内消防给水系统。在建工程的临时室内消防用水量不应小于表 15.6 的规定。

表 15.6　在建工程的临时室内消防用水量

建筑高度、在建工程体积(单体)	火灾延续时间 /h	消火栓用水量 /(L·s^{-1})	每支水枪最小流量 /(L·s^{-1})
24 m<建筑高度≤50 m 或 30 000 m^3<体积≤50 000 m^3	1	10	5
建筑高度>50 m 或体积>50 000 m^3	2	20	5

15.2.3　焊接机具与燃器具的安全管理

施工现场的焊接机具和燃器具,特别是用于电焊、气焊和气割的设备,以及喷灯等,都是极易引发火灾的设备,必须加强防火安全管理。

1) 电焊设备

①每台电焊机均需设专用断路开关,并有与电焊机相匹配的过流保护装置,装在防火防雨的闸箱内。现场使用的电焊机,应设有防雨、防潮、防晒的机棚,并装设相应消防器材。

②每台电焊机应设独立的接地、接零线,其接点用螺钉压紧。电焊机的接线柱、接线孔等应装在绝缘板上,并有防护罩保护。

③超过 3 台以上的电焊机要固定地点集中管理,统一编号。室内焊接时,电焊机的位置、线路敷设和操作地点的选择应符合防火安全要求,作业前必须进行检查。

④电焊钳应具有良好的绝缘和隔热能力。电焊钳握柄必须绝缘良好,握柄与导线连接牢靠,接触良好。

⑤电焊机导线应具有良好的绝缘性能,使用防水型的橡胶皮护套多股铜芯软电缆。不得将电焊机导线放在高温物体附近,不得搭在氧气瓶、乙炔瓶、乙炔发生器、煤气、液化气等易燃、易爆设备和带有热源的物品上;长度不宜大于 30 m,当需要加长时,应相应增加导线的截面。

⑥当长期停用的电焊机恢复使用时,其绝缘电阻不得小于 0.5 MΩ,接线部分不得有腐蚀和受潮现象。

2) 气焊、割设备

①氧气瓶与乙炔瓶是气焊和气割工艺的主要设备,属于易燃、易爆的压力容器。乙炔瓶必须配备专用的乙炔减压器和回火防止器,氧气瓶要安装高、低气压表,不得接近热源,瓶阀及其附件不得沾油脂。

②乙炔瓶、氧气瓶与气焊操作地点(含一切明火)的距离不应小于 10 m,焊、割作业时两者的距离不应小于 5 m,存放时的距离不小于 2 m。

③氧气瓶、乙炔瓶应立放固定,严禁倒放,夏季不得在日光下暴晒,不得放置在高压线下面,禁止在氧气瓶、乙炔瓶的垂直上方进行焊接。

④在操作前气焊工必须对设备进行检查,禁止使用保险装置失灵或导管有缺陷的设备。检查漏气时,要用肥皂水,禁止用明火试漏。

⑤冬季施工完毕后,要及时将乙炔瓶和氧气瓶送回存放处,并采取一定的防冻措施,以免冻结。如果冻结,严禁敲击和用明火烘烤,应用热水或蒸汽加热解冻。

⑥瓶内气体不得用尽,必须留有 0.1~0.2 MPa 的余压。

⑦储运时,瓶阀应戴安全帽,瓶体要有防震圈,应轻装轻卸,搬运时严禁滚动、撞击。

3) 喷灯

①喷灯加油要选择好安全地点,并认真检查喷灯是否有漏油或渗油的地方,发现漏油或渗油,应禁止使用。

②喷灯在使用过程中需要添油时,应首先把灯的火焰熄灭,然后慢慢地旋松加油防火盖放气,待放尽气和灯体冷却后再添油。严禁带火加油。

③喷灯连续使用时间不宜过长,发现灯体发烫时,应停止使用,进行冷却,防止气体膨胀发生爆炸引起火灾。

④喷灯使用一段时间后应进行检查和保养。煤油和汽油喷灯应有明显的标志,煤油喷灯严禁使用汽油燃料。

⑤使用后的喷灯,应冷却后将余气放掉,才能存放在安全地点,不应与废棉纱、手套、绳子等可燃物混放在一起。

案例分析

上海静安区高层住宅火灾事故

2010 年 11 月 15 日下午,上海静安区胶州路一栋高层公寓大楼在进行外墙保温施工作业时,无证电焊工吴某和工人王某在进行 10 层脚手架的悬挑支架支设过程中,违规进行电焊作业引发大火,导致 58 人遇难,70 余人受伤,建筑过火面积 12 000 m²,直接经济损失 1.58 亿元。

1.事故原因分析

（1）直接原因

在胶州路公寓大楼节能综合改造项目施工过程中,无证电焊工吴某在 10 层电梯前室北窗外进行违规电焊作业,电焊溅落的金属熔融物引燃下方 9 层位置脚手架防护平台上堆积的聚氨酯保温材料的碎块、碎屑,从而引发大火。

（2）间接原因

①建设单位、投标企业、招标代理机构相互串通,装修工程虚假招标和转包,违法层层多次分包。

②工程项目施工组织管理混乱,存在明显抢工行为。

③事故现场违规使用大量尼龙网、聚氨酯泡沫等易燃材料,致使大火在不到 7 min 的时间里从 10 层烧到 28 层。

④有关部门安全监管不力。监理机构工作失职;上海市、静安区两级建设主管部门对工程项目监督管理缺失;静安区公安消防机构对工程项目监督检查不到位;静安区政府对工程项目组织实施工作领导不力。

2.事故的结论和处理情况

该起事故主要是由于施工人员违规作业、非法施工,有关部门安全监管不到位而导致的一起特别重大的安全责任事故。

根据国务院批复的意见,依照有关规定,对 54 名事故责任人作出严肃处理,其中 26 名责任人被移送司法机关依法追究刑事责任,28 名责任人受到党纪、政纪处分。同时责成上海市人民政府和市长分别向国务院作出深刻检查,由上海市安全生产监督管理局对事故相关单位按法律规定的上限给予经济处罚。

3.事故防范和整改建议

①进一步严格落实建设工程施工现场消防安全责任制。施工单位要在施工组织设计中编制消防安全技术措施和专项施工方案,并由专职安全管理人员进行现场监督,施工现场配备必要的消防设施和灭火器材,电焊、气焊、电工等特种作业人员必须持证上岗。

②进一步完善建筑节能保温系统防火技术标准及施工安全措施。要认真落实节能保温系统改、扩建工程施工现场消防安全管理的要求,进行节能保温系统改、扩建工程时,原建筑原则上应当停止使用,确实无法停止使用时,应采用分段搭建脚手架、严格控制保温材料在外墙上的暴露时间和范围等有效安全措施,并对现场动火作业各环节的消防安全要求作出具体规定。

③进一步深入开展消防安全宣传教育培训。继续加强对从业人员的消防安全教育培训,有针对性地组织开展应急预案演练。充分利用广播电视、报纸、互联网等媒体,宣传普及安全用火、用电和逃生自救常识,不断提高社会公众的消防安全意识和技能。

15.3　施工防火与灭火

消防工作坚持"以防为主,防消结合"的方针。"以防为主"就是要把预防火灾的工作放在首要位置,如开展防火安全教育,提高人民群众对火灾的警惕性,健全防火组织,严密防火制度,进行防火检查,消除火灾隐患,贯彻建筑防火措施等;"防消结合"就是在积极作好预防工作的同时,在组织上、思想上、物质上和技术上作好灭火准备。一旦发生火灾,就能迅速赶赴现场,及时有效地将火灾扑灭。"防"和"消"是相辅相成的两个方面,缺一不可,这两个方面的工作都要积极做好,如图 15.5 和图 15.6 所示。

图 15.5　施工现场配备的消防台

图 15.6　施工现场消防演习区

15.3.1　施工现场防火的一般要求

①各单位在编制施工组织设计时,施工总平面图、施工方法和施工技术均要符合消防安全要求。

②施工现场应明确划分用火作业、易燃可燃材料堆场、仓库、易燃废品集中站和生活区等区域。

③施工现场夜间应有照明设备;保持消防车通道畅通无阻,并要安排力量加强值班巡逻。

④施工作业期间需搭设临时性建筑物,必须经施工企业技术负责人批准,施工结束应及时拆除。不得在高压架空下面搭设临时性建筑物或堆放可燃物品。

⑤施工现场应配备足够的消防器材,指定专人维护、管理、定期更新,保证完整好用。

⑥在土建施工时,应先将消防器材和设施配备好,有条件的应敷设好室外消防水管和消火栓。

⑦施工现场的动火作业必须执行审批制度。操作前必须办理用火申请手续,经本单位领导同意和消防保卫或安全技术部门检查批准,领取用火许可证后,方可进行操作。

15.3.2　特殊工种防火要求

在建筑工程施工现场,多工种配合和立体交叉混合作业时,各工种都应当注意防火安全。

1)焊割作业

电气焊是利用电能或化学能转变为热能,从而对金属进行加热的熔接方法。焊接或切割的基本特点是高温、高压、易燃、易爆。

①电、气焊作业前,应进行消防安全技术交底,要明确作业任务,认真了解作业环境,确定动火的危险区域,并设置明显标志。

②危险区内的一切易燃、易爆物品必须移走,对不能移走的可燃物,要采取可靠有效的防护措施。

③严禁在有可燃蒸气、气体、粉尘或禁止明火的危险性场所焊割。进行焊割作业时,应在工艺安排和施工方法上采取严格的防火措施。焊割作业不准与油漆、喷漆、脱漆、木工等易燃操作同时间、同部位上下交叉作业。

④焊割现场必须配备灭火器材,危险性较大的应有专人现场监护。

⑤遇有五级以上大风时,禁止在高空和露天作业。

⑥焊割作业点与氧气瓶、电石桶和乙炔发生器等危险物品的距离不得少于 10 m,与易燃易爆物品的距离不得少于 30 m;如达不到上述要求的,应执行动火审批制度,并采取有效的安全隔离措施。

⑦乙炔发生器和氧气瓶之间的存放距离不得小于 2 m;使用时,二者的距离不得小于 5 m。

⑧焊割作业严格执行"十不烧"规定:

a.焊工必须持证上岗,无证者不准进行焊割作业;

b.未经办理动火审批手续,不准进行一、二、三级动火范围的焊割作业;

c.不了解焊、割现场周围的情况,不准焊割;

d.不了解焊件内部是否有易燃、易爆物品时,不准焊割;

e.装过可燃气体、易燃液体和有毒物质的容器,若未经彻底清洗或未排除危险之前,不准焊割;

f.采用可燃材料作为保温层、冷却层和隔声、隔热设备的部位,或火星能飞溅到的地方,在未采取切实可靠的安全措施之前,不准焊割;

g.有压力或密闭的管道、容器,不准焊割;

h.附近有易燃、易爆物品,在未做清理或未采取有效的安全防护措施前,不准焊割;

i.附近有与明火作业相抵触的工种在作业时,不准焊割;

j.与外单位相连的部位,在没有弄清有无险情或明知存在危险而未采取有效的措施之前,不准焊割。

2)木工作业

①建筑工地的木工作业场所、木工间严禁动用明火,禁止吸烟。工作场地和个人工具箱内严禁存放油料和易燃、易爆物品。

②在操作各种木工机械前,应仔细检查电气设备是否完好。要经常对工作间内的电气设备及线路进行检查,若发现短路、电气打火和线路绝缘老化、破损等情况要及时找电工维修。

③使用电锯、电刨子等木工设备作业时,应注意勿使刨花、锯末等将电机盖上。熬水胶使用的炉子,应在单独的房间里,用后要立即熄灭。

④木工作业要严格执行建筑安全操作规程,完工后必须做到现场清理干净,剩下的木料堆放整齐,锯末、刨花要堆放在指定的安全地点,并且不能在现场存放时间过长,防止其自燃起火。

⑤在工作完毕和下班时,须切断电源,关闭门窗,检查确无火险后方可离去。油棉丝、油抹布等不得随地乱扔,应放在铁桶内,定期处理。

3)电工作业

①电工应经过专门培训,掌握安装与维修的安全技术,并经过考试合格后方准独立操作。新设、增设的电气设备,必须由主管部门或人员检查合格后方可通电使用。

②不可用纸、布或其他可燃材料作无骨架的灯罩,灯泡距可燃物应保持一定距离。放置及使用易燃液、气体的场所,应采用防爆型电气设备及照明灯具。

③变(配)电室应保持清洁、干燥。变电室要有良好的通风。配电室内禁止吸烟、生火及保存与配电无关的物品(如食物等)。

④当电线穿过墙壁或与其他物体接触时,应在电线上套有磁管等非燃材料加以隔绝。

⑤电气设备和线路应经常检查,发现可能引起火花、短路、发热和绝缘损坏等情况时,必须立即修理。电气设备应安装在干燥处,各种电气设备应有妥善的防雨、防潮设施。

⑥各种机械设备的电闸箱内,必须保持清洁,不得存放其他物品,电闸箱应配锁。

4) 油漆作业

①油漆作业场地和临时存放油漆材料的库房,严禁动用明火。

②室内作业时,一定要有良好的通风条件,照明电气设备必须使用防爆灯头,周围的动火作业要距离 10 m 以外。

③调油漆或加稀释料应在单独的房间进行,室内应通风;在室内和地下室油漆时,通风应良好,任何人不得在操作时吸烟,防止气体燃烧伤人。

④随领随用油漆溶剂,禁止乱倒剩余漆料溶剂,剩料要及时加盖,注意储存安全,不准到处乱放。

⑤工作时应穿不易产生静电的服装、鞋,所用工具以不打火花为宜。

⑥喷漆设备必须接地良好,禁止乱拉乱接电线和电气设备,下班时要拉闸断电。

5) 防水作业

①熬制沥青的地点不得设在电线的垂直下方,一般应距建筑物 25 m;锅与烟囱的距离应大于 80 cm,锅与锅之间的距离应大于 2 m;火口与锅边应有 70 cm 的隔离设施。临时堆放沥青、燃料的地方,离锅不小于 5 m。

②熬油必须由有经验的工人看守,要随时测量、控制油温,熬油量不得超过锅容量的 3/4,下料应慢慢溜放,严禁大块投放。下班时,要熄火,关闭炉门,盖好锅盖。

③配制冷底子油时,禁止用铁棒搅拌,以防碰出火星;下料应分批、少量、缓慢,不停搅拌,加料量不得超过锅容量的 1/2,温度不得超过 80 ℃;凡是配置、储存、涂刷冷底子油的地点,都要严禁烟火,绝对不允许在附近进行电焊、气焊或其他动火作业,要设专人监护。

④使用冷沥青进行防水作业时,应保持良好通风,人防工程及地下室必须采取强制通风,禁止吸烟和明火作业,应采用防爆的电气设备。冷防水施工作业量不宜过大,应分散操作。

⑤防水卷材采用热熔黏结,使用明火(如喷灯)操作时,应申请办理用火证,并设专人看火;应配有灭火器材,周围 30 m 以内不准有易燃物。

6) 防腐蚀作业

凡有酸、碱长期腐蚀的工业建筑与其他建筑,都必须进行防腐处理,如工业电镀厂房、化工厂房等。目前,采用的防腐蚀材料多为易燃、易爆的高分子材料,如环氧树脂、酚醛树脂、硫黄类、沥青类、煤焦油等材料,固化剂多为乙二胺、丙酮、酒精等。

①硫黄类材料防火。熬制硫黄时,要严格控制温度,当发现冒蓝烟时要立即撤火降温,如果局部燃烧要采用石英粉灭火。硫黄的储存、运输和施工过程中,严禁与木炭、硝石相混,且要远离明火。

②树脂类材料防火。树脂类防腐蚀材料施工时要避开高温,不要长时间置于太阳下暴晒。作业场地和储存库都要远离明火,储存库要阴凉通风。

③固化剂防火。固化剂乙二胺,遇火种、高温和氧化剂时都有燃烧的危险,与醋酸、二硫化碳、氯磺酸、盐酸、硝酸、硫酸、过氧酸银等发生反应时非常剧烈。它是一种挥发性很强的化学物质,明露时通常冒黄烟,在空气中挥发到一定浓度时,遇明火还有爆炸的危险。因此,应储存在阴凉通风的仓库内,并远离火种、热源;应与酸类、氧化剂隔离存放;搬运时要轻装轻卸,防止

破损;一旦发生火灾,要用泡沫、二氧化碳、干粉、砂土和雾状水扑灭。乙二胺、丙酮、酒精能溶于或稀释多种化学品,并易挥发产生大量易燃气体。施工时,要随取随用,不要放置时间过长;储存、运输时要密封好;操作工人作业时严禁烟火,注意通风。

7)脚手架作业

①施工现场不准使用可燃材料搭棚,必须使用时需经消防保卫部门和有关部门协商同意,选择适当地点搭设。

②在电、气焊及其他用火作业场所支搭架子及配件时,必须用铁丝绑扎,禁止使用麻绳。

③支搭满堂红架子时,应留出检查通道。

④搭完架子或拆除架子时,应将可燃材料清理干净,排木、铁管、铁丝及管卡等及时清理,码放整齐,不得影响道路畅通。

⑤禁止在锅炉房、茶炉房、食堂烧火间等用火部位使用可燃材料支搭临时设施。

15.3.3　高层建筑与地下工程防火

1)高层建筑施工防火

①建立防火管理责任制。把防火工作纳入高层建筑施工生产的全过程,在计划、布置、检查、总结评比施工生产的同时,要计划、布置、检查、总结评比防火工作。从上到下建立多层次的防火管理网络,配置专职防火人员,成立义务消防队,每个班组都要有一个义务消防员。

②严格控制火源,并对动火过程进行严格监控。每项工程都要划分动火级别,一般高层建筑施工动火划为二、三级,按照动火级别进行动火申请和审批。在复杂、危险性较大的场所进行焊割时,要编制专项的安全技术措施,并严格按预定方案操作。

③按规定配置防火器材。各种防火器材的布置要合理,并保证性能良好、安全有效。施工现场消火栓处日夜设明显标志,配备足够水带,20层及以上的高层建筑应设置专用的高压水泵,每个楼层应安装防火栓和消防水龙带,大楼底层设蓄水池(不小于 20 m^3)。当因层次高而水压不足时,在楼层中间应设接力泵,并且每个楼层按面积每100 m^2 设两个灭火器,同时备有通信报警装置,便于及时报告险情。

④已建成的建筑物楼梯不得封堵。施工脚手架内的作业层应畅通,并搭设不少于两处与主体建筑相衔接的通道口。建筑施工脚手架外挂的密目式安全网必须符合阻燃标准要求,严禁使用不阻燃的安全网。

⑤高层焊接作业,要根据作业高度、风力、风力传递的次数确定火灾危险区域,并将区域内的易燃、易爆物品转移到安全地方,无法移动的要采取切实的防护措施。高层焊接作业应当办理动火证,动火处应当配备灭火器,并设专人监护,若发现险情,应立即停止作业,并采取措施及时扑灭火源。

⑥高层建筑施工临时用电线路应使用绝缘良好的橡胶电缆,严禁将线路绑在脚手架上。施工用电机具和照明灯具的电气连接处应当绝缘良好,保证用电安全。

2)地下工程防火

①施工现场的临时电源线不宜直接敷设在墙壁或土墙上,应用绝缘材料架空设置;配电箱应采取防护措施,潮湿地段或渗水部位照明灯具应采取相应措施或安装防潮灯具。

②施工现场应有不少于两个出入口或坡道,施工距离长时,应适当增加出入口的数量;施工区面积不超过 50 m^2,且施工人员不超过20人时,可只设一个直通地上的安全出口。

③安全出入口、疏散走道和楼梯的宽度应按其通行人数每100人不小于1 m的净宽计算;每个出入口的疏散人数不宜超过250人,安全出入口、疏散走道和楼梯的最小净宽度不应小于1 m。

④疏散走道、楼梯及坡道内,不宜设置突出物或堆放施工材料和机具,应保证通道畅通,并设置疏散指示标志灯、火灾事故照明灯。

⑤施工区域应设置消防给水管道和消火栓,消防给水管道可以与施工用水管道合用。

⑥地下建筑室内不得储存易燃物品或作为木工加工作业区,不得在室内熬制或配置用于防腐、防水、装饰的危险化学品溶液。进行地下建筑装饰时,不得同时进行水暖、电气安装的焊割作业。

⑦地下建筑室内施工,施工人员应当严格遵守安全操作规程,易引发火灾的特殊作业应设监护人,并配置必备的气体检测仪和消防器材,必要时应当采取强制通风措施。

15.3.4　施工现场灭火

1)灭火现场的组织工作

①发现起火时,首先判明起火的部位和燃烧的物质,组织迅速扑救。如火势较大,应立即用电话等快速方法向消防队报警。报警时应详细说明起火的确切地点、部位和燃烧的物质。火警电话号码是"119"。

②在消防队没有到达前,现场人员应根据不同的起火物质,采用正确有效的灭火方法,如切开电源、撤离周围的易燃易爆物质、根据现场情况正确选择灭火用具等。

③灭火现场必须指定专人统一指挥,并保持高度的组织性和纪律性,行动必须协调一致,防止现场混乱。

④灭火时应注意防止发生触电、中毒、窒息、倒塌、坠落伤人等事故。

⑤为了便于查明起火原因,认真吸取教训,在灭火过程中,要尽可能地注意观察起火的部位、物质、蔓延方向等特点。在灭火后,要特别注意保护好现场的痕迹和遗留的物品,以便查找失火原因。

2)主要的灭火方法

起火应具备的3个必要条件:一是存在能燃烧的物质。不论固体、液体、气体,凡能与空气中的氧或其他氧化剂起剧烈反应的物质,一般称为可燃物质,如木材、汽油、酒精等。二是要有助燃物。凡能帮助和支持燃烧的物质称为助燃物,如空气、氧气等。三是达到能使可燃物燃烧的着火源,如明火焰、火星、电火花等。只有这3个条件同时具备并相互作用才能起火。针对上述起火的必要条件,主要的灭火方法有:

(1)窒息灭火法

可燃物的燃烧必须在其最低氧气浓度以上进行,否则燃烧不能持续进行。窒息灭火法就是阻止助燃物(通常是空气)流入燃烧区,或用不燃物质(如不燃气体)冲淡空气,降低燃烧物周围的氧气浓度,使燃烧物质断绝氧气的助燃作用而使火熄灭。

(2)冷却灭火法

对一般可燃物来说,能够持续燃烧的条件之一就是它们在火焰或热的作用下达到了各自的着火点。冷却灭火法是扑救火灾常用的方法,即将灭火剂直接喷洒在燃烧物体上,使可燃物质的温度降低到燃点以下,从而终止燃烧。

(3)隔离灭火法

隔离灭火法是将燃烧物体和附近的可燃物质与火源隔离或疏散开,使燃烧失去可燃物质而停止。这种方法适用于扑救各种固体、液体或气体火灾。隔离灭火法的具体措施有:将燃烧区附近的可燃、易燃、易爆和助燃物质转移到安全地点;关闭阀门,阻止气体、液体流入燃烧区;设法阻拦流散的易燃、可燃气体或扩散的可燃气体;拆除与燃烧区相毗邻的可燃建筑物,形成防止火势蔓延的间距等。

(4)抑制灭火法

抑制灭火法与前3种灭火方法不同,它是灭火剂参与燃烧反应过程,并使燃烧过程中产生的游离基消失,形成稳定分子或低活性的游离基,这样燃烧反应就将停止。目前,抑制灭火法常用的灭火剂有 1211,1202,1301 灭火剂。

上述4种灭火方法采用的具体灭火措施是多种多样的。在实际灭火中,应根据可燃物质的性质、燃烧特点、火场具体条件以及消防技术装备性能等,选择不同的灭火方法。

3) 电气、焊接设备火灾的扑灭

(1)电气火灾的扑灭

扑灭电气火灾时,首先应切断电源,及时用适合的灭火器材灭火。充油的电气设备灭火时,应采用干燥的黄沙覆盖住火焰,使火熄灭。

扑灭电气火灾时,应使用绝缘性能良好的灭火剂,如干粉灭火器、二氧化碳灭火器、1211灭火器等,严禁采用直接导电的灭火剂进行喷射,如使用喷射水流、泡沫灭火器等。

(2)焊接设备火灾的扑灭

电石桶、电石库房着火时,只能用干沙、干粉灭火器和二氧化碳灭火器进行扑灭,不能用水或含有水分的灭火器(如泡沫灭火器)灭火,也不能用四氯化碳灭火器灭火。

乙炔发生器着火时,首先要关闭出气管阀门,停止供气,使电石与水脱离接触,再用二氧化碳灭火器或干粉灭火器扑灭,不能用水、泡沫灭火器和四氯化碳灭火器灭火。

电焊机着火时,首先要切断电源,然后再扑灭。在未切断电源前,不能用水或泡沫灭火器灭火,只能用干粉灭火器、二氧化碳灭火器、四氯化碳灭火器或1211灭火器进行扑灭,因为用水或泡沫灭火器扑灭时容易触电伤人。

阅读材料

几种常用的灭火器

1.干粉灭火器

干粉储压式灭火器(手提式)是以氮气为动力,将筒体内的干粉压出,适宜于扑救石油产品、油漆、有机溶剂火灾。它能抑制燃烧的连锁反应,从而起到灭火的目的,故也适宜于扑灭液体、气体、电气火灾(干粉有5万V以上的电绝缘性能),有的还能扑救固体火灾。但需要注意的是,干粉灭火器不能扑救轻金属燃烧的火灾。

使用时先拔掉保险销(有的是拉起拉环),再按下压把,干粉即可喷出。灭火时要接近起火点喷射,由于干粉喷射时间短,喷射前要选择好喷射目标。而且干粉容易飘散,不宜逆风喷射。注意灭火器的保养,要放在好取、干燥、通风处;每年要检查两次干粉是否结块,如有结块要及时更换;每年检查一次药剂质量,若少于规定的质量或压力表显示低于规定气压,应及时充装。

2.二氧化碳灭火器

二氧化碳灭火器是以高压气瓶内储存的二氧化碳气体作为灭火剂进行灭火。二氧化碳灭火后不留痕迹,适宜于扑救贵重仪器设备、档案资料、计算机室内火灾。由于它不导电,也适宜于扑救带电的低压电器设备和油类火灾,但不可用它扑救钾、钠、镁、铝等物质火灾。

使用时,鸭嘴式的先拔掉保险销,压下压把即可;手轮式的要先取掉铅封,然后按逆时针方向旋转手轮,药剂即可喷出。注意手指不宜触及喇叭筒,以防冻伤。二氧化碳灭火器射程较近,应接近着火点,在上风方向喷射。对二氧化碳灭火器要定期检查,质量减少5%时,应及时充气和更换。

3.1211灭火器

1211灭火器是一种高效灭火剂。灭火时不污染物品,不留痕迹,特别适用于扑救精密仪器、电子设备、文物档案资料火灾。它的灭火原理是抑制燃烧的连锁反应,故也适宜于扑救油类火灾。

使用时要先拔掉保险销,然后握紧压把开关,即有药剂喷出。使用时灭火筒身要垂直,不可平放和颠倒使用。它的射程较近,喷射时要站在上风,接近着火点,对准着火源根部扫射,向前推进,但要注意防止回头复燃。1211灭火器每3个月检查一次氮气压力,每半年检查一次药剂质量、压力,药剂质量若减少10%时,应重新充气、灌药。

4.泡沫灭火器

泡沫灭火器的灭火原理是灭火时,能喷射出大量二氧化碳及泡沫,它们能黏附在可燃物上,使可燃物与空气隔绝,达到灭火的目的。泡沫灭火器分为手提式泡沫灭火器、推车式泡沫灭火器和空气式泡沫灭火。其适宜扑救液体火灾,但不能扑救水溶性可燃、易燃液体的火灾(如醇、酯、醚、酮等物质)和电器火灾。

使用时先用手指堵住喷嘴,将筒体上下颠倒两次,就有泡沫喷出。对于油类火灾,不能对着油面中心喷射,以防着火的油品溅出,可顺着火源根部的周围向上侧喷射,逐渐覆盖油面,将火扑灭。使用时不可将筒底筒盖对着人体,以防发生危险。筒内药剂一般每半年,最迟一年换一次,冬夏季节要做好防冻、防晒保护。

5.清水灭火器

水是最常见的灭火物质,清水灭火器喷出的主要就是水。使用时不用颠倒筒身,先取下安全帽,然后用力打击凸头,就有水从喷嘴喷出。清水灭火器主要起冷却作用,只能扑救一般固体火灾(如竹木、纺织品等),不能扑救非水溶性可燃易燃物体火灾,也不能扑救与水反应产生可燃气体,可引起爆炸的物质起火。另外,直流水不得用于带电设备和可燃粉尘处的火灾,储存大量浓硫酸、硝酸场所的火灾。

小 结

本项目主要讲授了以下几个方面的内容:
1.消防安全的职责;
2.消防设施的管理;
3.施工现场的防火与灭火。

通过本项目的学习,了解消防安全管理的必要性,施工现场人员和组织的消防安全职责,熟悉施工现场消防设施的布置要求,及施工现场防火的要求,确保施工过程的消防安全。

思考题

1.工长的消防安全职责是什么?
2.施工现场平面布置的消防安全要求有哪些?
3.如何对焊接机具进行消防安全管理?
4.施工现场有哪些特殊工种需要特别注意防火安全?
5.施工现场的灭火方法主要有哪些?

附 录

《建筑施工安全检查标准》
（JGJ 59—2011）相关表格

附表 A 建筑施工安全检查评分汇总表

企业名称：

资质等级：

项目名称及分值：

年 月 日

单位工程（施工现场）名称	建筑面积/m²	结构类型	总计得分（满分100分）	安全管理（满分10分）	文明施工（满分15分）	脚手架（满分10分）	基坑工程（满分10分）	模板支架（满分10分）	高处作业（满分10分）	施工用电（满分10分）	物料提升机与施工升降机（满分10分）	塔式起重机与起重吊装（满分10分）	施工机具（满分5分）

评语：

负责人	受检项目	项目经理
检查单位		

附表 B.1　安全管理检查评分表

序号	检查项目		扣分标准	应得分数	扣减分数	实得分数
1	保证项目	安全生产责任制	未建立安全生产责任制,扣10分 安全生产责任制未经责任人签字确认,扣3分 未备有各工种安全技术操作规程,扣2~10分 未按规定配备专职安全员,扣2~10分 工程项目部承包合同中未明确安全生产考核指标,扣5分 未制定安全生产资金保障制度,扣5分 未编制安全资金使用计划或未按计划实施,扣2~5分 未制定伤亡控制、安全达标、文明施工等管理目标,扣5分 未进行安全责任目标分解,扣5分 未建立对安全生产责任制和责任目标的考核制度,扣5分 未按考核制度对管理人员定期考核,扣2~5分	10		
2		施工组织设计及专项施工方案	施工组织设计中未制定安全技术措施,扣10分 危险性较大的分部分项工程未编制安全专项施工方案,扣10分 未按规定对超过一定规模危险性较大的分部分项工程专项施工方案进行专家论证,扣10分 施工组织设计、专项施工方案未经审批,扣10分 安全技术措施、专项施工方案无针对性或缺少设计计算,扣2~8分 未按施工组织设计、专项施工方案组织实施,扣2~10分	10		
3		安全技术交底	未进行书面安全技术交底,扣10分 未按分部分项进行交底,扣5分 交底内容不全面或针对性不强,扣2~5分 交底未履行签字手续,扣4分	10		
4		安全检查	未建立安全检查制度,扣10分 未有安全检查记录,扣5分 事故隐患的整改未做到定人、定时间、定措施,扣2~6分 对重大事故隐患整改通知书所列项目未按期整改和复查,扣5~10分	10		

续表

序号	检查项目		扣分标准	应得分数	扣减分数	实得分数
5	保证项目	安全教育	未建立安全教育培训制度,扣10分 施工人员入场未进行三级安全教育培训和考核,扣5分 未明确具体安全教育培训内容,扣2~8分 变换工种或采用新技术、新工艺、新设备、新材料施工时未进行安全教育,扣5分 施工管理人员、专职安全员未按规定进行年度教育培训和考核,每人扣2分	10		
6		应急救援	未制定安全生产应急救援预案,扣10分 未建立应急救援组织或未按规定配备救援人员,扣2~6分 未定期进行应急救援演练,扣5分 未配置应急救援器材和设备,扣5分	10		
	小　计			60		
7	一般项目	分包单位安全管理	分包单位资质、资格、分包手续不全或失效,扣10分 未签订安全生产协议书,扣5分 分包合同、安全生产协议书,签字盖章手续不全,扣2~6分 分包单位未按规定建立安全机构或未配备专职安全员,扣2~6分	10		
8		持证上岗	未经培训从事施工、安全管理和特种作业,每人扣5分 项目经理、专职安全员和特种作业人员未持证上岗,每人扣2分	10		
9		生产安全事故处理	生产安全事故未按规定报告,扣10分 生产安全事故未按规定进行调查分析、制定防范措施,扣10分 未依法为施工作业人员办理保险,扣5分	10		
10		安全标志	主要施工区域、危险部位未按规定悬挂安全标志,扣2~6分 未绘制现场安全标志布置图,扣3分 未按部位和现场设施的变化调整安全标志设置,扣2~6分 未设置重大危险源公示牌,扣5分	10		
	小　计			40		
	检查项目合计			100		

附表 B.2 文明施工检查评分表

序号	检查项目		扣分标准	应得分数	扣减分数	实得分数
1	保证项目	现场围挡	市区主要路段的工地未设置封闭围挡或围挡高度小于2.5m,扣5~10分 一般路段的工地未设置封闭围挡或围挡高度小于1.8m,扣5~10分 围挡未达到坚固、稳定、整洁、美观的,扣5~10分	10		
2		封闭管理	施工现场进出口未设置大门,扣10分 未设置门卫室,扣5分 未建立门卫值守管理制度或未配备门卫值守人员,扣2~6分 施工人员进入施工现场未佩戴工作卡,扣2分 施工现场出入口未标有企业名称或标志,扣2分 未设置车辆冲洗设施,扣3分	10		
3		施工场地	施工现场主要道路及材料加工区地面未进行硬化处理,扣5分 施工现场道路不畅通、路面不平整坚实,扣5分 施工现场未采取防尘措施,扣5分 施工现场未设置排水设施或排水不通畅、有积水,扣5分 未采取防止泥浆、污水、废水污染环境措施,扣2~10分 未设置吸烟处、随意吸烟,扣5分 温暖季节未进行绿化布置,扣3分	10		
4		材料管理	建筑材料、构件、料具未按总平面布局码放,扣4分 材料码放不整齐,未标明名称、规格,扣2分 施工现场材料存放未采取防火、防锈蚀、防雨措施,扣3~10分 建筑物内施工垃圾的清运未使用器具或管道运输,扣5分 易燃易爆物品未分类储藏在专用库房、未采取防火措施,扣5~10分	10		
5		现场办公与住宿	施工作业区、材料存放区与办公、生活区未采取隔离措施,扣6分 宿舍、办公用房防火等级不符合有关消防安全技术规范要求,扣10分 在施工程、伙房、库房兼作住宿,扣10分 宿舍未设置可开启式窗户,扣4分 宿舍未设置床铺、床铺超过两层或通道宽度小于0.9m,扣2~6分 宿舍人均面积或人员数量不符合规范要求,扣5分 冬季宿舍区未采取采暖和防一氧化碳中毒措施,扣5分 夏季宿舍区未采取防暑降温和防蚊蝇措施,扣5分 生活用品摆放混乱、环境卫生不符合要求,扣3分	10		

续表

序号	检查项目		扣分标准	应得分数	扣减分数	实得分数
6	保证项目	现场防火	施工现场未制定消防安全管理制度、消防措施,扣10分 施工现场的临时用房和作业场所的防火设计不符合规范要求,扣10分 施工现场消防通道、消防水源的设置不符合规范要求,扣5~10分 施工现场灭火器材布局、配置不合理或灭火器材失效,扣5分 未办理动火审批手续或未指定动火监护人员,扣5~10分	10		
	小　计			60		
7	一般项目	综合治理	生活区未设置供作业人员学习和娱乐场所,扣2分 施工现场未建立治安保卫制度或责任未分解到人,扣3~5分 施工现场未制定治安防范措施,扣5分	10		
8		公示标牌	大门口处设置的公式标牌内容不齐全,扣2~8分 标牌不规范、不整齐,扣3分 未设置安全标语,扣3分 未设置宣传栏、读报栏、黑板报,扣2~4分	10		
9		生活设施	未建立卫生责任制度,扣5分 食堂与厕所、垃圾站、有毒有害场所的距离不符合规范要求,扣2~6分 食堂未办理卫生许可证或未办理炊事人员健康证,扣5分 食堂使用的燃气罐未单独设置存放间或存放间通风条件不良,扣2~4分 食堂未配备排风、冷藏、消毒、防鼠、防蚊蝇等设施,扣4分 厕所内的设施数量和布局不符合规范要求,扣2~6分 厕所卫生未达到规定要求,扣4分 不能保证现场人员卫生饮水,扣5分 未设置淋浴室或淋浴室不能满足现场人员需求,扣4分 生活垃圾未装容器或未及时清理,扣3~5分	10		
10		社区服务	夜间未经许可施工,扣8分 施工现场焚烧各类废弃物,扣8分 施工现场未制定防粉尘、防噪声、防光污染等措施,扣5分 未制定施工不扰民措施,扣5分	10		
	小　计			40		
	检查项目合计			100		

附表 B.3　扣件式钢管脚手架检查评分表

序号	检查项目		扣分标准	应得分数	扣减分数	实得分数
1	保证项目	施工方案	架体搭设未编制专项施工方案或未按规定审核、审批,扣 10 分 架体结构设计未进行设计计算,扣 10 分 架体搭设高度超过规范允许高度,专项施工方案未按规定组织专家论证,扣 10 分	10		
2		立杆基础	立杆基础不平、不实、不符合专项施工方案要求,扣 5~10 分 立杆底部缺少底座、垫板或垫板的规格不符合规范要求,每处扣 2~5 分 未按规范要求设置纵、横向扫地杆,扣 5~10 分 扫地杆的设置和固定不符合规范要求,扣 5 分 未采取排水措施,扣 8 分	10		
3		架体与建筑结构拉结	架体与建筑结构拉结方式或间距不符合规范要求,每处扣 2 分 架体底层第一步纵向水平杆处未按规定设置连墙件或未采用其他可靠措施固定,每处扣 2 分 搭设高度超过 24 m 的双排脚手架,未采用刚性连墙件与建筑结构可靠连接,扣 10 分	10		
4		杆件间距与剪刀撑	立杆、纵向水平杆、横向水平杆间距超过设计或规范要求,每处扣 2 分 未按规定设置纵向剪刀撑或横向斜撑,每处扣 5 分 剪刀撑未沿脚手架高度连续设置或角度不符合规范要求,扣 5 分 剪刀撑斜杆的接长或剪刀撑斜杆与架体杆件固定不符合规范要求,每处扣 2 分	10		
5		脚手板与防护栏杆	脚手板未满铺或铺设不牢、不稳,扣 5~10 分 脚手板规格或材质不符合规范要求,扣 5~10 分 架体外侧未设置密目式安全网封闭或网间连接不严,扣 5~10 分 作业层防护栏杆不符合规范要求,扣 5 分 作业层未设置高度不小于 180 mm 的挡脚板,扣 3 分	10		
6		交底与验收	架体搭设前未进行交底或交底未有文字记录,扣 5~10 分 架体分段搭设、分段使用未进行分段验收,扣 5 分 架体搭设完毕未办理验收手续,扣 10 分 验收内容未进行量化,或未经责任人签字确认,扣 5 分	10		
	小　计			60		

续表

序号	检查项目		扣分标准	应得分数	扣减分数	实得分数
7	一般项目	横向水平杆设置	未在立杆与纵向水平杆交点处设置横向水平杆,每处扣2分 未按脚手板铺设的需要增加设置横向水平杆,每处扣2分 双排脚手架横向水平杆只固定一端,每处扣2分 单排脚手架横向水平杆插入墙内小于180 mm,每处扣2分	10		
8		杆件连接	纵向水平杆搭接长度小于1 m或固定不符合要求,每处扣2分 立杆除顶层顶步外采用搭接,每处扣4分 杆件对接扣件的布置不符合规范要求,扣2分 扣件紧固力矩小于40 N·m或大于65 N·m,每处扣2分	10		
9		层间防护	作业层脚手板下未采用安全平网兜底或作业层以下每隔10 m未采用安全平网封闭,扣5分 作业层与建筑物之间未按规定进行封闭,扣5分	10		
10		构配件材质	钢管直径、壁厚、材质不符合要求,扣5分 钢管弯曲、变形、锈蚀严重,扣5分 扣件未进行复试或技术性能不符合标准,扣5分	5		
11		通道	未设置人员上下专用通道,扣5分 通道设置不符合要求,扣2分	5		
小　计				40		
检查项目合计				100		

附表 B.4　门式钢管脚手架检查评分表

序号	检查项目		扣分标准	应得分数	扣减分数	实得分数
1	保证项目	施工方案	未编制专项施工方案或未进行设计计算,扣10分 专项施工方案未按规定审核、审批,扣10分 架体搭设超过规范允许高度,专项施工方案未组织专家论证,扣10分	10		
2		架体基础	架体基础不平、不实,不符合专项施工方案要求,扣5~10分 架体底部未设置垫板或垫板的规格不符要求,扣2~5分 架体底部未按规范要求设置底座,每处扣2分 架体底部未按规范要求设置扫地杆,扣5分 未采取排水措施,扣8分	10		
3		架体稳定	架体与建筑物结构拉结方式或间距不符合规范要求,每处扣2分 未按规范要求设置剪刀撑,扣10分 门架立杆垂直偏差超过规范要求,扣5分 交叉支撑的设置不符合规范要求,每处扣2分	10		
4		杆件锁臂	未按规定组装或漏装杆件、锁臂,扣2~6分 未按规范要求设置纵向水平加固杆,扣10分 扣件与连接的杆件参数不匹配,每处扣2分	10		
5		脚手板	脚手板未满铺或铺设不牢、不稳,扣5~10分 脚手板规格或材质不符合要求,扣5~10分 采用挂扣式钢脚手板时挂钩未挂扣在横向水平杆上或挂钩未处于锁住状态,每处扣2分	10		
6		交底与验收	架体搭设前未进行交底或交底未有文字记录,扣5~10分 架体分段搭设、分段使用未办理分段验收,扣6分 架体搭设完毕未办理验收手续,扣10分 验收内容未进行量化,或未经责任人签字确认,扣5分	10		
小　计				60		

续表

序号	检查项目		扣分标准	应得分数	扣减分数	实得分数
7	一般项目	架体防护	作业层防护栏杆不符合规范要求,扣5分 作业层未设置高度不小于 180 mm 的挡脚板,扣3分 架体外侧未设置密目式安全网封闭或网间连接不严,扣5~10分 作业层脚手板下未采用安全平网兜底或作业层以下每隔 10 m 未采用安全平网封闭,扣5分	10		
8		构配件材质	杆件变形、锈蚀严重,扣10分 门架局部开焊,扣10分 构配件的规格、型号、材质或产品质量不符合规范要求,扣5~10分	10		
9		荷载	施工荷载超过设计规定,扣10分 荷载堆放不均匀,每处扣5分	10		
10		通道	未设置人员上下专用通道,扣10分 通道设置不符合要求,扣5分	10		
小　计				40		
检查项目合计				100		

附表 B.5 碗扣式钢管脚手架检查评分表

序号	检查项目		扣分标准	应得分数	扣减分数	实得分数
1	保证项目	施工方案	未编制专项施工方案或未进行设计计算,扣10分 专项施工方案未按规定审核、审批,扣10分 架体搭设超过规范允许高度,专项施工方案未组织专家论证,扣10分	10		
2		架体基础	基础不平、不实,不符合专项施工方案要求,扣5~10分 架体底部未设置垫板或垫板的规格不符合要求,扣2~5分 架体底部未按规范要求设置底座,每处扣2分 架体底部未按规范要求设置扫地杆,扣5分 未设置排水措施,扣8分	10		
3		架体稳定	架体与建筑结构未按规范要求拉结,每处扣2分 架体底层第一步水平杆处未按规范要求设置连墙件或未采用其他可靠措施固定,每处扣2分 连墙件未采用刚性杆件,扣10分 未按规范要求设置专用斜杆或八字形斜撑,扣5分 专用斜杆两端未固定在纵、横向水平杆与立杆汇交的碗扣结点处,每处扣2分 专用斜杆或八字形斜撑未沿脚手架高度连续设置或角度不符合要求,扣5分	10		
4		杆件锁件	立杆间距、水平杆步距超过设计或规范要求,每处扣2分 未按专项施工方案设计的步距在立杆连接碗扣节点处设置纵、横向水平杆,每处扣2分 架体搭设高度超过24 m时,顶部24 m以下的连墙件层未按规定设置水平斜杆,扣10分 架体组装不牢或上碗扣紧固不符合要求,每处扣2分	10		
5		脚手板	脚手板未满铺或铺设不牢、不稳,扣5~10分 脚手板规格或材质不符合要求,扣5~10分 用挂扣式钢脚手板时,挂钩未挂扣在横向水平杆上或挂钩未处于锁住状态,每处扣2分	10		
6		交底与验收	架体搭设前未进行交底或交底未有文字记录,扣5~10分 架体分段搭设、分段使用未进行分段验收,扣5分 架体搭设完毕未办理验收手续,扣10分 验收内容未进行量化或未经责任人签字确认,扣5分	10		
小 计				60		

续表

序号	检查项目		扣分标准	应得分数	扣减分数	实得分数
7	一般项目	架体防护	架体外侧未采用密目式安全网封闭或网间连接不严,扣5~10分 作业层防护栏杆不符合规范要求,扣5分 作业层外侧未设置高度不小于18 mm的挡脚板,扣3分 作业层脚手板下未采用安全平网兜底或作业层以下每隔10 m未采用安全平网封闭,扣5分	10		
8		构配件材质	杆件弯曲、变形、锈蚀严重,扣10分 钢管、构配件的规格、型号、材质或产品质量不符合规范要求,扣5~10分	10		
9		荷载	施工荷载超过设计规定,扣10分 荷载堆放不均匀,每处扣5分	10		
10		通道	未设置人员上下专用通道,扣10分 通道设置不符合要求,扣5分	10		
小　计				40		
检查项目合计				100		

附表 B.6　承插型盘扣式钢管脚手架检查评分表

序号	检查项目		扣分标准	应得分数	扣减分数	实得分数
1	保证项目	施工方案	未编制专项施工方案或未进行设计计算,扣10分 专项施工方案未按规定审核、审批,扣10分	10		
2		架体基础	架体基础不平、不实,不符合专项施工方案要求,扣5~10分 架体立杆底部缺少垫板或垫板的规格不符合规范要求,每处扣2分 架体立杆底部未按要求设置可调底座,每处扣2分 未按规范要求设置纵、横向扫地杆,扣5~10分 未设置排水措施,扣8分	10		
3		架体稳定	架体与建筑结构未按规范要求拉结,每处扣2分 架体底层第一步水平杆处未按规范要求设置连墙件或未采用其他可靠措施固定,每处扣2分 连墙件未采用刚性杆件,扣10分 未按规范要求设置竖向斜杆或剪刀撑,扣5分 竖向斜杆两端未固定在纵、横向水平杆与立杆汇交的盘扣节点处,每处扣2分 斜杆或剪刀撑未沿脚手架高度连续设置或角度不符合规范要求,扣5分	10		
4		杆件设置	架体立杆间距、水平杆步距超过设计或规范要求,每处扣2分 未按专项施工方案设计的步距在立杆连接插盘处设置纵、横向水平杆,每处扣2分 双排脚手架的每步水平杆,当无挂扣钢脚手板时未按规范要求设置水平斜杆,扣5~10分	10		
5		脚手板	脚手板不满铺或铺设不牢、不稳,扣5~10分 脚手板规格或材质不符合要求,扣5~10分 采用挂扣式钢脚手板时挂钩未挂扣在水平杆上或挂钩未处于锁住状态,每处扣2分	10		
6		交底与验收	架体搭设前未进行交底或交底未有文字记录,扣5~10分 架体分段搭设、分段使用未进行分段验收,扣5分 架体搭设完毕未办理验收手续,扣10分 验收内容未进行量化,或未经负责人签字确认,扣5分	10		
小　计				60		

续表

序号	检查项目		扣分标准	应得分数	扣减分数	实得分数
7	一般项目	架体防护	架体外侧未采用密目式安全网封闭或网间连接不严,扣5~10分 作业层防护栏杆不符合规范要求,扣5分 作业层外侧未设置高度不小于180 mm的挡脚板,扣3分 作业层脚手板下未采用安全平网兜底或作业层以下每隔10 m未采用安全平网封闭,扣5分	10		
8		杆件连接	立杆竖向接长位置不符合要求,每处扣2分 剪刀撑的斜杆接长不符合要求,扣8分	10		
9		构配件材质	钢管、构配件的规格、型号、材质或产品质量不符合规范要求,扣5分 钢管弯曲、变形、锈蚀严重,扣10分	10		
10		通道	未设置人员上下专用通道,扣10分 通道设置不符合要求,扣5分	10		
小　计				40		
检查项目合计				100		

附表 B.7 满堂脚手架检查评分表

序号	检查项目		扣分标准	应得分数	扣减分数	实得分数
1	保证项目	施工方案	未编制专项施工方案或未进行设计计算,扣10分 专项施工方案未按规定审核、审批,扣10分	10		
2		架体基础	架体基础不平、不实,不符合专项施工方案要求,扣5~10分 架体底部未设置垫板或垫板的规格不符合要求,每处扣2~5分 架体底部未按规范要求设置底座,每处扣2分 架体底部未按规范要求设置扫地杆,扣5分 未设置排水措施,扣8分	10		
3		架体稳定	架体四周与中间未按规范要求设置竖向剪刀撑或专用斜杆,扣10分 未按规范要求设置水平剪刀撑或专用水平斜杆,扣10分 架体高宽比超过规范要求时未采取与结构拉结或其他可靠的稳定措施,扣10分	10		
4		杆件锁件	架体立杆间距、水平步距超过设计和规范要求,每处扣2分 杆件接长不符合要求,每处扣2分 架体搭设不牢或杆件节点紧固不符合要求,每处扣2分	10		
5		脚手板	脚手板不满铺或铺设不牢、不稳,扣5~10分 脚手板规格或材质不符合要求,扣5~10分 采用挂扣式钢脚手板时挂钩未挂扣在水平杆上或挂钩未处于锁住状态,每处扣2分	10		
6		交底与验收	架体搭设前未进行交底或交底未有文字记录,扣5~10分 架体分段搭设、分段使用未进行分段验收,扣5分 架体搭设完毕未办理验收手续,扣10分 验收内容未进行量化,或未经责任人签字确认,扣5分	10		
小　计				60		

续表

序号	检查项目		扣分标准	应得分数	扣减分数	实得分数
7	一般项目	架体防护	作业层防护栏杆不符合规范要求,扣 5 分 作业层外侧未设置高度不小于 180 mm 的挡脚板,扣 3 分 作业层脚手板下未采用安全平网兜底或作业层以下每隔 10 m 未采用安全平网封闭,扣 5 分	10		
8		构配件材质	钢管、构配件的规格、型号、材质或产品质量不符合规范要求,扣 5~10 分 杆件弯曲、变形、锈蚀严重,扣 10 分	10		
9		荷载	架体施工荷载超过设计和规范要求,扣 10 分 荷载堆放不均匀,每次扣 5 分	10		
10		通道	未设置人员上下专用通道,扣 10 分 通道设置不符合要求,扣 5 分	10		
小　计				40		
检查项目合计				100		

附表 B.8 悬挑式脚手架检查评分表

序号	检查项目		扣分标准	应得分数	扣减分数	实得分数
1	保证项目	施工方案	未编制专项施工方案或未进行设计计算,扣 10 分 专项施工方案未按规定审核、审批,扣 10 分 架体搭设超过规范允许高度,专项施工方案未按规定组织专家论证,扣 10 分	10		
2		悬挑钢梁	钢梁截面高度未按设计确定或截面形式不符合设计和规范要求,扣 10 分 钢梁固定段长度小于悬挑段长度的 1.25 倍,扣 5 分 钢梁外端未设置钢丝绳或钢拉杆与上一层建筑结构拉结,每处扣 2 分 钢梁与建筑结构锚固处结构强度、锚固措施不符合设计和规范要求,扣 5~10 分 钢梁间距未按悬挑架体立杆纵距设置,扣 5 分	10		
3		架体稳定	立杆底部与悬挑钢梁连接处未采取可靠固定措施,每处扣 2 分 承插式立杆接长未采取螺栓或销钉固定,每处扣 2 分 纵横向扫地杆的设置不符合规范要求,扣 5~10 分 未在架体外侧设置连续式剪刀撑,扣 10 分 未按规定设置横向斜撑,扣 5 分 架体未按规定与建筑结构拉结,每处扣 5 分	10		
4		脚手板	脚手板规格、材质不符合要求,扣 5~10 分 脚手板未满铺或铺设不严、不牢、不稳,扣 5~10 分	10		
5		荷载	脚手架施工荷载超过设计规定,扣 10 分 施工荷载堆放不均匀,每处扣 5 分	10		
6		交底与验收	架体搭设前未进行交底或交底未有文字记录,扣 5~10 分 架体分段搭设、分段使用未进行分段验收,扣 6 分 架体搭设完毕未办理验收手续,扣 10 分 验收内容未进行量化,或未经责任人签字确认,扣 5 分	10		
小 计				60		

续表

序号	检查项目		扣分标准	应得分数	扣减分数	实得分数
7	一般项目	杆件间距	立杆间距、纵向水平杆步距超过设计或规范要求,每处扣2分 未在立杆与纵向水平杆交点处设置横向水平杆,每处扣2分 未按脚手板铺设的需要增加设置横向水平杆,每处扣2分	10		
8		架体防护	作业层防护栏杆不符合规范要求,扣5分 作业层架体外侧未设置高度不小于180 mm的挡脚板,扣3分 架体外侧未采用密目式安全网封闭或网间不严,扣5~10分	10		
9		层间防护	作业层脚手板下未采用安全平网兜底或作业层以下每隔10 m未采用安全平网封闭,扣5分 作业层与建筑物之间未进行封闭,扣5分 架体底层沿建筑结构边缘,悬挑钢梁与悬挑钢梁之间未采取封闭措施或封闭不严,扣2~8分 架体底层未进行封闭或封闭不严,扣2~10分	10		
10	构配件材质		型钢、钢管、构配件规格及材质不符合规范要求,扣5~10分 型钢、钢管、构配件弯曲、变形、锈蚀严重,扣10分	10		
小 计				40		
检查项目合计				100		

附表 B.9　附着式升降脚手架检查评分表

序号	检查项目		扣分标准	应得分数	扣减分数	实得分数
1	保证项目	施工方案	未编制专项施工方案或未进行设计计算,扣10分 专项施工方案未按规定审核、审批,扣10分 脚手架提升超过规定允许高度,专项施工方案未按规定组织专家论证,扣10分	10		
2		安全装置	未采用防坠落装置或技术性能不符合规范要求,扣10分 防坠落装置与升降设备未分别独立固定在建筑结构上,扣10分 防坠落装置未设置在竖向主框架处并与建筑结构附着,扣10分 未安装防倾覆装置或防倾覆装置不符合规范要求,扣5~10分 升降或使用工况,最上和最下两个防倾覆装置之间的最小间距不符合规范要求,扣8分 未安装同步控制装置或技术性能不符合规范要求,扣5~8分	10		
3		架体构造	架体高度大于5倍楼层高,扣10分 架体宽度大于1.2 m,扣5分 直线布置的架体支承跨度大于7 m或折线、曲线布置的架体支承跨度大于5.4 m,扣8分 架体的水平悬挑长度大于2 m或大于跨度1/2,扣10分 架体悬臂高度大于架体高度2/5或大于6 m,扣10分 架体全高与支撑跨度的乘积大于110 m²,扣10分	10		
4		附着支座	未按竖向主框架所覆盖的每个楼层设置一道附着支座,扣10分 使用工况未将竖向主框架与附着支座固定,扣10分 升降工况未将防倾、导向装置设置在附着支座上,扣10分 附着支座与建筑结构连接固定方式不符合规范要求,扣5~10分	10		
5		架体安装	主框架及水平支承桁架的节点未采用焊接或螺栓连接,扣10分 各杆件轴线未汇交于节点,扣3分 水平支承桁架的上弦及下弦之间设置的水平支撑杆件未采用焊接或螺栓连接,扣5分 架体立杆底端未设置在水平支承桁架上弦杆件节点处,扣10分 竖向主框架组装高度低于架体高度,扣5分 架体外立面设置的连续剪刀撑未将竖向主框架、水平支承桁架和架体构架连成一体,扣8分	10		
6		架体升降	两跨以上架体升降采用手动升降设备,扣10分 升降工况附着支座与建筑结构连接处混凝土强度未达到设计和规范要求,扣10分 升降工况架体上有施工荷载或有人员停留,扣10分	10		
	小　计			60		

227

续表

序号	检查项目		扣分标准	应得分数	扣减分数	实得分数
7	一般项目	检查验收	主要构配件进场未进行验收,扣6分 分区段安装、分区段使用未进行分区段验收,扣8分 架体搭设完毕未办理验收手续,扣10分 验收内容未进行量化,或未经责任人签字确认,扣5分 架体提升前未有检查记录,扣6分 架体提升后,使用前未履行验收手续或资料不全,扣2~8分	10		
8		脚手板	脚手板未满铺或铺设不严、不牢,扣3~5分 作业层与建筑结构之间空隙封闭不严,扣3~5分 脚手板规格、材质不符合要求,扣5~10分	10		
9		架体防护	脚手架外侧未采用密目式安全网封闭或网间连接不严,扣5~10分 作业层防护栏杆不符合规范要求,扣5分 作业层未设置高度不小于180 mm的挡脚板,扣3分	10		
10		安全作业	操作前未向有关技术人员和作业人员进行安全技术交底或交底未有文字记录,扣5~10分 作业人员未经培训或未定岗定责,扣5~10分 安装拆除单位资质不符合要求或特种作业人员未持证上岗,扣5~10分 安装、升降、拆除时未设置安全警戒区及专人监护,扣10分 荷载不均匀或超载,扣5~10分	10		
小　计				40		
检查项目合计				100		

附表 B.10　高处作业吊篮检查评分表

序号	检查项目		扣分标准	应得分数	扣减分数	实得分数
1		施工方案	未编制专项施工方案或未对吊篮支架支撑处结构的承载力进行验算,扣10分 专项施工方案未按规定审核、审批,扣10分	10		
2		安全装置	未安装防坠安全锁或安全锁失眠,扣10分 防坠安全锁超过标定期仍使用,扣10分 未设置挂设安全带专用安全绳及安全锁扣或安全绳未固定在建筑物可靠位置,扣10分 吊篮未安装上限位装置或限位装置失灵,扣10分	10		
3	保证项目	悬挂机构	悬挂机构前支架支撑在建筑物女儿墙上或挑檐边缘,扣10分 前梁外伸长度不符合产品说明书规定,扣10分 前支架与支撑面不垂直或脚轮受力,扣10分 上支架固定在前支架调节杆与悬梁连接的节点处,扣5分 使用破损的配重块或采用其他替代物,扣10分 配重块未固定或重量不符合设计规定,扣10分	10		
4		钢丝绳	钢丝绳有断丝、松股、硬弯、锈蚀或有油污附着物,扣10分 安全钢丝绳规格、型号与工作钢丝绳不相同或未独立悬挂,扣10分 安全钢丝绳不悬挂,扣5分 电焊作业时未对钢丝绳采取保护措施,扣5~10分	10		
5		安装作业	吊篮平台组装长度不符合产品说明书,扣10分 吊篮组装的构配件不是同一生产厂家的产品,扣5~10分	10		
6		升降作业	操作升降人员未经培训合格,扣10分 吊篮内作业人员数量超过2人,扣10分 吊篮内作业人员未将安全带用安全锁扣挂置在独立设置的专用安全绳上,扣10分 作业人员未从地面进出吊篮,扣5分	10		
小　计				60		

续表

序号	检查项目		扣分标准	应得分数	扣减分数	实得分数
7	一般项目	交底与验收	未履行验收程序,验收表未经责任人签字确认,扣5~10分 验收内容未进行量化,扣5分 每天班前班后未进行检查,扣5分 吊篮安装使用前未进行交底或交底未留有文字记录,扣5~10分	10		
8		安全防护	吊篮平台周边的防护栏杆或挡脚板的设置不符合规范要求,扣5~10分 多层或立体交叉作业未设置防护顶板,扣8分	10		
9		吊篮稳定	吊篮作业未采取防摆动措施,扣5分 吊篮钢丝绳不垂直或吊篮距建筑物空隙过大,扣5分	10		
10		荷载	施工荷载超过设计规定,扣10分 荷载堆放不均匀,扣5分	10		
小　计				40		
检查项目合计				100		

附表 B.11 基坑工程检查评分表

序号	检查项目		扣分标准	应得分数	扣减分数	实得分数
1	保证项目	施工方案	基坑工程未编制专项施工方案,扣10分 专项施工方案未按规定审核、审批,扣10分 超过一定规模条件的基坑工程专项施工方案未按规定组织专家论证,扣10分 基坑周边环境或施工条件发生变化,专项施工方案未重新进行审核、审批,扣10分	10		
2		基坑支护	人工开挖的狭窄基槽,开挖深度较大或存在边坡塌方危险未采取支护措施,扣10分 自然放坡的坡率不符合专项施工方案和规范要求,扣10分 基坑支护结构不符合设计要求,扣10分 支护结构水平位移达到设计报警值未采取有效控制措施,扣10分	10		
3		降排水	基坑开挖深度范围内有地下水未采取有效的降排水措施,扣10分 基坑边沿周围地面未设排水沟或排水沟设置不符合规范要求,扣5分 放坡开挖对坡顶、坡面、坡脚未采取降排水措施,扣5~10分 基坑底四周未设排水沟和集水井或排除积水不及时,扣5~8分	10		
4		基坑开挖	支护结构未达到设计要求的强度提前开挖下层土方,扣10分 未按设计和施工方案的要求分层、分段开挖或开挖不均衡,扣10分 基坑开挖过程中未采取防止碰撞支护结构或工程桩的有效措施,扣10分 机械在软土场地作业,未采取铺设渣土、砂石等硬化措施,扣10分	10		
5		坑边荷载	基坑边堆置土、料具等荷载超过基坑支护设计允许要求,扣10分 施工机械与基坑边沿的安全距离不符合设计要求,扣10分	10		
6		安全防护	开挖深度 2 m 及以上的基坑周边未按规范要求设置防护栏杆或栏杆设置不符合规范要求,扣5~10分 基坑内未设置供施工人员上下的专用梯道或梯道设置不符合规范要求,扣5~10分 降水井口未设置防护盖板或围栏,扣10分	10		
	小　计			60		

续表

序号	检查项目		扣分标准	应得分数	扣减分数	实得分数
7	一般项目	基坑监测	未按要求进行基坑工程监测,扣10分 基坑监测项目不符合设计和规范要求,扣5~10分 监测的时间间隔不符合监测方案要求或监测结果变化速率较大未加密观测次数,扣5~8分 未按设计要求提交监测报告或监测报告内容不完整,扣5~8分	10		
8		支撑拆除	基坑支撑结构的拆除方式、拆除顺序不符合专项施工方案要求,扣5~10分 机械拆除作业时,施工荷载大于支撑结构承载能力,扣10分 人工拆除作业时,未按规定设置防护设施,扣8分 采用非常规拆除方式不符合国家现行相关规范要求,扣10分	10		
9		作业环境	基坑内土方机械、施工人员的安全距离不符合规范要求,扣10分 上下垂直作业未采取防护措施,扣5分 在各种管线范围内挖土作业未设专人监护,扣5分 作业区光线不良,扣5分	10		
10		应急预案	未按要求编制基坑工程应急预案或应急预案内容不完整,扣5~10分 应急组织机构不健全或应急物资、材料、工具机具储备不符合应急预案要求,扣2~6分	10		
小　计				40		
检查项目合计				100		

附表 B.12　模板支架检查评分表

序号	检查项目		扣分标准	应得分数	扣减分数	实得分数
1		施工方案	未编制专项施工方案或结构设计未经计算,扣10分 专项施工方案未经审核、审批,扣10分 超规模模板支架专项施工方案未按规定组织专家论证,扣10分	10		
2	保证项目	支架基础	基础不坚实平整,承载力不符合专项施工方案要求,扣5~10分 支架底部未设置垫板或垫板的规格不符合规范要求,扣5~10分 支架底部未按规范要求设置底座,每处扣2分 未按规范要求设置扫地杆,扣5分 未设置排水设施,扣5分 支架设在楼面结构上时,未对楼面结构的承载力进行验算或楼面结构下方未采取加固措施,扣10分	10		
3		支架构造	立杆纵、横间距大于设计和规范要求,每处扣2分 水平杆步距大于设计和规范要求,每处扣2分 水平杆未连续设置,扣5分 未按规范要求设置竖向剪刀撑或专用斜杆,扣10分 未按规范要求设置水平剪刀撑或专用水平斜杆,扣10分 剪刀撑或斜杆设置不符合规范要求,扣5分	10		
4		支架稳定	支架高宽比超过规范要求未采取与建筑结构刚性连接或增加架体宽度等措施,扣10分 立杆伸出顶层水平杆的长度超过规范要求,每处扣2分 浇筑混凝土未对支架的基础沉降、架体变形采取监测措施,扣8分	10		
5		施工荷载	荷载堆放不均匀,每处扣5分 施工荷载超过设计规定,扣10分 浇筑混凝土未对混凝土堆积高度进行控制,扣8分	10		
6		交底与验收	支架搭设、拆除前未进行交底或无文字记录,扣5~10分 架体搭设完毕未办理验收手续,扣10分 验收内容未进行量化,或未经责任人签字确认,扣5分	10		
	小　计			60		

续表

序号	检查项目		扣分标准	应得分数	扣减分数	实得分数
7	一般项目	杆件连接	立杆连接不符合规范要求,扣3分 水平杆连接不符合规范要求,扣3分 剪刀撑斜杆接长不符合规范要求,每处扣3分 杆件各连接点的紧固不符合规范要求,每处扣2分	10		
8		底座与托撑	螺杆直径与立杆内径不匹配,每处扣3分 螺杆旋入螺母内的长度或外伸长度不符合规范要求,每处扣3分	10		
9		构配件材质	钢管、构配件的规格、型号、材质不符合规范要求,扣5~10分 杆件弯曲、变形、锈蚀严重,扣10分	10		
10		支架拆除	支架拆除前未确认混凝土强度达到设计要求,扣10分 未按规定设置警戒区或未设置专人监护,扣5~10分	10		
小　计				40		
检查项目合计				100		

附表 B.13 高处作业检查评分表

序号	检查项目	扣分标准	应得分数	扣减分数	实得分数
1	安全帽	施工现场人员未佩戴安全帽,每人扣5分 未按标准佩戴安全帽,每人扣2分 安全帽质量不符合现行国家相关标准的要求,扣5分	10		
2	安全网	在建工程外脚手架架体外侧未采用密目式安全网封闭或网间连接不严,扣2~10分 安全网质量不符合现行国家相关标准的要求,扣10分	10		
3	安全带	高处作业人员未按规定系挂安全带,每人扣5分 安全带系挂不符合要求,每人扣5分 安全带质量不符合现行国家相关标准的要求,扣10分	10		
4	临边防护	工作面边沿无临边防护,扣10分 临边防护设施的构造、强度不符合规范要求,扣5分 防护设施未形成定型化、工具式,扣3分	10		
5	洞口防护	在建工程的孔、洞未采取防护措施,每处扣5分 防护措施、设施不符合要求或不严密,每处扣3分 防护设施未形成定型化、工具式,扣3分 电梯井内未按每隔两层且不大于10 m设置安全平网,扣5分	10		
6	通道口防护	未搭设防护棚或防护不严、不牢固,扣5~10分 防护棚两侧未进行封闭,扣4分 防护棚宽度小于通道口宽度,扣4分 防护棚长度不符合要求,扣4分 建筑物高度超过24 m,防护棚顶未采用双层防护,扣4分 防护棚的材质不符合规范要求,扣5分	10		
7	攀登作业	移动式梯子的梯脚底部垫高使用,扣3分 折梯未使用可靠拉撑装置,扣5分 梯子的材质或制作质量不符合规范要求,扣10分	10		
8	悬空作业	悬空作业处未设置防护栏杆或其他可靠的安全设施,扣5~10分 悬空作业所用的索具、吊具等未经验收,扣5分 悬空作业人员未系挂安全带或佩带工具袋,扣2~10分	10		

续表

序号	检查项目	扣分标准	应得分数	扣减分数	实得分数
9	移动式操作平台	操作平台未按规定进行设计计算,扣8分 移动式操作平台,轮子与平台的连接不牢固可靠或立柱底端距离地面超过80 mm,扣5分 操作平台的组装不符合设计和规范要求,扣10分 平台台面铺板不严,扣5分 操作平台四周未按规定设置防护栏杆或未设置登高扶梯,扣10分 操作平台的材质不符合规范要求,扣10分	10		
10	悬挑式物料钢平台	未编制专项施工方案或未经设计计算,扣10分 悬挑式钢平台的下部支撑系统或上部拉节点,未设置在建筑结构上,扣10分 斜拉杆或钢丝绳未按要求在平台两侧各设置两道,扣10分 钢平台未按要求设置固定的防护栏杆或挡脚板,扣3~10分 钢平台台面铺板不严或钢平台与建筑结构之间铺板不严,扣5分 未在平台明显处设置荷载限定标牌,扣5分	10		
检查项目合计			100		

附表 B.14 施工用电检查评分表

序号	检查项目		扣分标准	应得分数	扣减分数	实得分数
1	保证项目	外电防护	外电线路与在建工程及脚手架、起重机械、场内机动车道之间的安全距离不符合规范要求且未采取防护措施,扣 10 分 防护设施末设置明显的警示标志,扣 5 分 防护设施与外电线路的安全距离及搭设方式不符合规范要求,扣 5~10 分 在外电架空线路正下方施工、建造临时设施或堆放材料物品,扣 10 分	10		
2		接地与接零保护系统	施工现场专用的电源中性点直接接地的低压配电系统未采用 TN-S 接零保护系统,扣 20 分 配电系统未采用同一保护系统,扣 20 分 保护零线引出位置不符合规范要求,扣 5~10 分 电气设备未接保护零线,每处扣 2 分 保护零线装设开关、熔断器或通过工作电流,扣 20 分 保护零线材质、规格及颜色标记不符合规范要求,每处扣 2 分 工作接地与重复接地的设置、安装及接地装置的材料不符合规范要求,扣 10~20 分 工作接地电阻大于 4 Ω,重复接地电阻大于 10 Ω,扣 20 分 施工现场起重机、物料提升机、施工升降机、脚手架防雷措施不符合规范要求,扣 5~10 分 做防雷接地机械上的电气设备,保护零线未做重复接地,扣 10 分	20		
3		配电线路	线路及接头不能保证机械强度和绝缘强度,扣 5~10 分 线路未设短路、过载保护,扣 5~10 分 线路截面不能满足负荷电流,每处扣 2 分 线路的设施、材料及相序排列、挡距、与邻近线路或固定物的距离不符合规范要求,扣 5~10 分 电缆沿地面明设,沿脚手架、树木等敷设或敷设不符合规范要求,扣 5~10 分 线路敷设的电缆不符合规范要求,扣 5~10 分 室内明敷主干线距地面高度小于 2.5 m,每处扣 2 分	10		
4		配电箱与开关箱	配电系统未采用三级配电、二级漏电保护系统,扣 10~20 分 用电设备未有各自专用的开关箱,每处扣 2 分 箱体结构、箱内电器设置不符合规范要求,扣 10~20 分 配电箱零线端子板的设置、连接不符合规范要求,扣 5~10 分 漏电保护器参数不匹配或检测不灵敏,每处扣 2 分 配电箱与开关箱电器损坏或进出线混乱,每处扣 2 分 箱体未设置系统接线图和分路标记,每处扣 2 分 箱体未设门、锁,未采取防雨措施,每处扣 2 分 箱体安装位置、高度及周边通道不符合规范要求,每处扣 2 分 分配电箱与开关箱、开关箱与用电设备的距离不符合规范要求,每处扣 2 分	20		
	小 计			60		

续表

序号	检查项目		扣分标准	应得分数	扣减分数	实得分数
5	一般项目	配电室与配电装置	配电室建筑耐火等级未达到三级,扣15分 未配置适用于电气火灾的灭火器材,扣3分 配电室、配电装置布设不符合规范要求,扣5~10分 配电装置中的仪表、电器元件设置不符合规范要求或仪表、电器元件损坏,扣5~10分 备用发电机组未与外电线路进行连锁,扣15分 配电室未采取防雨雪和小动物侵入的措施,扣10分 配电室未设警示标志、工地供电平面图和系统图,扣3~5分	15		
6		现场照明	照明用电与动力用电混用,每处扣2分 特殊场所未使用36 V及以下安全电压,扣15分 手持照明灯未使用36 V以下电源供电,扣10分 照明变压器未使用双绕组安全隔离变压器,扣15分 灯具金属外壳未接保护零线,每处扣2分 灯具与地面、易燃物之间小于安全距离,每处扣2分 照明线路和安全电压线路的架设不符合规范要求,扣10分 施工现场未按规范要求配备应急照明,每处扣2分	15		
7		用电档案	总包单位与分包单位未订立临时用电管理协议,扣10分 未制订专项用电施工组织设计、外电防护专项方案或设计、方案缺乏针对性,扣5~10分 专项用电施工组织设计、外电防护专项方案未履行审批程序,实施后相关部门未组织验收,扣5~10分 接地电阻、绝缘电阻和漏电保护器检测记录未填写或填写不真实,扣3分 安全技术交底、设备设施验收记录未填写或填写不真实,扣3分 定期巡视检查、隐患整改记录未填写或填写不真实,扣3分 档案资料不齐全、未设专人管理,扣3分	10		
小　计				40		
检查项目合计				100		

附表 B.15 物料提升机检查评分表

序号	检查项目			扣分标准	应得分数	扣减分数	实得分数
1	保证项目	安全装置		未安装起重量限制器、防坠安全器,扣 15 分 起重量限制器、防坠安全器不灵敏,扣 15 分 安全停层装置不符合规范要求或未达到定型化,扣 5~10 分 未安装上行程限位,扣 15 分 上行程限位不灵敏,安全越程不符合规范要求,扣 10 分 物料提升机安装高度超过 30 m,未安装渐进式防坠安全器、自动停层、语音及影像信号监控装置,每项扣 5 分	15		
2		防护设施		未设置防护围栏或设置不符合规范要求,扣 5~15 分 未设置进料口防护棚或设置不符合规范要求,扣 5~15 分 停层平台两侧未设置防护栏杆、挡脚板,每处扣 2 分 停层平台脚手板铺设不严、不牢,每处扣 2 分 未安装平台门或平台门不起作用,扣 5~15 分 平台门未达到定型化,每处扣 2 分 吊笼门不符合规范要求,扣 10 分	15		
3		附墙架与缆风绳		附墙架结构、材质、间距不符合产品说明书要求,扣 10 分 附墙架未与建筑结构可靠连接,扣 10 分 缆风绳设置数量、位置不符合规范要求,扣 5 分 缆风绳未使用钢丝绳或未与地锚连接,扣 10 分 钢丝绳直径小于 8 mm 或角度不符合 45°~60° 的要求,扣 5~10 分 安装高度 30 m 的物料提升机使用缆风绳,扣 10 分 地锚设置不符合规范要求,每处扣 5 分	10		
4		钢丝绳		钢丝绳磨损、变形、锈蚀达到报废标准,扣 10 分 钢丝绳绳夹设置不符合规范要求,每处扣 2 分 吊笼处于最低位置,卷筒上钢丝绳少于 3 圈,扣 10 分 未设置钢丝绳过路保护措施或钢丝绳拖地,扣 5 分	10		
5		安拆、验收与使用		安装、拆卸单位未取得专业承包资质和安全生产许可证,扣 10 分 未制订专项施工方案或未经审核、审批,扣 10 分 未履行验收程序或验收表未经责任人签字,扣 5~10 分 安装、拆卸人员及司机未持证上岗,扣 10 分 物料提升机作业前未按规定进行例行检查或未填写检查记录,扣 4 分 实行多班作业未按规定填写交接班记录,扣 3 分	10		
小 计					60		

239

续表

序号	检查项目		扣分标准	应得分数	扣减分数	实得分数
6	一般项目	基础与导轨架	基础的承载力、平整度不符合规范要求,扣5~10分 基础周边未设排水设施,扣5分 导轨架垂直度偏差大于导轨架高度0.15%,扣5分 井架停层平台通道处的结构未采取加强措施,扣8分	10		
7		动力与传动	卷扬机、曳引机安装不牢固,扣10分 卷筒与导轨架底部导向轮的距离小于20倍卷筒宽度或未设置排绳器,扣5分 钢丝绳在卷筒上排列不整齐,扣5分 滑轮与导轨架、吊笼未采用刚性连接,扣10分 滑轮与钢丝绳不匹配,扣10分 卷筒、滑轮未设置防止钢丝绳脱出装置,扣5分 曳引钢丝绳为2根及以上时,未设置曳引力平衡装置,扣5分	10		
8		通信装置	未按规范要求设置通信装置,扣5分 通信装置信号显示不清晰,扣3分	5		
9		卷扬机操作棚	未设置卷扬机操作棚,扣10分 操作棚搭设不符合规范要求,扣5~10分	10		
10		避雷装置	物料提升机在其他防雷保护范围以外未设置避雷装置,扣5分 避雷装置不符合规范要求,扣3分	5		
小　计				40		
检查项目合计				100		

附表 B.16 施工升降机检查评分表

序号	检查项目		扣分标准	应得分数	扣减分数	实得分数
1		安全装置	未安装起重量限制器或起重量限制器不灵敏,扣10分 未安装渐进式防坠安全器或防坠安全器不灵敏,扣10分 防坠安全器超过有效标定期限,扣10分 对重钢丝绳未安装防松绳装置或防松绳装置不灵敏,扣5分 未安装急停开关或急停开关不符合规范要求,扣5分 未安装吊笼和对重缓冲器或缓冲器不符合规范要求,扣5分 SC型施工升降机未安装安全钩,扣10分	10		
2		限位装置	未安装极限开关或极限开关不灵敏,扣10分 未安装上限位开关或上限位开关不灵敏,扣10分 未安装下限位开关或下限位开关不灵敏,扣5分 极限开关与上限位开关安全越程不符合规范要求,扣5分 极限开关与上、下限位开关共用一个触发元件,扣5分 未安装吊笼门机电连锁装置或不灵敏,扣10分 未安装吊笼顶窗电气安全开关或不灵敏,扣5分	10		
3	保证项目	防护设施	未设置地面防护围栏或设置不符合规范要求,扣5~10分 未安装地面防护围栏门连锁保护装置或连锁保护装置不灵敏,扣5~8分 未设置出入口防护棚或设置不符合规范要求,扣5~10分 停层平台搭设不符合规范要求,扣5~8分 未安装层门或层门不起作用,扣5~10分 层门不符合规范要求、未达到定型化,每处扣2分	10		
4		附墙架	附墙架采用非配套标准产品未进行设计计算,扣10分 附墙架与建筑结构连接方式、角度不符合产品说明书要求,扣5~10分 附墙架间距、最高附着点以上导轨架的自由高度超过说明书要求,扣10分	10		
5		钢丝绳、滑轮与对重	对重钢丝绳绳数少于2根或未相对独立,扣5分 钢丝绳磨损、变形、锈蚀达到报废标准,扣10分 钢丝绳的规格、固定、缠绕不符合产品说明书及规范要求,扣10分 滑轮未安装钢丝绳防脱装置或不符合规范要求,扣4分 对质量、固定不符合说明书及规范要求,扣10分 对未安装防脱轨保护装置,扣5分	10		
6		安拆、验收与使用	安装、拆卸单位未取得专业承包资质和安全生产许可证,扣10分 未编制安装、拆卸专项方案或专项方案未经审核、审批,扣10分 未履行验收程序或验收表未经责任人签字,扣5~10分 安装、拆除人员及司机未持证上岗,扣10分 施工升降机作业前未按规定进行例行检查,未填写检查记录,扣4分 实行多班作业未按规定填写交接班记录,扣3分	10		
小计				60		

续表

序号	检查项目		扣分标准	应得分数	扣减分数	实得分数
7	一般项目	导轨架	导轨架垂直度不符合规范要求,扣10分 标准节质量不符合产品说明书及规范要求,扣10分 对重轨道不符合规范要求,扣5分 标准节连接螺栓使用不符合产品说明书及规范要求,扣5~8分	10		
8		基础	基础制作、验收不符合产品说明书及规范要求,扣5~10分 基础设置在地下室顶板或楼面结构上,未对其支承结构进行承载力验算,扣10分 基础未设置排水设施,扣4分	10		
9		电气安全	施工升降机与架空线路安全距离不符合规范要求,未采取防护措施,扣10分 防护措施不符合规范要求,扣5分 未设置电缆导向架或设置不符合规范要求,扣5分 施工升降机在防雷保护范围以外未设置避雷装置,扣10分 避雷装置不符合规范要求,扣5分	10		
10		通信装置	未安装楼层信号联络装置,扣10分 楼层联络信号不清晰,扣5分	10		
小　计				40		
检查项目合计				100		

附表 B.17 塔式起重机检查评分表

序号	检查项目		扣分标准	应得分数	扣减分数	实得分数
1	保证项目	载荷限制装置	未安装起重量限制器或不灵敏,扣10分 未安装力矩限制器或不灵敏,扣10分	10		
2		行程限位装置	未安装起升高度限位器或不灵敏,扣10分 起升高度限位器的安全越程不符合规范要求,扣6分 未安装幅度限位器或不灵敏,扣10分 回转不设集电器的塔式起重机未安装回转限位器或不灵敏,扣6分 行走式塔式起重机未安装行走限位器或不灵敏,扣10分	10		
3		保护装置	小车变幅的塔式起重机未安装断绳保护及断轴保护装置,扣8分 行走及小车变幅的轨道行程末端未安装缓冲器及止挡装置或不符合规范要求,扣4~8分 起重臂根部绞点高度大于50 m的塔式起重机未安装风速仪或不灵敏,扣4分 塔式起重机顶部高度大于30 m且高于周围建筑物未安装障碍指示灯,扣4分	10		
4		吊钩、滑轮、卷筒与钢丝绳	吊钩未安装钢丝绳防脱钩装置或不符合规范要求,扣10分 吊钩磨损、变形达到报废标准,扣10分 滑轮、卷筒未安装钢丝绳防脱装置或不符合规范要求,扣4分 滑轮及卷筒磨损达到报废标准,扣10分 钢丝绳磨损、变形、锈蚀达到报废标准,扣10分 钢丝绳的规格、固定、缠绕不符合产品说明书及规范要求,扣5~10分	10		
5		多塔作业	多塔作业未制订专项施工方案或施工方案未经审批,扣10分 任意两台塔式起重机之间的最小架设距离不符合规范要求,扣10分	10		
6		安拆、验收与使用	安装、拆卸单位未取得专业承包资质和安全生产许可证,扣10分 未制订安装、拆卸专项方案,扣10分 方案未经审核、审批,扣10分 未履行验收程序或验收表未经责任人签字,扣5~10分 安装、拆除人员及司机、指挥未持证上岗,扣10分 塔式起重机作业前未按规定进行例行检查,未填写检查记录,扣4分 实行多班作业未按规定填写交接班记录,扣3分	10		
	小　计			60		

续表

序号	检查项目		扣分标准	应得分数	扣减分数	实得分数
7	一般项目	附着	塔式起重机高度超过规定或未安装附着装置,扣10分 附着装置水平距离不满足产品说明书要求,未进行设计计算和审批,扣8分 安装内爬式塔式起重机的建筑承载结构未进行承载力验算,扣8分 附着装置安装不符合产品说明书及规范要求,扣5~10分 附着前和附着后塔身垂直度不符合规范要求,扣10分	10		
8		基础与轨道	塔式起重机基础未按产品说明书及有关规定设计、检测、验收,扣5~10分 基础未设置排水措施,扣4分 路基箱或枕木铺设不符合产品说明书及规范要求,扣6分 轨道铺设不符合产品说明书及规范要求,扣6分	10		
9		结构设施	主要结构件的变形、锈蚀不符合规范要求,扣10分 平台、走道、梯子、护栏的设置不符合规范要求,扣4~8分 高强螺栓、销轴、紧固件的紧固、连接不符合规范要求,扣5~10分	10		
10		电气安全	未采用TN-S接零保护系统供电,扣10分 塔式起重机与架空线路安全距离不符合规范要求,未采取防护措施,扣10分 防护措施不符合规范要求,扣5分 未安装避雷接地装置,扣10分 避雷接地装置不符合规范要求,扣5分 电缆使用及固定不符合规范要求,扣5分	10		
小　计				40		
检查项目合计				100		

附表 B.18　起重吊装检查评分表

序号	检查项目		扣分标准	应得分数	扣减分数	实得分数
1		施工方案	未编制专项施工方案或专项施工方案未经审核、审批,扣10分 超规模的起重吊装专项施工方案未按规定组织专家论证,扣10分	10		
2		起重机械	未安装荷载限制装置或不灵敏,扣10分 未安装行程限位装置或不灵敏,扣10分 起重拔杆组装不符合设计要求,扣10分 起重拔杆组装后未履行验收程序或验收表无责任人签字,扣5~10分	10		
3	保证项目	钢丝绳与地锚	钢丝绳磨损、断丝、变形、锈蚀达到报废标准,扣10分 钢丝绳规格不符合起重机产品说明书要求,扣10分 吊钩、卷筒、滑轮磨损达到报废标准,扣10分 吊钩、卷筒、滑轮未安装钢丝绳防脱装置,扣5~10分 起重拔杆的缆风绳、地锚设置不符合设计要求,扣8分	10		
4		索具	索具采用编结连接时,编结部分的长度不符合规范要求,扣10分 索具采用绳夹连接时,绳夹的规格、数量及绳夹间距不符合规范要求,扣5~10分 索具安全系数不符合规范要求,扣10分 吊索规格不匹配或机械性能不符合设计要求,扣5~10分	10		
5		作业环境	起重机行走作业处地面承载能力不符合产品说明书要求或未采用有效加固措施,扣10分 起重机与架空线路安全距离不符合规范要求,扣10分	10		
6		作业人员	起重机司机无证操作或操作证与操作机型不符,扣5~10分 未设置专职信号指挥和司索人员,扣10分 作业前未按规定进行安全技术交底或交底未形成文字记录,扣5~10分	10		
小　计				60		

续表

序号	检查项目		扣分标准	应得分数	扣减分数	实得分数
7	一般项目	起重吊装	多台起重机同时起吊一个构件时,单台起重机所承受的荷载不符合专项施工方案要求,扣10分 吊索系挂点不符合专项施工方案要求,扣5分 起重机作业时起重臂下有人停留或吊运重物从人的正上方通过,扣10分 起重机吊具载运人员,10分 吊运易散物件不使用吊笼,扣6分	10		
8		高处作业	未按规定设置高处作业平台,扣10分 高处作业平台设置不符合规范要求,扣5~10分 未按规定设置爬梯或爬梯的强度、构造不符合规范要求,扣5~8分 未按规定设置安全带悬挂点,扣8分	10		
9		构件码放	构件码放荷载超过作业面承载能力,扣10分 构件码放高度超过规定要求,扣4分 大型构件码放无稳定措施,扣8分	10		
10		警戒监护	未按规定设置作业警戒区,扣10分 警戒区未设专人监护,扣5分	10		
小　计				40		
检查项目合计				100		

附表 B.19　施工机具检查评分表

序号	检查项目	扣分标准	应得分数	扣减分数	实得分数
1	平刨	平刨安装后未履行验收程序,扣5分 未设置护手安全装置,扣5分 传动部位未设置防护罩,扣5分 未做保护接零或未设置漏电保护器,扣10分 未设置安全作业棚,扣6分 使用多功能木工机具,扣10分	10		
2	圆盘锯	圆盘锯安装后未履行验收程序,扣5分 未设置锯盘护罩、分料器、防护挡板安全装置和传动部位未设置防护罩,每处扣3分 未做保护接零或未设置漏电保护器,扣10分 未设置安全作业棚,扣6分 使用多功能木工机具,扣10分	10		
3	手持电动工具	Ⅰ类手持电动工具未采取保护接零或未设置漏电保护器,扣8分 使用Ⅰ类手持电动工具不按规定穿戴绝缘用品,扣6分 手持电动工具随意接长电源线,扣4分	8		
4	钢筋机械	机械安装后未履行验收程序,扣5分 未做保护接零或未设置漏电保护器,扣10分 钢筋加工区未设置作业棚,钢筋对焊作业区未采取防止火花飞溅措施或冷拉作业区未设置防护栏板,每处扣5分 传动部位未设置防护罩,扣5分	10		
5	电焊机	电焊机安装后未履行验收程序,扣5分 未做保护接零或未设置漏电保护器,扣10分 未设置二次空载降压保护器,扣10分 一次线长度超过规定或未进行穿管保护,扣3分 二次线未采用防水橡皮套铜芯软电缆,扣10分 二次线长度超过规定或绝缘层老化,扣3分 电焊机未设置防雨罩或接线柱未设置防护罩,扣5分	10		
6	搅拌机	搅拌机安装后未履行验收程序,扣5分 未做保护接零或未设置漏电保护器,扣10分 离合器、制动器、钢丝绳达不到规定要求,每项扣5分 上料斗未设置安全挂钩或止挡装置,扣5分 传动部位未设置防护罩,扣4分 未设置安全作业棚,扣6分	10		

续表

序号	检查项目	扣分标准	应得分数	扣减分数	实得分数
7	气瓶	气瓶未安装减压器,扣8分 乙炔瓶未安装回火防止器,扣8分 气瓶间距小于5 m或与明火距离小于10 m未采取隔离措施,扣8分 气瓶未设置防震圈和防护帽,扣2分 气瓶存放不符合要求,扣4分	8		
8	翻斗车	翻斗车制动,转向装置不灵敏,扣5分 驾驶员无证操作,扣8分 行车载人或违章行车,扣8分	8		
9	潜水泵	未做保护接零或未设置漏电保护器,扣6分 负荷线未使用专用防水橡皮电缆,扣6分 负荷线有接头,扣3分	6		
10	振捣器	未作保护接零或未设置漏电保护器,扣8分 未使用移动式配电箱,扣4分 电缆线长度超过30 m,扣4分 操作人员未穿戴绝缘防护用品,扣8分	8		
11	桩工机械	机械安装后未履行验收程序,扣10分 作业前未编制专项施工方案或未按规定进行安全技术交底,扣10分 安全装置不齐全或不灵敏,扣10分 机械作业区域地面承载力不符合规定要求或未采取有效硬化措施,扣12分 机械与输电线路安全距离不符合规范要求,扣12分	12		
检查项目合计			100		

参考文献

［1］张瑞生.建筑工程质量与安全管理［M］.2 版.北京:中国建筑工业出版社,2013.

［2］宋健,韩志刚.建筑工程安全管理［M］.2 版.北京:北京大学出版社,2015.

［3］颜剑锋,武田艳,柯翔西.建筑工程安全管理［M］.北京:中国建筑工业出版社,2013.

［4］胡戈,王贵宝,杨晶.建筑工程安全管理［M］.2 版.北京:北京理工大学出版社,2017.

［5］白峰.建筑工程质量检验与安全管理［M］.北京:机械工业出版社,2012.

［6］邹永超.建筑工程施工安全管理与实务［M］.北京:中国建材工业出版社,2013.

［7］钟汉华,斯庆.建筑工程安全管理［M］.2 版.北京:中国电力出版社,2014.

［8］中华人民共和国住房和城乡建设部.建筑施工安全检查标准:JGJ 59—2011［S］.北京:中国建筑工业出版社,2011.